Elektrische Ausgleichsvorgänge und Operatorenrechnung

von

John R. Carson

American Telephone and Telegraph Company

Erweiterte deutsche Bearbeitung

von

F. Ollendorff und K. Pohlhausen

Mit 39 Abbildungen im Text
und einer Tafel

Springer-Verlag Berlin Heidelberg GmbH

1929

Additional material to this book can be downloaded from http://extras.springer.com.

ISBN 978-3-642-89251-6 ISBN 978-3-642-91107-1 (eBook)
DOI 10.1007/978-3-642-91107-1
Softcover reprint of the hardcover 1st edition 1929

Vorwort des Verfassers.

Das vorliegende Buch entstand als Ausarbeitung von 15 Vorlesungen, welche der Verfasser im Frühjahr 1925 an der Moore-Schule für Elektroingenieure der Universität Pennsylvania gehalten hat.

Nach einer kurzen Einleitung über den Gegenstand der Theorie elektrischer Stromkreise geben die ersten fünf Kapitel eine systematische und vollständige Darlegung und Kritik der Heavisideschen Operatorenrechnung. Sie bildet eine direkte und weittragende Methode zur Lösung der Differentialgleichungen elektrischer Stromkreise.

Der Name Oliver Heaviside ist allen Ingenieuren geläufig; das von ihm stammende Rechenverfahren wird jedoch nur von wenigen angewandt, obwohl es recht bemerkenswerte Eigenschaften hat und sich nicht nur auf die elektrischen Schaltungen, sondern auch auf andere Aufgaben der mathematischen Physik anwenden läßt. Nach Ansicht des Verfassers kennen viele Kreise die Operatorenrechnung nur darum nicht, weil sie Heaviside in seinen eigenen Werken sehr undurchsichtig dargestellt hat. Im vorliegenden Buch wird daher die Operatorenrechnung deduktiv aus einer Integralgleichung hergeleitet. Auf diesem Wege ergeben sich dann durch eine einfache und gleichzeitig strenge Ableitung die Heavisideschen Rechenregeln und Formeln. Der Verfasser hofft, daß damit das Anwendungsgebiet der Operatorenrechnung erweitert wird, und daß Ingenieure und Physiker sie nunmehr wegen ihrer bemerkenswerten Einfachheit öfter als bisher benutzen werden.

Der zweite Abschnitt des Buches befaßt sich mit schwierigeren Aufgaben der Theorie elektrischer Stromkreise und handelt insbesondere von der Ausbreitung von Strom und Spannung längs elektrischer Übertragungsleitungen. Dieser Teil wird das besondere Interesse des Elektrotechnikers erwecken, da die Ergebnisse der Theorie zwar meist bekannt, aber in der Literatur sehr verstreut sind und oft nur mit sehr beträchtlichen mathematischen Hilfsmitteln bewältigt werden können. Wenn auch die im zweiten Teil angewandte Lösungsmethode im wesentlichen in den Regeln der Operatorenrechnung vorliegt, so hat der Verfasser darüber hinaus Methoden und Entwicklungen abgeleitet, die sich bei Heaviside nicht finden. So ist z. B. die Formulierung der Aufgabe als Volterrasche Integralgleichung eine neue Darstellung, die sich bei der numerischen Berechnung der Lösung schwieriger Aufgaben als sehr nützlich erweist. Dasselbe gilt von dem Kapitel über veränderliche elektrische Stromkreise.

Das Buch ist daher einmal eine dem Mathematiker vielleicht erwünschte Einführung in Entwicklung und Analyse der Operatorenrechnung mit besonderer Anwendung auf die Theorie elektrischer Stromkreise. Dem Ingenieur dagegen soll es Methoden für die mathematische Behandlung von schwierigeren Aufgaben dieser Theorie an die Hand geben.

Ich habe im Text nur an den Stellen Literaturangaben gemacht, wo die Ausführungen notgedrungen kurz sind, und wo ich den Leser auf eine ausführlichere und befriedigende Darstellung des behandelten Stoffes hinweisen wollte. Statt dessen ist dem Anhang ein Verzeichnis von Originalaufsätzen und Büchern gegeben, welches alle mir bekannten wichtigen Arbeiten enthält, ohne daß es jedoch Anspruch auf Vollständigkeit erhebt. Es ist durchaus möglich, daß einige wichtige Aufsätze vergessen worden sind; der Verfasser bittet deshalb die Leser, auf solche Arbeiten ihn verweisen zu wollen.

Es ist mir eine angenehme Pflicht, für die große Hilfe zu danken, deren ich mich bei der Abfassung des Buches erfreuen konnte. Zunächst danke ich Herrn Dr. Harold Pender, Dekan der Moore-Schule für Elektroingenieure an der Universität Pensylvania. Ich verdanke ihm die Einladung zur Abhaltung der Vorträge, aus denen das Buch entstanden ist, und sein dauerndes förderndes Interesse während der Kurse selbst. Meinem Kollegen Herrn R. S. Hoyt bin ich für eine sorgfältige Durchsicht und Überprüfung des Manuskriptes sowie der meisten angegebenen Formeln und anderer wichtiger Ratschläge zu Dank verpflichtet. So geht z. B. der außerordentlich kurze Beweis der Formel III (1) auf einen früher von Herrn Hoyt gegebenen Beweis zurück. Fräulein Dorothy Angell hat alle numerischen Rechnungen ausgeführt, die Abbildungen gezeichnet und eine sorgfältige Korrektur des ganzen Buches gelesen.

Endlich danke ich der Amerikanischen Telefon- und Telegraphengesellschaft, insbesondere Herrn O. B. Blackwell, für das große Interesse, welches sie für die Untersuchungen gezeigt haben, die den Stoff dieses Buches bilden, und für die Anregung, die damaligen Vorlesungen in Buchform zu veröffentlichen.

New York, Oktober 1926.

John R. Carson.

Vorwort der Übersetzer.

Die Heavisidesche Operatorenrechnung ist in Deutschland bisher wenig beachtet worden. Denn, obwohl an ihrer Leistungsfähigkeit kein Zweifel bestand, hat man mit Recht daran Anstoß genommen, daß Heaviside seine Methode nicht mathematisch bewiesen hat; so erschien die Operatorenrechnung zunächst als eine unnachahmliche, genial-intuitive Erfassung an sich nicht deutbarer Symbole.

Dieses mangelnde Verständnis der Elektrotechniker für die Heavisidesche Denkweise hat seinen letzten Grund in einer ungenügenden Kenntnis der Funktionentheorie. Wer mit der von Fourier herrührenden komplexen Integraldarstellung willkürlicher Funktionen vertraut ist, wird sich mit wenigen Lehrsätzen der Funktionentheorie die Regeln der Heavisideschen Rechenweise herleiten und erkennt dann in der Operatorenrechnung nicht etwa einen neuen mathematischen Kalkül, sondern vielmehr eine Stenographie für die Auswertung bestimmter Integrale auf komplexem Wege.

Wenngleich diese funktionentheoretische Wurzel ohne Zweifel das tiefste Wesen der Operatorenrechnung trifft, ist die Funktionentheorie dem Techniker zu fremd, als daß er ihre Gedankengänge mit der notwendigen Sicherheit auf seine Fragen anwenden könnte. Es war deswegen ein glücklicher Gedanke Carsons, das Fouriersche Doppelintegral, welches die Lösung allgemein darstellt, durch seine gleichwertige Laplacesche Integralgleichung zu ersetzen. Denn hierdurch gelingt es, alle Regeln der Operatorenrechnung aus den Eigenschaften reeller bestimmter Integrale herzuleiten, die dem Techniker sicherlich keine begrifflichen Schwierigkeiten bereiten.

Indem Carson zeigen konnte, wie man mit seinen einfachen Überlegungen eine Fülle drängender technischer Fragen meistert, hat er dem forschenden und rechnenden Ingenieur eine neue Welt erschlossen, an deren Toren er bisher zögernd stehen blieb. Der deutsche Leser wird indes auf diesem Wege erst dann ungehindert vorangehen können, wenn er nicht mit Schwierigkeiten der Sprache und des Ausdruckes zu kämpfen hat.

Die vorliegende deutsche Ausgabe des Carsonschen Buches will daher mehr als eine möglichst form- und wortgetreue Wiedergabe des englischen Originales sein; sie will vielmehr die englische Denkweise in eine deutsche übersetzen. Deshalb wurde der Stoff scharf gegliedert, an vielen Stellen durch Beweise mathematischer Formeln ergänzt und im Zusammenhang hiermit methodisch wichtige Abschnitte, die dem Original als Anhang beigegeben waren, in den Text hineinverarbeitet.

Alle diese Änderungen haben natürlich den Kern der Carsonschen Arbeit nicht treffen dürfen, und so hoffen wir, daß man die frische und lebendige Darstellung Carsons auch in der deutschen Ausgabe wiederfinden wird. In diesem Sinne wünschen wir auch, daß das von den Übersetzern zugefügte Kapitel VIII dem Leser nicht als Fremdkörper erscheinen möge, sondern als eine willkommene Ergänzung der mittels der Operatorenrechnung zu behandelnden Aufgaben nach der Seite der Starkstromtechnik.

Das Carsonsche Buch will keine abschließende Darstellung des Gebietes der Operatorenrechnung sein; eine große Reihe von Fragen harrt noch der strengen und kritischen Durchforschung. Wenn die deutsche Ausgabe dazu beiträgt, daß auch in Deutschland an dieser Aufgabe mitgearbeitet wird, hat sie ihrem Zweck erfüllt.

Berlin, im März 1929.

Franz Ollendorff. Karl Pohlhausen.

Inhaltsverzeichnis.

I. Die Grundgesetze der Ausgleichsvorgänge in elektrischen Stromkreisen.

1. Die Aufgabe der Operatorenrechnung. Da vom Leser keinerlei Kenntnisse vorausgesetzt werden sollen, beginnen wir mit einer kurzen Zusammenstellung der physikalischen Grundlagen: Es soll zunächst an einigen einfachen Beispielen die mathematische Formulierung der Gleichungen erläutert werden, welche die Ausgleichsvorgänge in elektrischen Netzen beherrschen. Dabei werden eine Reihe allgemeiner Lehrsätze abgeleitet werden, deren Nutzanwendung sich im folgenden ergeben wird.

Die Theorie der Ausgleichsvorgänge in elektrischen Stromkreisen ist ein Teilgebiet der allgemeinen elektromagnetischen Theorie, das sich insbesondere mit den elektrischen Schwingungen in linearen Netzen befaßt. Unter einem Netz ist dabei eine Zusammenschaltung mehrerer einzelner Stromkreise oder Maschen zu verstehen, von denen jeder aus ohmischen, induktiven und kapazitiven Elementen aufgebaut ist. Ist die Anzahl der voneinander unabhängigen Maschen endlich, so besitzt das Netz eine endliche Zahl von Freiheitsgraden und die Aufgabe wird mathematisch durch eine endliche Zahl von simultanen linearen Differentialgleichungen beschrieben. Ist dagegen die Zahl der Maschen unendlich und die Größe der Elemente unendlich klein, so wird die Aufgabe durch eine partielle Differentialgleichung (meist vom Typ der Telegraphengleichung) wiedergegeben.

Man hat in der Theorie der Ausgleichsvorgänge zwei Hauptaufgaben zu unterscheiden. Zuerst muß man die Differentialgleichungen an Hand der physikalischen Gesetze und auf Grund der besonderen Schaltung der Elemente des Systems aufstellen. Die zweite Aufgabe besteht in der Auflösung der Differentialgleichungen und führt zur Erkenntnis der besonderen Eigenschaften des vorgegebenen Systems.

2. Die Grundgleichungen. Bei der Aufstellung der Gleichungen eines Netzes kann man verschiedene Wege einschlagen. Man kann z. B. von den Gleichungen der Maxwellschen Theorie ausgehen. Nach dieser Methode stellt das vorgegebene Netz ein mechanisches System dar, in welchem die Ströme als Geschwindigkeiten gedeutet werden können. Schreiben wir also die Ausdrücke für die kinetische und potentielle Energie und für die Energievergeudung des Systems an, so können die Gleichungen des Netzes aus den allgemeinen Bewegungsgleichungen abgeleitet werden.

Die einfachste und für unsere Zwecke ausreichende Grundlage für die Aufstellung der Netzgleichungen wird jedoch durch die Kirchhoffschen Gesetze gegeben. Diese sagen aus:

1. Die gesamte eingeprägte elektromotorische Kraft für irgendeinen geschlossenen Umlauf oder Stromkreis des Netzes ist gleich dem durch die Summe der ohmischen, induktiven und kapazitiven Widerstände hervorgerufenen Spannungsabfall.

2. Die Summe aller in einem Knotenpunkt zufließenden Ströme ist stets Null.

Wir wollen diese Gesetze auf einen einfachen Stromkreis anwenden, um Einblick in die physikalische Bedeutung der Grundelemente zu gewinnen. Er sei nach Abb. 1 aus einem Widerstand R, einer Induktivität L und einer Kapazität C zusammengesetzt. Auf diese hintereinander geschaltete Elemente wirke eine elektromotorische Kraft E. Wird der Strom mit I bezeichnet, so ist der Spannungsabfall im Widerstand gleich RI, in der Induktivität gleich $L\frac{dI}{dt}$ und im Kondensator gleich $\frac{Q}{C}$, wobei Q die Ladung des Kondensators bezeichnet. Q und I sind durch die Beziehung $I = \frac{dQ}{dt}$ oder $Q = \int I\,dt$ miteinander verknüpft.

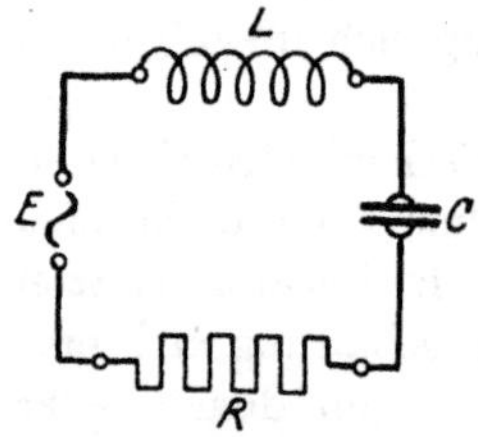

Abb. 1. Zur Differentialgleichung des Schwingungskreises.

Wenden wir das erste Kirchhoffsche Gesetz auf die Summe der Spannungsabfälle im Stromkreis an, so erhalten wir

$$RI + L\frac{dI}{dt} + \frac{Q}{C} = E\,.$$

Multipliziert man beide Seiten mit I, so wird

$$RI^2 + \frac{d}{dt}\left(\frac{1}{2}LI^2\right) + \frac{d}{dt}\frac{Q^2}{2C} = EI\,.$$

Die rechte Seite dieser Gleichung gibt die von der eingeprägten Kraft gelieferte Leistung an, während die linke Seite ein Maß für die im Stromkreis pro Zeiteinheit verbrauchte Energie ist. Das erste Glied RI^2 ist dabei der Anteil der Energie, der in Wärme umgesetzt wird. Man wird daher einen Widerstand als eine Vorrichtung definieren können, die elektrische Energie ausschließlich in Wärme verwandelt. Das zweite Glied $\frac{d}{dt}\left(\frac{1}{2}LI^2\right)$ hingegen ist ein Maß für die Zunahme der magnetischen Energie und das dritte Glied $\frac{d}{dt}\frac{Q^2}{2C}$ ein Maß für die Zunahme der elektrischen Energie. Eine Induktivität ist demnach eine Vorrichtung zur Aufspeicherung von Energie des magnetischen Feldes und analog dient der Kondensator zur Speicherung der Energie des elektrischen Feldes.

Wir haben bisher die einzelnen Elemente eines Stromkreises insofern idealisiert, als wir sie nur als „reine" Widerstände, Induktivitäten oder Kapazitäten angesehen haben. In Wirklichkeit wird natürlich jedes Element für sich einen Teil der Energie in Wärme umsetzen oder im magnetischen oder elektrischen Feld aufspeichern. Die Zerlegung der Elemente eines Netzes in drei ideale Komponenten ist jedoch allgemein gebräuchlich und führt bei richtiger Anwendung zu keinen fehlerhaften Folgerungen, weil sie aus den Maxwellschen Feldgleichungen unmittelbar hergeleitet werden kann.

Wir gehen nunmehr zu dem allgemeinen Fall eines Netzes über, welches aus n verschiedenen „Maschen" (Stromkreisen) zusammengesetzt ist. Wir beziffern die einzelnen Maschen von 1 bis n und die in ihnen auftretenden Ströme mit I_1 bis I_n und die entsprechenden Maschen-EMKe mit E_1 bis E_n. Weiter sei L_{jj}, R_{jj} und C_{jj} die Summe aller Induktivitäten, Widerstände und Kapazitäten, welche in der j-ten Masche hintereinander geschaltet sind und L_{jk} R_{jk} C_{jk} die zueinander gehörigen Kopplungselemente der Maschen j und k. Wir schreiben nun das erste Kirchhoffsche Gesetz für die Masche 1 an und erhalten

$$\left(L_{11}\frac{d}{dt} + R_{11} + \frac{1}{C_{11}}\int dt\right) I_1 + \left(L_{12}\frac{d}{dt} + R_{12} + \frac{1}{C_{12}}\int dt\right) I_2 + \cdots$$
$$+ \left(L_{1n}\frac{d}{dt} + R_{1n} + \frac{1}{C_{1n}}\int dt\right) I_n = E_1\,.$$

Für jede der übrigen n Maschen des Netzes erhalten wir eine entsprechende Gleichung, so daß sich also folgendes System ergibt:

$$\begin{aligned}
&\left(L_{11}\frac{d}{dt} + R_{11} + \frac{1}{C_{11}}\int dt\right) I_1 + \cdots + \left(L_{1n}\frac{d}{dt} + R_{1n} + \frac{1}{C_{1n}}\int dt\right) I_n = E_1,\\
&\cdots\cdots\cdots\cdots\cdots\cdots\cdots\cdots\cdots\cdots\cdots\cdots \qquad (1)\\
&\left(L_{n1}\frac{d}{dt} + R_{n1} + \frac{1}{C_{n1}}\int dt\right) I_1 + \cdots + \left(L_{nn}\frac{d}{dt} + R_{nn} + \frac{1}{C_{nn}}\int dt\right) I_n = E_n.
\end{aligned}$$

Dieses simultane System linearer Differentialgleichungen stellt die grundlegenden Gleichungen der Theorie elektrischer Stromkreise dar. Ihre Lösung und Deutung ist die Aufgabe dieser Theorie, und im Zusammenhang mit dieser Lösung wird sich der beste Weg zu einer Einführung in die Operatorenrechnung ergeben.

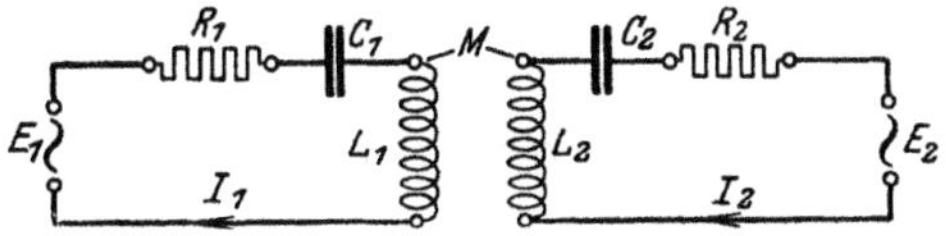

Abb. 2. System zweier gekoppelter Schwingungskreise.

Als besonderes Beispiel für diese etwas allgemeinen Überlegungen betrachten wir das Netz nach Abb. 2. Es besteht aus zwei Maschen. Das Kirchhoffsche Gesetz liefert die beiden Gleichungen:

$$\left(L_1 \frac{d}{dt} + R_1 + \frac{1}{C_1} \int dt\right) I_1 + M \frac{d}{dt} I_2 = E_1,$$

$$M \frac{d}{dt} I_1 + \left(L_2 \frac{d}{dt} + R_2 + \frac{1}{C_2} \int dt\right) I_2 = E_2.$$

In diesem Beispiel sind also, wie durch Vergleich mit (1) folgt, die Eigen- und Gegenkoeffizienten gegeben durch

$$L_{11} = L_1, \qquad L_{22} = L_2, \qquad L_{12} = L_{21} = M,$$
$$C_{11} = C_1, \qquad C_{22} = C_2, \qquad C_{12} = C_{21} = 0,$$
$$R_{11} = R_1, \qquad R_{22} = R_2, \qquad R_{12} = R_{21} = 0.$$

Der als positiv angenommene Richtungssinn der Spannung und des Stromes ist in der Abbildung durch Pfeile angezeigt. Das Vorzeichen der gegenseitigen Induktivität M hängt vom Windungssinn der beiden Spulen ab.

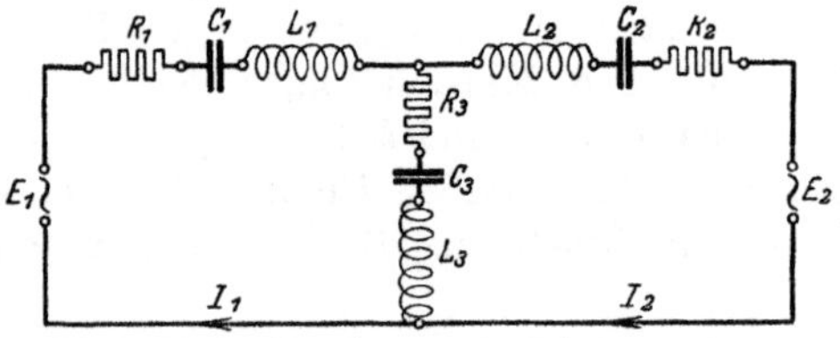

Abb. 3. Direkte Kopplung zweier Schwingungskreise.

Endlich wollen wir für das Beispiel der Abb. 3 das Kirchhoffsche Gesetz anschreiben und erhalten

$$\left\{(L_1 + L_3)\frac{d}{dt} + (R_1 + R_3) + \left(\frac{1}{C_1} + \frac{1}{C_3}\right)\int dt\right\} I_1$$
$$- \left(L_3 \frac{d}{dt} + R_3 + \frac{1}{C_3}\int dt\right) I_2 = E_1,$$
$$- \left(L_3 \frac{d}{dt} + R_3 + \frac{1}{C_3}\int dt\right) I_1$$
$$+ \left\{(L_2 + L_3)\frac{d}{dt} + (R_2 + R_3) + \left(\frac{1}{C_2} + \frac{1}{C_3}\right)\int dt\right\} I_2 = E_2.$$

Ein Vergleich mit Gleichung (1) zeigt, daß in diesem Fall

$$L_{11} = L_1 + L_3, \qquad L_{22} = L_2 + L_3, \qquad L_{12} = L_{21} = -L_3,$$
$$R_{11} = R_1 + R_3, \qquad R_{22} = R_2 + R_3, \qquad R_{12} = R_{21} = -R_3,$$
$$\frac{1}{C_{11}} = \frac{1}{C_1} + \frac{1}{C_3}, \qquad \frac{1}{C_{22}} = \frac{1}{C_2} + \frac{1}{C_3}, \qquad \frac{1}{C_{12}} = \frac{1}{C_{21}} = -\frac{1}{C_3}.$$

Es sei bemerkt, daß auch hier das Vorzeichen der Gegenkoeffizienten R_{12}, L_{12} und C_{12} durch Verabredung festgelegt werden muß. Dreht man also z. B. den Richtungssinn von I_2 und E_2 um, so müssen auch die Vorzeichen der Gegenkoeffizienten umgekehrt werden.

Das Gleichungssystem (1) besitzt im allgemeinen zwei wichtige Eigenschaften, welche die Theorie elektrischer Stromkreise vereinfachen. Erstens sind die Gleichungen linear in Strom und Spannung und zweitens sind die Koeffizienten L_{jk}, R_{jk} und C_{jk} Konstante. Es gibt jedoch auch wichtige elektrotechnische Aufgaben, bei denen diese Bedingungen nicht erfüllt sind. Trotzdem ist die Lösung des linearen Gleichungssystems (1) mit konstanten Koeffizienten von grundlegender Bedeutung, zumal sie formal auch auf diejenigen Aufgaben ausgedehnt werden kann, bei denen nichtlineare Beziehungen und variable Koeffizienten auftreten. Wir werden später kurz auf diese Erweiterung eingehen.

Eine dritte wichtige Eigenschaft des Systems (1) wird durch die Reziprozität der Koeffizienten gegeben: Es ist $L_{jk} = L_{kj}$, $R_{jk} = R_{kj}$ und $C_{jk} = C_{kj}$. Diese reziproken Beziehungen zeigen an, daß im Netz keine unbekannten Energiequellen oder Senken vorhanden sind. Es gibt aber auch Fälle, bei denen die reziproken Beziehungen nicht erfüllt sind (z. B. Verstärker). Diese Ausnahmen haben jedoch für die angewandte mathematische Lösungsmethode keine Bedeutung, da hierfür die reziproke Beziehung nicht wesentlich ist.

Wir kehren nunmehr zu den Gleichungen (1) zurück und leiten aus ihnen die Energiegleichung ab. Zu diesem Zweck multiplizieren wir die erste Gleichung mit I_1, die zweite mit I_2 usw. und addieren. Wir erhalten:

$$\frac{d}{dt}\sum\sum\frac{1}{2}L_{jk}I_jI_k + \frac{d}{dt}\sum\sum\frac{1}{2}\frac{1}{C_{jk}}Q_jQ_k + \sum\sum R_{jk}I_jI_k = \sum E_jI_j. \quad (2)$$

In dieser Gleichung stellt die rechte Seite ein Maß für die von den eingeprägten Kräften dem Netz zugeführte Leistung dar. Der erste Ausdruck der linken Seite ist hingegen ein Maß für die zeitliche Zunahme der magnetischen Energie

$$\frac{1}{2}\sum\sum L_{jk}I_jI_k,$$

während der zweite die Zunahme der elektrischen Energie angibt

$$\frac{1}{2}\sum\sum\frac{1}{C_{jk}}Q_jQ_k.$$

Der letzte Ausdruck

$$\sum\sum R_{jk}I_jI_k$$

endlich gibt an, welcher Energiebetrag im Netz in Wärme umgewandelt wird. Wir haben also in der Gleichung (2) auf der linken Seite drei homogene quadratische Formen erhalten, und zwar ist die magnetische Energie und die erzeugte Joulesche Wärme eine homogene quadratische Form der Ströme, während die elektrische Energie eine solche der Ladungen ist. In der Maxwellschen Theorie werden diese Beziehungen als Ausgangspunkt gewählt und aus ihnen dann mit Hilfe der Lagrangeschen Gleichungen die Gleichungen des Netzes abgeleitet.

Das System (1) stellt wegen der in ihm auftretenden Integralzeichen eigentlich ein System von Integro-Differentialgleichungen vor. Man kann es jedoch durch die Substitution $I = \frac{dQ}{dt}$ sofort in ein System von Differentialgleichungen überführen, welches lautet:

$$\begin{aligned}
&\left(L_{11}\frac{d^2}{dt^2} + R_{11}\frac{d}{dt} + S_{11}\right)Q_1 + \cdots + \left(L_{1n}\frac{d^2}{dt^2} + R_{1n}\frac{d}{dt} + S_{1n}\right)Q_n = E_1, \\
&\quad \cdots\cdots\cdots\cdots\cdots\cdots\cdots\cdots\cdots\cdots \qquad (3)\\
&\left(L_{n1}\frac{d^2}{dt^2} + R_{n1}\frac{d}{dt} + S_{n1}\right)Q_1 + \cdots + \left(L_{nn}\frac{d^2}{dt^2} + R_{nn}\frac{d}{dt} + S_{nn}\right)Q_n = E_n .
\end{aligned}$$

Hierbei ist zur Abkürzung für $\frac{1}{C_{jk}}$ der Wert S_{jk} geschrieben worden. Es ist meistens üblich, vom Gleichungssystem (3) anstatt von (1) auszugehen.

3. Die Zwangsschwingungen. Bei der Untersuchung der Lösung des Gleichungssystems (1) beginnen wir mit den erzwungenen Schwingungen (Zwangsschwingungen), da sie sowohl nach der theoretischen Seite als auch nach der praktischen von grundlegender Bedeutung sind. Sie bilden nämlich den natürlichen Übergang zur Heavisideschen Operatorenrechnung und liefern zugleich die Grundlage für die Theorie der Wechselströme.

Um die Zwangsschwingungen eines Netzes zu ermitteln, setzen wir $E_1 = F_1 e^{\lambda t}$, während sämtliche übrigen Spannungen $E_2 \ldots E_n$ Null sein sollen. Diese Annahme bedeutet wegen der Linearität der Gleichungen keinerlei Einschränkung, da das Superpositionsgesetz die Überlagerung der von den Einzelspannungen $E_1 \ldots E_n$ erzeugten Wirkungen erlaubt.

Wir nehmen für alle Ströme ein Zeitgesetz von derselben Form an:

$$I_j = J_j e^{\lambda t} \qquad (j = 1, 2, \cdots, n),$$

wobei J_j eine Konstante sein soll. Die Richtigkeit dieser Annahme müssen wir durch Einsetzen in die Differentialgleichung verifizieren. Es folgt aus $I_j = J_j e^{\lambda t}$:

$$\frac{d}{dt} I_j = \lambda \cdot I_j = \lambda J_j e^{\lambda t}$$

und für $\lambda < 0$

$$\int_{-\infty}^{t} I_j\, dt = \frac{1}{\lambda} I_j = \frac{1}{\lambda} J_j e^{\lambda t}.$$

Setzen wir diese Beziehungen in die Differentialgleichung (1) ein und kürzen den gemeinsamen Faktor $e^{\lambda t}$, so erhalten wir das folgende System algebraischer simultaner Gleichungen:

$$\begin{aligned}
\left(\lambda L_{11} + R_{11} + \frac{1}{\lambda} C_{11}\right) I_1 + \cdots + \left(\lambda L_{1n} + R_{1n} + \frac{1}{\lambda} C_{1n}\right) I_n &= F_1 . \\
\left(\lambda L_{21} + R_{21} + \frac{1}{\lambda} C_{21}\right) I_1 + \cdots + \left(\lambda L_{2n} + R_{2n} + \frac{1}{\lambda} C_{2n}\right) I_n &= 0 , \\
\cdots\cdots\cdots\cdots\cdots\cdots\cdots\cdots\cdots\cdots & \\
\left(\lambda L_{n1} + R_{n1} + \frac{1}{\lambda} C_{n1}\right) I_1 + \cdots + \left(\lambda L_{nn} + R_{nn} + \frac{1}{\lambda} C_{nn}\right) I_n &= 0 .
\end{aligned} \tag{4}$$

Man beachte, daß die Zeit aus diesen Gleichungen verschwunden ist. Gerade deshalb ist die Ermittlung der Zwangsschwingungen so einfach, da man unmittelbar von den Differentialgleichungen zu algebraischen Gleichungen übergeht. In diesen n algebraischen Gleichungen sind die Stromamplituden $J_1 \ldots J_n$ die Unbekannten, die hierdurch im allgemeinen eindeutig bestimmt sind. Wir erkennen, daß die oben angenommene Form der Lösung „synchroner Ströme" $I_j = J_j e^{\lambda t}$ zulässig ist.

Setzt man

$$\lambda L_{jk} + R_{jk} + \frac{1}{\lambda} C_{jk} = Z_{jk}(\lambda) = Z_{jk} ,$$

so kann man das Gleichungssystem (4) noch einfacher schreiben:

$$\begin{aligned}
Z_{11} J_1 + Z_{12} J_2 + \cdots + Z_{1n} J_n &= F_1 , \\
Z_{21} J_1 + Z_{22} J_2 + \cdots + Z_{2n} J_n &= 0 , \\
\cdots\cdots\cdots\cdots\cdots\cdots & \\
Z_{n1} J_1 + Z_{n2} J_2 + \cdots + Z_{nn} J_n &= 0 .
\end{aligned} \tag{5}$$

Die Lösung des Systems lautet

$$J_j = \frac{M_{j1}(\lambda)}{D(\lambda)} F_1 = \frac{M_{j1}}{D} F_1$$

und

$$I_j = \frac{M_{j1}}{D} F_1 e^{\lambda t} = \frac{F_1}{Z_{j1}} e^{\lambda t} , \tag{6}$$

wobei D die Determinante bedeutet

$$D = \begin{vmatrix} Z_{11} & Z_{12} & \cdots & Z_{1n} \\ Z_{21} & Z_{22} & \cdots & Z_{2n} \\ \cdot & \cdot & \cdot & \cdot \\ \cdot & \cdot & \cdot & \cdot \\ Z_{n1} & Z_{n2} & & Z_{nn} \end{vmatrix} \tag{7}$$

und M_{j1} die Unterdeterminante der j-ten Kolonne der 1. Zeile ist. Hierbei ist außerdem noch auf das Vorzeichen zu achten.

Es soll hier nicht näher auf die Theorie der Determinanten eingegangen werden, auf der die Ableitung dieser Lösung beruht. Es sei jedoch auf eine wichtige Eigenschaft hingewiesen. Aus $Z_{jk} = Z_{kj}$ folgt nämlich $M_{jk} = M_{kj}$. Hieraus wiederum leitet sich unmittelbar der Reziprozitätssatz ab, der folgendermaßen formuliert werden kann:

Wenn eine Spannung $F e^{\lambda t}$ auf die j-te Masche eines Netzes aufgedrückt wird, so beträgt der Strom in der k-ten Masche, wie soeben abgeleitet,

$$\frac{M_{kj}}{D} F e^{\lambda t}.$$

Drückt man dieselbe Spannung der k-ten Masche auf, so ist der Strom in der j-ten Masche

$$\frac{M_{jk}}{D} F e^{\lambda t}.$$

Vergleicht man beide Ausdrücke und beachtet man, daß $M_{jk} = M_{kj}$, so folgt unmittelbar, daß der Strom in der k-ten Masche, hervorgerufen durch eine Spannung in der j-ten Masche, gleich dem Strom in dieser Masche ist, wenn die gleiche Spannung der k-ten Masche aufgedrückt wird. Diese reziproke Beziehung besitzt eine große praktische Bedeutung.

Bei vielen technischen Anwendungen auf zusammengesetzte Netze haben wir nun nur an zwei Maschen, nämlich der „sendenden“ und der „empfangenden“ ein Interesse. In solchen Fällen ist es zweckmäßig, alle übrigen Maschen des Netzes aus den Gleichungen zu eliminieren. Nehmen wir also an, wir haben zwei elektromotorische Kräfte E_1 und E_2 in den Maschen 1 und 2 und wollen nur wissen, wie groß die Ströme in diesen beiden Maschen und nicht in den übrigen des Netzes sind, so lösen wir das Gleichungssystem 3, 4, ..., n $(n-2)$ nach $I_3 \ldots I_n$ auf und setzen in die ersten beiden Gleichungen ein. Wir erhalten dann

$$\begin{aligned} Z_{11} I_1 + Z_{12} I_2 &= E_1, \\ Z_{21} I_1 + Z_{22} I_2 &= E_2. \end{aligned} \tag{8}$$

4. Die Lösung für den eingeschwungenen Zustand. Diese Lösung läßt sich unmittelbar aus den Zwangsschwingungen des gegebenen Systems ableiten. Wir nehmen an, daß

$$E_2 = E_3 = \cdots = E_n = 0 \quad \text{und} \quad E_1 = F\cos(\omega t - \Theta).$$

Nun ist bekanntlich

$$\cos x = \frac{1}{2}\left(e^{ix} + e^{-ix}\right),$$

so daß wir also schreiben können

$$\begin{aligned} E_1 &= \frac{1}{2}\left(F e^{i(\omega t - \Theta)} + F e^{-i(\omega t - \Theta)}\right), \\ &= \frac{1}{2}(\cos\Theta - i\sin\Theta) F e^{i\omega t} + \frac{1}{2}(\cos\Theta + i\sin\Theta) F e^{-i\omega t}, \\ &= \frac{1}{2} F' e^{i\omega t} + \frac{1}{2} F'' e^{-i\omega t}, \end{aligned} \tag{9}$$

Man sieht also, daß die aufgedrückte Spannung sich aus zwei Gliedern zusammensetzt, von denen das eine mit $e^{+i\omega t}$, das andere mit $e^{-i\omega t}$ veränderlich ist. Hieraus folgt wegen der Linearität der Gleichungen, daß die Ströme in der gleichen Weise aus zwei Gliedern aufgebaut sein müssen

$$I_j = J'_j e^{i\omega t} + J''_j e^{-i\omega t} \qquad (j = 1, 2, \ldots, n). \tag{10}$$

Wir haben also nur in den oben abgeleiteten Zwangsschwingungen $\lambda = i\omega$ bzw. $\lambda = -i\omega$ einzusetzen und erhalten

$$J'_j = \frac{1}{2}\frac{F'}{Z_{j1}(i\omega)}, \qquad J''_j = \frac{1}{2}\frac{F''}{Z_{j1}(-i\omega)} \tag{11}$$

und

$$I_j = \frac{1}{2}\frac{F e^{-i\Theta}}{Z_{j1}(i\omega)} e^{i\omega t} + \frac{1}{2}\frac{F e^{i\Theta}}{Z_{j1}(-i\omega)} e^{-i\omega t}.$$

Das zweite Glied ist hierbei konjugiert komplex zum ersten, so daß:

$$\begin{aligned} I_j &= \Re e \frac{F \cdot e^{-i\Theta}}{Z_{j1}(i\omega)} e^{i\omega t} \\ &= \Re e \frac{F}{Z_{j1}(i\omega)} e^{i(\omega t - \Theta)} \\ &= \Re e \frac{F}{|Z_{j1}(i\omega)|} e^{i(\omega t - \Theta - \Phi)} \\ &= \frac{F}{|Z(i\omega)|} \cos(\omega t - \Theta - \Phi). \end{aligned} \tag{12}$$

Wir erhalten also folgende Regel für die Berechnung des eingeschwundenen Zustandes:

Hat die eingeprägte Spannung die Gestalt $F\cos(\omega t - \Theta)$, so setze man in den Differentialgleichungen für $\frac{d}{dt}$ den Wert $i\omega$ und bestimme

$$Z(i\omega) = \frac{D(i\omega)}{M(i\omega)} \tag{13}$$

durch die Auflösung der algebraischen Gleichungen. Schreibt man dann

$$Z(i\omega) = |Z(i\omega)|\, e^{i\Phi},$$

so lautet die gesuchte Lösung

$$I = \frac{F}{|Z(i\omega)|} \cos(\omega t - \Theta - \Phi).$$

In diesem Satz haben wir in gedrängter Form den Inhalt der sogenannten symbolischen Lösung von vielen Aufgaben der Wechselstromtechnik gefunden.

5. Der allgemeine Schwingungszustand. Wir haben bisher nur Lösungen betrachtet, bei denen der Strom von demselben Aufbau wie die eingeprägte Spannung war. Der Strom war physikalisch gesprochen ein „erzwungener" Strom, der dieselbe Zeitabhängigkeit hatte wie die ihn hervorrufende elektromotorische Kraft. Solche Ströme sind aber im allgemeinen nur ein Teil des gesamten Stromes.

Zu den erzwungenen Schwingungen treten im allgemeinen die Eigenschwingungen hinzu: Das vollständige Integral setzt sich also aus den partikulären Integralen (Zwangsschwingungen) und der Lösung der homogenen Gleichung zusammen.

Man kann dies wie folgt ableiten. Es seien $I'_1 \dots I'_n$ die Lösungen der homogenen Gleichungen:

$$\begin{aligned} &\left(L_{11}\frac{d}{dt} + R_{11} + \frac{1}{C_{11}}\int dt\right) I'_1 + \cdots + \left(L_{1n}\frac{d}{dt} + R_{1n} + \frac{1}{C_{1n}}\int dt\right) I'_n = 0, \\ &\cdots\cdots\cdots\cdots\cdots\cdots\cdots\cdots\cdots\cdots \\ &\left(L_{n1}\frac{d}{dt} + R_{n1} + \frac{1}{C_{n1}}\int dt\right) I'_1 + \cdots + \left(L_{nn}\frac{d}{dt} + R_{nn} + \frac{1}{C_{nn}}\int dt\right) I'_n = 0. \end{aligned} \tag{14}$$

Ist dann $I_1 \dots I_n$ eine Lösung des Systems (1), so ist

$$I_1 + I'_1, \dots, I_n + I'_n$$

ebenfalls eine Lösung.

Um eine Lösung des homogenen Systems (14) zu finden, nehmen wir an, es existiere eine Lösung von der Form:

$$I'_j = J'_j \cdot e^{\lambda t} \qquad (j = 1, 2, \dots, n),$$

wobei also alle Ströme synchron schwingen. Dann ist wie früher

$$\frac{d}{dt} = \lambda \quad \text{und} \quad \int dt = \frac{1}{\lambda}.$$

Wir setzen diese Lösung in (14) ein, kürzen mit $e^{\lambda t}$ und erhalten

$$\begin{aligned} &Z_{11}(\lambda)\, J'_j + \cdots + Z_{1n}(\lambda)\, J'_n = 0, \\ &\cdots\cdots\cdots\cdots\cdots \\ &Z_{n1}(\lambda)\, J'_j + \cdots + Z_{nn}(\lambda)\, J'_n = 0. \end{aligned} \tag{15}$$

Dies ist für die Unbekannten $J'_1 \dots J'_n$ ein System von n homogenen Gleichungen. Falls eine endliche Lösung existieren soll, muß nach einem bekannten Satz aus der Theorie der Gleichungen die Determinante der Koeffizienten verschwinden:

$$D(\lambda) = \begin{vmatrix} Z_{11}(\lambda) & \dots & Z_{1n}(\lambda) \\ \cdot & \cdots & \cdot \\ \cdot & \cdots & \cdot \\ Z_{n1}(\lambda) & \dots & Z_{nn}(\lambda) \end{vmatrix} = 0. \tag{16}$$

Es müssen also alle möglichen Werte von λ, welche eine Lösung ergeben, Wurzeln der Gleichung $D(\lambda) = 0$ sein. Wir bezeichnen diese Wurzeln mit $\lambda_1, \lambda_2, \dots, \lambda_n$. Sei λ eine dieser Wurzeln, so kann das Verhältnis $\frac{J'_j}{J'_k}$ aus $(n-1)$ beliebigen Gleichungen des Systems berechnet werden. Setzen wir also

$$I'_1 = C_1 e^{\lambda_1 t} + C_2 e^{\lambda_2 t} + \cdots + C_m e^{\lambda m t}, \tag{17}$$

so erhält man $I'_2 \ldots I'_n$, indem man I'_1 in $(n-1)$ beliebige Gleichungen des Systems einsetzt. Die m Konstanten $C_1 \ldots C_m$ sind dabei zunächst willkürlich. Sie bestimmen sich aus den vorgegebenen Grenzbedingungen.

Der Begriff der Grenzbedingungen ist in der Theorie der elektrischen Stromkreise von großer Wichtigkeit. Die Grenzbedingungen beschreiben den physikalischen Zustand des Systems in dem Augenblick, in welchem die elektromotorische Kraft auf das System einzuwirken beginnt, oder in dem irgendein Wechsel in den Konstanten des Systems eintritt. Die Anzahl der unabhängigen Grenzbedingungen, die befriedigt werden kann, ist gleich der Anzahl der Wurzeln der Gleichung $D(\lambda) = 0$. Es ist physikalisch unmöglich, mehr Grenzbedingungen anzugeben als dieser Zahl entspricht. Ist andererseits nicht diese Anzahl vorhanden, so ist die Lösung unbestimmt und die Aufgabe nicht richtig gestellt. Als ein Beispiel von Grenzbedingungen denke man sich, daß zur Zeit $t = 0$ die Spannung an das Netz gelegt wird, und daß für $t = 0$ sämtliche Ströme in den Induktanzen und alle Ladungen in den Kondensatoren Null sind.

Bis hierher sind wir der klassischen Theorie der linearen Differentialgleichungen gefolgt. Wir haben gesehen, daß die Berechnung der Zwangsschwingungen und des eingeschwungenen Zustandes eines Netzes eine einfache Aufgabe der elementaren Algebra ist. Die praktischen Schwierigkeiten der klassischen Theorie beginnen mit der Bestimmung der Konstanten $C_1 \ldots C_m$ des allgemeinen Schwingungszustandes und mit der Berechnung der Wurzeln $\lambda_1 \ldots \lambda_n$ der Gleichung $D(\lambda) = 0$. An dieser Stelle bricht Heaviside mit der klassischen Methode und legt den Grund zu seiner originellen und weitreichenden Lösungsmethode, indem er bestimmte Grenzbedingungen und bestimmte Typen von eingeprägten Spannungen betrachtet, die für die Anwendungen von Wichtigkeit sind. Wir wollen jedoch nicht sofort den von Heaviside selbst geschaffenen Weg beschreiten, der unmittelbar zu seiner Methode führt, sondern werden vorher eine Reihe wichtiger, grundlegender Sätze ableiten, welche als Führer zur Heavisideschen Operatorenrechnung dienen können.

II. Störungen des elektrischen Gleichgewichtes durch willkürliche Kräfte.

6. Die Grenzbedingungen. Folgende vier Aufgaben sind für die technischen Anwendungen grundlegend:

A. Bestimmung der stationären Strom- und Spannungsverteilung für den Fall, daß an ein Netz eine sinusförmige Spannung angelegt wird. Diese Aufgabe umfaßt die Theorie der Wechselströme; auf ihr baut sich die Berechnung von elektrischen Fernkraftübertragungen und Verteilungsnetzen auf.

B. Berechnung der Strom- und Spannungsverteilung für den Fall, daß an ein im Gleichgewicht befindliches Netz eine willkürliche Spannung angelegt wird; dabei bezeichnen wir ein Netz als im Gleichgewicht befindlich, wenn seine Ladungen und Ströme identisch gleich Null sind.

C. Untersuchung des Einflusses von plötzlichen Änderungen der Netzkonstanten auf Strom und Spannung. Diese Aufgabe liegt vor beim Öffnen oder Schließen eines Schalters in einem unter Spannung stehenden Netz.

D. Berechnung der freien Schwingungen eines Netzes mit willkürlich gegebenen Anfangsbedingungen. Auf diese Aufgabe werden wir jedoch nicht bis in alle Einzelheiten eingehen: Denn zunächst hat sie nur eine geringe Bedeutung für die technischen Anwendungen. Weiter kann sie auf die Gruppe C der oben angeführten Grundaufgaben zurückgeführt werden, wenn man den Anfangszustand des Netzes durch passend gewählte und an bestimmten Stellen angelegte Spannungen darstellt. Endlich ist es wegen der willkürlich vorgegebenen Anfangsbedingungen unmöglich, die Lösungen dieser Aufgaben auf dieselbe kurze Darstellung und Einfachheit zurückzuführen, die sich sonst mit der Operatorenrechnung erreichen läßt. Dabei ist die Lösung solcher Aufgaben natürlich ausführbar. Man hat nach Berechnung der Wurzeln der Gleichung $D(\lambda) = 0$ die Integrationskonstanten $C_1 \ldots C_n$ des allgemeinen Schwingungszustandes so zu bestimmen, daß die Anfangsbedingungen erfüllt sind. Heaviside hat mit Hilfe seines Energiesatzes für diese Konstanten einen einfachen Ausdruck angegeben, der aus den Anfangsströmen, den Induktivitäten und den Anfangsladungen der Kondensatoren zusammengesetzt ist[1].

Bei der weiteren Entwicklung der Grundlagen der Operatorenrechnung wollen wir von der Aufgabe B ausgehen.

a) Die Lösung der Aufgabe B ist im wesentlichen eine Verallgemeinerung der Heavisideschen Theorie und bildet zugleich den Schlüssel für das Verständnis und die Wertung der Operatorenrechnung. Sie führt auf eine Reihe von Hilfssätzen, aus denen die Regeln der Operatorenrechnung ohne weiteres abgeleitet werden können.

---

[1] Vgl. Wagner K. W.: „Der Satz von der wechselseitigen Energie". E. N. T. Bd. 2, H. 11, S. 376. 1925. Vallarta, M. S.: „Heaviside's Proof of the Expansion Theorem". J. Am. Electr. Engs., April 1926, S. 387.

b) Die Lösung der Aufgabe B enthält zugleich die der Aufgabe C und somit auch als Grundlage der Theorie der Schaltvorgänge.

c) Die Lösung der Aufgabe B führt unmittelbar auf eine Erweiterung der Theorie, bei der das Netz auch aus zeitlich veränderlichen Elementen zusammengesetzt sein kann. Auch dürfen diese Elemente durch nichtlineare Beziehungen miteinander verknüpft sein.

Die Aufgabe B ist daher als Grundaufgabe der ganzen Theorie anzusehen und die bei ihrer Lösung abgeleiteten Sätze können zugleich als die grundlegenden Theoreme gelten.

7. Einheitsstoß der Spannung, Übergangsleitwert. Wir betrachten zunächst ein Netz, welches im elektrischen Gleichgewicht ist. An irgendeinen Zweig dieses Netzes werde zur Zeit $t = 0$ der Einheitsstoß der Spannung gelegt. Dabei definieren wir als Einheitsstoß eine Spannung, welche den Betrag eins für alle positiven Zeitwerte hat, für alle negative Zeiten aber identisch verschwindet (Abb. 4). Den hierbei entstehenden Strom in der Masche n bezeichnen wir mit $A_{n1}(t)$ und nennen $A_{n1}(t)$ den Übergangsleitwert der Masche n in bezug auf die Masche 1, oder — ausführlicher — den übertragenen Übergangsleitwert.

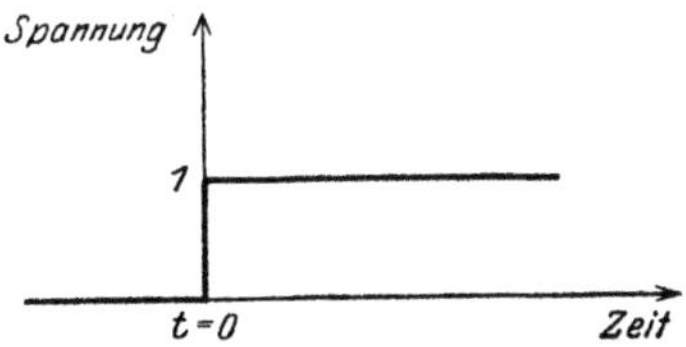

Abb. 4. Einheitsstoß der Spannung.

Der Übergangsleitwert spielt, abgesehen von seiner unmittelbaren physikalischen Bedeutung, eine grundlegende Rolle in der Operatorenrechnung. Er kann durch folgende Aussage definiert werden: Der Übergangsleitwert $A_{n1}(t)$ ist gleich dem Verhältnis des Stromes im Zweig n zur Größe der Spannung, welche zur Zeit $t = 0$ an den Zweig 1 angelegt wird. Er ist demnach eine Funktion, welche für alle negativen Zeiten Null ist und welche mit wachsender Zeit für alle Systeme mit Verlusten sich entweder dem Wert Null oder einem konstanten Wert (dem Gleichstromleitwert) nähert. Es sei bemerkt, daß der Übergangsleitwert eine stets durch das Experiment bestimmbare Funktion darstellt; mit seiner mathematischen Vorausberechnung werden wir uns später zu befassen haben.

Eine wichtige Eigenschaft des Übergangsleitwertes $A_{jk}(t)$ folgt unmittelbar aus dem Reziprozitätsgesetz: $A_{jk}(t) = A_{kj}(t)$[1]. Diese Beziehung sagt aus, daß der Übergangsleitwert unverändert bleibt, wenn man die Orte der Ursachen und der Wirkungen miteinander vertauscht. Es ist also insbesondere für den Ausdruck $A_{jk}(t)$ gleichgültig, ob die Spannung im Zweig j angelegt und der Strom im Zweig k beob-

[1] Eine Ausnahme bildet der Fall, daß im Netz Energiequellen (Verstärker usw.) vorhanden sind. Vergleiche Ziffer 2.

achtet wird oder umgekehrt. Im allgemeinen darf man also die Indizes j und k weglassen und einfach $A(t)$ schreiben. Dabei muß man aber stets beachten, ob man es mit zwei verschiedenen Zweigen oder nur mit einem zu tun hat. Im letztgenannten Fall ist $j = k$ zu setzen.

Aus der Linearität der Netzgleichungen folgt, daß für eine zur Zeit $t=\tau$ an ein im Gleichgewicht befindlichen Netz gelegte Gleichspannung $E = E_\tau$ der Strom entsteht

$$E_\tau A(t-\tau).$$

Werden nun zu den Zeiten $0, \tau_1, \tau_2, \ldots, \tau_n$ an ein und denselben Zweig jeweils die Gleichspannungen $E_0, E_1, E_2, \ldots, E_n$ angelegt, so superponieren sich alle Einzelwirkungen und es resultiert der Strom:

$$E_0 A(t) + E_1 A(t-\tau_1) + E_2 A(t-\tau_2) + \cdots + E_n A(t-\tau_n) = \sum_{j=0}^{n} E_j A(t-\tau_j). \tag{1}$$

Um dies auf unsere Aufgabe anzuwenden, nehmen wir an, daß dem Netz im Gleichgewichtszustand eine Spannung $E(t)$ aufgedrückt wird, die folgenden Bedingungen genügt:

1. Sie ist für $t < 0$ identisch gleich Null.
2. Sie hat den Wert $E(0)$ für $0 < t < \Delta t$.
3. Sie hat den Wert $E(0) + \Delta_1 E$ für $\Delta t < t < 2\Delta t$.
4. Sie hat den Wert $E(0) + \Delta_1 E + \Delta_2 E$ für $2\Delta t < t < 3\Delta t$.

. . . . ,

so daß sie also im Zeitintervall $(j-1)\Delta t < t < j\Delta t$ um $\Delta_j E$ zu-nimmt.

Offenbar ist dann der resultierende Strom:

$$E_0 A(t) + \Delta_1 E A(t-\Delta t) + \cdots + \Delta_n E A(t - n\Delta t).$$

Verkleinert man das Zeitintervall mehr und mehr und geht schließlich zur Grenze $\Delta t \to dt$ und $j\Delta t = \tau$ über, so wird

$$\Delta_j E = \frac{d}{d\tau} E(\tau)\, d\tau$$

und man erhält an Stelle der Summe das bestimmte Integral

$$I(t) = E(0)\; A(t) + \int_0^t A(t-\tau) \frac{d}{d\tau} E(\tau)\, d\tau. \tag{2}$$

Hierfür kann man einfacher schreiben

$$I(t) = \frac{d}{dt} \int_0^t A(t-\tau)\, E(\tau)\, d\tau, \tag{3a}$$

$$= \frac{d}{dt} \int_0^t E(t-\tau)\, A(\tau)\, d\tau. \tag{3b}$$

Denn nach (3b) ist

$$I(t) = \lim_{\Delta t \to 0} \frac{1}{\Delta t} \left[\int_0^{t+\Delta t} E(t+\Delta t-\tau)\, A(\tau)\, d\tau - \int_0^t E(t-\tau)\, A(\tau)\, d\tau \right]$$

$$= \lim_{\Delta t \to 0} \frac{1}{\Delta t} \left[\int_0^{t+\Delta t} E(t+\Delta t-\tau)\, A(\tau)\, d\tau - \int_0^{t+\Delta t} E(t-\tau)\, A(\tau)\, d\tau \right.$$

$$\left. + \int_0^{t+\Delta t} E(t-\tau)\, A(\tau)\, d\tau - \int_0^t E(t-\tau)\, A(\tau)\, d\tau \right].$$

Die ersten beiden Integrale geben beim Grenzübergang

$$\int_0^t \frac{d}{dt} E(t-\tau)\, A(\tau)\, d\tau \equiv \int_0^t \frac{d}{d\tau} E(\tau)\, A(t-\tau)\, d\tau,$$

während sich die beiden letzten auf

$$\lim_{\Delta t \to 0} \frac{1}{\Delta t} \left| E(t-\tau)\, A(\tau) \cdot \Delta t \right|_{\tau=t} = E(0)\, A(t)$$

reduzieren; damit ist die Identität von (2) und (3b) erwiesen, und man kommt von hier sogleich zu (3a) mittels der Substitution $t - \tau = \tau'$. Durch ähnliche Transformationen erhält man eine Reihe weiterer gleichwertiger Formeln:

$$I(t) = A(0)\, E(t) + \int_0^t A'(t-\tau)\, E(\tau)\, d\tau \tag{4a}$$

$$= A(0)\, E(t) + \int_0^t A'(\tau)\, E(t-\tau)\, d\tau \tag{4b}$$

$$= E(0)\, A(t) + \int_0^t E'(t-\tau)\, A(\tau)\, d\tau \tag{4c}$$

$$= E(0)\, A(t) + \int_0^t E'(\tau)\, A(t-\tau)\, d\tau, \tag{4d}$$

wobei die Striche Differentiationen nach der Zeit bedeuten, also

$$A'(t) = \frac{d}{dt} A(t).$$

Diese Gleichungen sind die grundlegenden Formeln, welche die mathematischen Beziehungen zwischen dem Strom und der Form der angelegten Spannung, den Konstanten und der Schaltung des Netzes wiedergeben. Sie stellen den ersten Schritt zur Lösung unsrer Aufgabe dar. Die unmittelbaren Folgerungen aus diesen Gleichungen können in den nachfolgenden Sätzen ausgesprochen werden:

1. Der Übergangsleitwert eines elektrischen Netzes bestimmt mittels einer Quadratur das Verhalten des Netzes für alle möglichen Formen

der angelegten Spannung. Er ist also die einzig notwendige Größe zur theoretischen Beherrschung sämtlicher Eigenschaften eines Systems, einschließlich seines eingeschwungenen Zustandes.

2. Die angelegte Spannung und der Übergangsleitwert bestimmen gleichberechtigt den resultierenden Strom im Netz. Der Verlauf des Stromes kann also verändert werden entweder durch eine Änderung der Konstanten und der Schaltung des Netzes oder durch Änderung der Gestalt der angelegten Spannung.

3. Da die angelegte Spannung auch unstetig sein kann, so bestimmen die Gleichungen nicht nur den Aufbau des Stromes, sondern sie geben auch an, wie das sich selbst überlassene Netz bei abgeschalteter Spannung wieder in den Gleichgewichtszustand zurückkehrt. Durch die Formeln (3a) bis (4d) ist also die gestellte Aufgabe auf die Bestimmung des Übergangsleitwertes des Netzes zurückgeführt.

Wir werden zeigen, daß die abgeleiteten Formeln unmittelbar zu einer Integralgleichung für den Übergangsleitwert führen.

8. Beziehungen zwischen dem Schaltvorgang und dem eingeschwungenen Zustand. Wir wollen die Beziehungen angeben, welche zwischen (4) und dem eingeschwungenen Zustand bestehen, und denken uns zu diesem Zweck zur Zeit $t = 0$ die Spannung $E \sin(\omega t + \Theta)$ angelegt. Setzen wir dies in (4b) ein, so erhalten wir:

$$\begin{aligned} I(t) = A(0)\,E \sin(\omega t + \Theta) \\ + E \sin(\omega t + \Theta) \int_0^t \cos \omega \tau\, A'(\tau)\, d\tau \\ - E \cos(\omega t + \Theta) \int_0^t \sin \omega \tau\, A'(\tau)\, d\tau\,, \end{aligned} \tag{5}$$

wobei wie früher

$$A'(\tau) = \frac{d}{d\tau} A(\tau)$$

Der Endzustand ergibt sich für $t \to \infty$.

$$\begin{aligned} E \sin(\omega t + \Theta) \left\{ A(0) + \int_0^\infty \cos \omega \tau\, A'(\tau)\, d\tau \right\} \\ - E \cos(\omega t + \Theta) \left\{ \int_0^\infty \sin \omega \tau\, A'(\tau)\, d\tau \right\}. \end{aligned} \tag{6}$$

Der mit wachsender Zeit verklingende eigentliche Ausgleichsvorgang ist also gegeben in

$$\begin{aligned} - E \sin(\omega t + \Theta) \int_t^\infty \cos \omega \tau\, A'(\tau)\, d\tau \\ + E \cos(\omega t + \Theta) \int_t^\infty \sin \omega \tau\, A'(\tau)\, d\tau\,. \end{aligned} \tag{7}$$

Wir wollen diese Ausdrücke für den eingeschwungenen Zustand mit den üblichen Formeln vergleichen. Es sei die (symbolische) Impedanz des Netzes bei der Frequenz $\frac{\omega}{2\pi}$ gleich $Z(i\omega)$, wobei

$$\frac{1}{Z(i\omega)} = \alpha(\omega) + i\beta(\omega).$$

Der eingeschwungene Zustand ist dann

$$E[\alpha(\omega)\cdot\sin(\omega t + \Theta) + \beta(\omega)\cos(\omega t + \Theta)].$$

Ein Vergleich mit (6) ergibt dann den gesuchten Zusammenhang in

$$\alpha(\omega) = A(0) + \int_0^\infty \cos\omega\tau\, A'(\tau)\, d\tau \tag{8}$$

und

$$\beta(\omega) = -\int_0^\infty \sin\omega t\, A'(\tau)\, d\tau. \tag{9}$$

9. Die Integralgleichung für den Übergangsleitwert. Bisher haben wir den Übergangsleitwert als bekannt vorausgesetzt. In Wirklichkeit ist aber gerade seine Bestimmung der wesentlichste Teil unsrer Aufgabe.

Heaviside ist an diese Bestimmung des Übergangsleitwertes von der intuitiven und experimentellen Seite herangetreten. Eine exakte mathematische Methode gründet sich auf eine Integralgleichung von großem Gültigkeitsbereich, welche unmittelbar zur Heavisideschen Rechnung in erweiterter Form hinleitet.

Wir legen an ein Netz zur Zeit $t = 0$ plötzlich eine Spannung e^{pt}, wobei p entweder positiv reell oder komplex mit positivem Realteil sein soll. Wie oben abgeleitet, kann der resultierende Strom in zwei Teile zerlegt werden: Der erzwungene Anteil, der dieselbe Zeitabhängigkeit wie e^{pt} besitzt, und der freie Anteil, den wir zur Abkürzung mit $y(t)$ bezeichnen. Der exponentielle oder erzwungene Anteil ist gleich $\frac{e^{pt}}{Z(p)}$, wobei $Z(p)$ dieselbe Gestalt wie die bekannte symbolische oder komplexe Impedanz $Z(i\omega)$. Man erhält $Z(p)$ aus der Differentialgleichung, indem man, wie im ersten Kapitel abgeleitet wurde, $\frac{d^n}{dt^n}$ durch p^n ersetzt, mit e^{pt} kürzt und die übrigbleibende algebraische Gleichung auflöst. Die freie oder charakteristische Komponente $y(t)$ hängt außer von dem Wert p noch von den Konstanten und von der Schaltung des Netzes ab. Sie enthält aber nicht den Faktor e^{pt} und verschwindet mit wachsender Zeit bei Systemen, die aus energieverzehrenden Elementen aufgebaut sind. Es ist also der resultierende Strom

$$I(t) = \frac{e^{pt}}{Z(p)} + y(t). \tag{10}$$

Kehren wir nunmehr zur Formel (3b) zurück und ersetzen wir $E(t)$ durch e^{pt}, so ergibt sich:

$$I(t) = \frac{d}{dt} e^{pt} \int_0^t A(\tau) e^{-p\tau} d\tau .$$

Hierfür kann man auch schreiben:

$$\frac{d}{dt} \left\{ e^{pt} \int_0^\infty A(\tau) e^{-p\tau} d\tau - e^{pt} \int_t^\infty A(\tau) e^{-p\tau} d\tau \right\}.$$

Führt man die Differentiation aus, so wird

$$I(t) = p e^{pt} \int_0^\infty A(\tau) e^{-p\tau} d\tau - p e^{pt} \int_t^\infty A(\tau) e^{-p\tau} d\tau + A(t). \tag{11}$$

Setzt man die beiden Ausdrücke (10) und (11), welche sich für $I(t)$ ergeben haben, gleich und dividiert mit e^{pt}, so erhält man

$$\frac{1}{Z(p)} + y(t) e^{-pt} = p \int_0^\infty A(\tau) e^{-p\tau} d\tau - p \int_t^\infty A(\tau) e^{-p\tau} d\tau + A(t) e^{-pt}. \tag{12}$$

Diese Gleichung gilt für alle Werte von t. Ist nun der Realteil von p positiv, so verschwinden einige Glieder, wenn man $t = \infty$ setzt, und es bleibt

$$\frac{1}{p Z(p)} = \int_0^\infty A(t) e^{-pt} dt . \tag{13}$$

Diese für alle positiven reellen Werte von p gültige Integralgleichung bestimmt vollständig den Übergangsleitwert $A(t)$. Auf ihr beruht die weitere Entwicklung und Diskussion der Operatorenrechnung, so daß die Gleichungen (3), (4) und (13) die vollständige mathematische Formulierung unsrer Aufgabe darstellen. Von diesen beiden Gleichungen ausgehend kann nunmehr die Lösung ermittelt werden, ohne daß man auf die Differentialgleichungen oder die Grenzbedingungen zurückzugreifen braucht.

III. Die Heavisidesche Aufgabe und die Operatorenrechnung.

10. Die Stammfunktion. Die Entwicklungen der beiden ersten Kapitel ermöglichen eine systematische Untersuchung und Ableitung der Heavisideschen Operatorenrechnung. Wir gehen von den folgenden Hauptsätzen aus:

Wird zur Zeit $t = 0$ eine Spannung $E(t)$ an ein im elektrischen Gleichgewicht befindliches Netz gelegt, so dienen zur Ermittlung des

Stromes zwei Gleichungen. Nachdem die Übergangsfunktion durch die Integralgleichung bestimmt ist:

$$\frac{1}{p\,Z(p)} = \int_0^\infty A(t)\,e^{-pt}\,dt\,, \tag{1}$$

ergibt sich der Stromverlauf aus dem bestimmten Integral

$$I(t) = \frac{d}{dt}\int_0^t A(t-\tau)\,E(\tau)\,d\tau\,. \tag{2}$$

$Z(p)$ heißt die zur Übergangsfunktion A gehörige Stammfunktion. Durch sie werden die Eigenschaften eines Netzes, seine Konstanten und Schaltung eindeutig festgelegt. Ersetzen wir p durch $i\,\omega$, wobei ω die Kreisfrequenz bedeutet, so ist $Z(i\,\omega)$ als die symbolische oder komplexe Impedanz aus der Theorie der Wechselströme bekannt.

Die oben angegebenen Gleichungen (1) und (2) stellen die vollständige Lösung der allgemeinen Aufgabe dar, bei der auch die zeitlichen Grenzbedingungen von vornherein befriedigt sind. Es wird also im Gegensatz zur elementaren Methode die nachträgliche explizite Bestimmung der Integrationskonstanten vollständig vermieden.

Die hier gegebene Ableitung setzt voraus, daß die Netzgleichungen linear sind und daß eine Partikularlösung vom Typ $\frac{e^{pt}}{Z(p)}$ für positive Werte von p existiert. Wenn wir zunächst von einem Netz endlicher Ausdehnung ausgegangen sind, so bedeutet dies keine Einschränkung des Gültigkeitsbereiches. Die Gleichungen gelten nicht nur für ein endliches Netz mit einem endlichen System linearer Differentialgleichungen, sondern auch für unendlich große Netze und für Übertragungsleitungen, bei denen bekanntlich unendlich viele lineare Gleichungen oder partielle Differentialgleichungen auftreten. Sie gelten demnach allgemein für alle elektrischen oder dynamischen linearen Systeme mit konstanten Koeffizienten.

Die aus den Gleichungen (1) und (2) zu bestimmende Unbekannte braucht nicht notwendigerweise der Strom zu sein. Es kann auch nach einer Ladung, einem Spannungsabfall oder irgendeiner anderen physikalischen Größe gefragt sein. Wir tragen diesem Umstand Rechnung, indem wir allgemeiner schreiben:

$$\frac{1}{p\,H(p)} = \int_0^\infty h(t)\,e^{-pt}\,dt\,, \tag{3}$$

$$x(t) = \frac{d}{dt}\int_0^t h(t-\tau)\,E(\tau)\,d\tau\,. \tag{4}$$

Hierbei ist $E(t)$ die Spannung und $x(t)$ die zu bestimmende Unbekannte. Die symbolische Gleichung

$$x = \frac{E}{H(p)} \tag{5}$$

bezeichnen wir als Operatorengleichung. $H(p)$ entspricht dabei der Impedanz $Z(p)$ und ist genau wie diese zu bestimmen, braucht jedoch nicht die physikalische Bedeutung oder die Dimension einer Impedanz zu haben. In analoger Weise entspricht die Funktion $h(t)$ dem Übergangsleitwert im verallgemeinerten Sinne. Man bezeichnet sie auch zur Abkürzung als Heavisidesche Funktion. Entsprechend nennen wir fortan $H(p)$ die verallgemeinerte Stammfunktion.

11. Die Operatorengleichung. Wir gehen von folgender Aufgabe aus: An ein im Gleichgewichtszustand befindliches Netz wird zur Zeit $t = 0$ der Einheitsstoß der Spannung gelegt. Es ist das Verhalten des Netzes zu berechnen. Diese Aufgabe läuft im wesentlichen auf die Bestimmung des Übergangsleitwertes hinaus. Wir werden bei der weiteren Behandlung und Kritik der Heavisideschen Methode die Lösung dieser Aufgabe mit Hilfe der Integralgleichung stets in Parallele zur entsprechenden Lösung nach Heaviside setzen.

Heaviside geht von der Differentialgleichung aus. Er ersetzt den Differentialoperator $\frac{d}{dt}$ durch das Symbol p und die Integration $\int dt$ durch $\frac{1}{p}$. Damit wird die Differentialgleichung auf eine algebraische Gleichung zurückgeführt. Weiter spezialisiert er die angelegte Spannung als Einheitsstoß und begrenzt damit die Gültigkeit der Rechnung auf Zeitwerte $t > 0$. Die formale Lösung der algebraischen Gleichungen kann stets geschrieben werden

$$h = \frac{1}{H(p)}, \tag{6}$$

wobei h den verallgemeinerten Übergangsleitwert oder die Heavisidesche Funktion (Strom, Spannung, Ladung, Potential usw.) darstellt und $H(p)$ die verallgemeinerte Stammfunktion ist. Liegt also z. B. die Aufgabe vor, den Strom in irgendeinem Zweig eines Netzes zu bestimmen, so schreiben wir

$$A = \frac{1}{Z(p)}. \tag{7}$$

Die allgemeinere Schreibweise (6) ist jedoch erwünscht, da sie auf den großen Anwendungsbereich der Gleichung hinweist.

Die Heavisideschen Operatorengleichungen

$$h = \frac{1}{H(p)},$$

$$A = \frac{1}{Z(p)}$$

sind nur symbolisch zu verstehen; es entsteht daher als Aufgabe der Operatorenrechnung, ihren physikalischen Inhalt und insbesondere die Bedeutung des Operators p darzulegen. Hierzu brauchen wir nur auf die Integralgleichung (13) des vorhergehenden Kapitels zurückzugreifen. Man erkennt, daß die Heavisideschen symbolischen Gleichungen (7) und (6) identisch sind mit den Integralgleichungen:

$$\frac{1}{p Z(p)} = \int_0^\infty A(t)\, e^{-pt}\, dt, \tag{8}$$

$$\frac{1}{p H(p)} = \int_0^\infty h(t)\, e^{-pt}\, dt. \tag{9}$$

Diese Integralgleichungen vermitteln uns also die Deutung und das Verständnis der Operatorengleichungen und liefern uns zugleich durch ihre Lösung die Regeln für die Operatorenrechnung. Mit Hilfe dieses Satzes sind wir nunmehr in der Lage, die ursprüngliche Aufgabe umzukehren und aus bekannten Lösungen solcher Integralgleichungen den Sinn der Operatorengleichungen abzuleiten und die Lösungen zu verifizieren.

Heavisides eigene Anschauungen über seine Methode der Lösung solcher Aufgaben lassen sich etwa folgendermaßen schildern:

Die Operatorengleichung $h = \frac{1}{H(p)}$ ist der Differentialgleichung vollständig gleichwertig und muß daher auch sämtliche für die Lösung notwendigen Angaben enthalten, vorausgesetzt, daß wir verstehen, das Wesen der symbolischen Operatorengleichung richtig zu deuten. Diese richtige Auslegung gewinnen wir nach Heaviside durch Analogieschlüsse, indem wir die Operatorengleichung mit bekannten Lösungen bestimmter Aufgaben vergleichen. Hieraus entspringen allgemeine Regeln für die Umwandlung der Operatorengleichung in die gesuchte explizite Lösung.

12. Die Methode der Potenzreihen. Wir wählen als Ausgangspunkt für die erste Regel die folgende einfache Aufgabe:

Ein Stromkreis besteht aus einem Widerstand R in Reihe mit einer Induktivität L. Es ist der durch den Einheitsstoß der Spannung verursachte Strom A zu bestimmen. Die Differentialgleichung des Stromes lautet

$$L\frac{dA}{dt} + RA = 1, \qquad t > 0, \tag{10}$$

wobei A der Übergangsleitwert ist. Ersetzt man $\frac{d}{dt}$ durch p, so erhält man die Operatorengleichung

$$A = \frac{1}{pL + R}. \tag{11}$$

Die Lösung kann leicht direkt aus Gleichung (10) abgeleitet werden:

$$A = \frac{1}{R}\left(1 - e^{-\frac{t}{T}}\right). \tag{12}$$

Dabei bedeutet $T = \frac{L}{R}$ die Zeitkonstante des Kreises. Die Lösung befriedigt die Differentialgleichung und erfüllt die Grenzbedingung, denn für $t = 0$ ist der Strom gleich Null.

Entwickelt man nun die Operatorengleichung binomisch nach Potenzen von $\frac{1}{p}$, so erhält man formal die unendliche geometrische Reihe

$$A = \frac{1}{pL\left(1 + \frac{1}{pT}\right)} = \frac{1}{R}\left[\frac{1}{pT} - \left(\frac{1}{pT}\right)^2 + \left(\frac{1}{pT}\right)^3 - \left(\frac{1}{pT}\right)^4 + \cdots\right]. \tag{13}$$

Wir entwickeln andererseits die Lösung (12) nach Potenzen von t:

$$A = \frac{1}{R}\left[\frac{1}{1!}\left(\frac{t}{T}\right) - \frac{1}{2!}\left(\frac{t}{T}\right)^2 + \frac{1}{3!}\left(\frac{t}{T}\right)^3 - \cdots\right]. \tag{14}$$

Durch Vergleich beider Entwicklungen sehen wir, daß die Operatorenentwicklung in die der expliziten Lösung durch die Deutung $\frac{1}{p^n}$ gleich $\frac{t^n}{n!}$ übergeführt wird. Dieser induktiv gewonnene Satz bildet die Grundlage der Heavisideschen Lösung mittels Potenzreihen.

Es muß hier jedoch auf zwei wichtige Bedingungen des Verfahrens hingewiesen werden. Erstens ist die Umwandlung der Operatorengleichung in eine Lösung nur bei der Entwicklung nach $\frac{1}{p}$ möglich. Ersetzt man z. B. in der unentwickelten Operatorengleichung

$$A = \frac{1}{pTR\left(1 + \frac{1}{pT}\right)}, \tag{15}$$

$\frac{1}{p}$ durch $\frac{t}{1!}$, so erhält man

$$A = \frac{t}{TR\left(1 + \frac{t}{T}\right)}. \tag{16}$$

Dieses Ergebnis ist falsch. Entwickelt man andererseits nach steigenden statt nach fallenden Potenzen von p, so ergibt sich

$$A = \frac{1}{R}[1 - (pT) + (pT)^2 - \cdots]. \tag{17}$$

Hier ist kein Vergleich mit (14) möglich, und es kann daher dieser Entwicklung keine physikalische Bedeutung zugesprochen werden. Die Operatorengleichung kann also nur dann in eine explizite Lösung umgewandelt werden, wenn man die passende Entwicklung der Stammfunktion oder richtiger ihres reziproken Wertes gefunden hat.

Endlich bemerken wir, daß wir beim Anschreiben der Operatorengleichung und bei ihrer Umwandlung in die Lösung die Grenzbedingungen vollkommen außer acht lassen konnten. Hierauf beruht der große Vorteil der Operatorenrechnung. Die Grenzbedingungen sind automatisch berücksichtigt, vorausgesetzt, daß es sich um Bedingungen des Gleichgewichtes handelt. Dies soll noch ausführlich am folgenden Beispiel erläutert werden.

13. Einschalten eines Schwingungskreises. Wir betrachten einen Stromkreis, der sich aus einem Widerstand R, einer Induktivität L und einer Kapazität C nach Abb. 1 zusammensetzt, und an den ein Einheitsstoß der Spannung gelegt wird. Gesucht wird die Aufladung des Kondensators. Für seine Ladung Q gilt:

$$\left(L\frac{d^2}{dt^2} + R\frac{d}{dt} + \frac{1}{C}\right)Q = 1\,, \qquad t > 0\,. \tag{18}$$

Man erhält hieraus die Operatorengleichungen

$$Q = \frac{1}{Lp^2 + Rp + \frac{1}{C}}\,, \tag{19}$$

$$Q = \frac{1}{Lp^2\left(1 + \frac{1}{pT} + \frac{\omega^2}{p^2}\right)}\,, \tag{20}$$

wobei gesetzt ist

$$T = \frac{L}{R} \qquad \text{und} \qquad \omega^2 = \frac{1}{LC}\,.$$

Entwickelt man binomisch, so wird

$$Q = \frac{1}{Lp^2}\left[1 - \left(\frac{1}{pT} + \frac{\omega^2}{p^2}\right) + \left(\frac{1}{pT} + \frac{\omega^2}{p^2}\right)^2 - \left(\frac{1}{pT} + \frac{\omega^2}{p^2}\right)^3 - \cdots\right], \tag{21}$$

oder nach Potenzen von p geordnet:

$$\frac{1}{Lp^2}\left[1 - \frac{c_1}{p} - \frac{c_2}{p^2} + \frac{c_3}{p^3} + \frac{c_4}{p^4} - \frac{c_5}{p^5} - \frac{c_6}{p^6} + \cdots\right]. \tag{22}$$

Hierin ist

$$c_1 = \frac{1}{T}\,,$$

$$c_2 = \omega^2 - \frac{1}{T^2}\,,$$

$$c_3 = 2\,\frac{\omega^2}{T} - \frac{1}{T^3}\,,$$

$$c_4 = \omega^4 - \frac{3\,\omega^4}{T} + \frac{1}{T^4}\,.$$

$$\cdots\cdots\cdots$$

Ersetzen wir auf Grund unsrer Rechenregel $\frac{1}{p^n}$ durch $\frac{t^n}{n!}$, so erhalten wir die Lösung:

$$Q = \frac{1}{L}\left[\frac{t^2}{2!} - c_1\frac{t^3}{3!} - c_2\frac{t^4}{4!} + c_3\frac{t^5}{5!} + c_4\frac{t^6}{6!} - \cdots\right]. \tag{23}$$

Infolge des komplizierten Aufbaues der Koeffizienten erkennt man nicht ohne weiteres die Summe dieser Reihe. Ist jedoch $R = 0$, so folgt $T = \infty$ und die Reihe vereinfacht sich zu

$$C\left[\frac{1}{2!}\left(\frac{t}{\sqrt{LC}}\right)^2 - \frac{1}{4!}\left(\frac{t}{\sqrt{LC}}\right)^4 + \frac{1}{6!}\left(\frac{t}{\sqrt{LC}}\right)^6 - \cdots\right], \tag{24}$$

woraus unmittelbar folgt

$$Q = C\left[1 - \cos\frac{t}{\sqrt{LC}}\right]. \tag{25}$$

Wir wollen diese Lösung durch Vergleich mit der Lösung der Differentialgleichung verifizieren. Diese lautet:

$$Q = C + k_1 e^{\lambda_1 t} + k_2 e^{\lambda_2 t}. \tag{26}$$

wobei k_1 und k_2 Konstante sind, die aus den Grenzbedingungen bestimmt werden müssen, während λ_1 und λ_2 Wurzeln der Gleichung

$$L\lambda^2 + R\lambda + \frac{1}{C} = 0 \tag{27}$$

sind. Die Anfangsbedingungen $(t = 0)$ mögen dem Gleichgewicht entsprechen: Q und $\frac{dQ}{dt} = 0$. Dann folgt

$$\begin{aligned} C + k_1 + k_2 &= 0, \\ \lambda_1 k_1 + \lambda_2 k_2 &= 0 \end{aligned} \tag{28}$$

und

$$\begin{aligned} k_1 &= \frac{\lambda_2 C}{\lambda_1 - \lambda_2}, \\ k_2 &= \frac{\lambda_1 C}{\lambda_2 - \lambda_1}, \end{aligned} \tag{29}$$

wobei nach (27) mit $T = \frac{L}{R}$

$$\begin{aligned} \lambda_1 &= -\frac{1}{2T} + \sqrt{\left(\frac{1}{2T}\right)^2 - \omega^2}, \\ \lambda_2 &= -\frac{1}{2T} - \sqrt{\left(\frac{1}{2T}\right)^2 - \omega^2}. \end{aligned} \tag{30}$$

Entwickelt man nun

$$Q = C + k_1 e^{\lambda t} + k_2 e^{\lambda t},$$

nach Potenzen von t, so wird

$$Q = (C + k_1 + k_2) + (k_1\lambda_1 + k_2\lambda_2)\frac{t}{1!} + (k_1\lambda_1^2 + k_2\lambda_2^2)\frac{t^2}{2!} + \cdots. \tag{31}$$

Führen wir für k_1 k_2 λ_1 λ_2 die oben berechneten Werte ein und vergleichen wir die erhaltene Reihe mit der aus der Operatorengleichung gefundenen, so erkennen wir sofort ihre Identität.

An dieses Beispiel knüpfen wir folgende Bemerkungen:

Zunächst haben wir gesehen, daß die Potenzreihenentwicklung oft sehr kompliziert im Aufbau der einzelnen Glieder wird, so daß man ihr Gesetz und ihre Summe nicht ohne weiteres erkennt. Dies ist besonders bei großen, aus vielen Maschen zusammengesetzten Netzen der Fall. Die Berechnung der Koeffizienten der Reihe ist dann sehr mühsam.

Andererseits ist aber auch die Lösung solcher Aufgaben mit Hilfe der klassischen Methode oft mit wesentlich größeren Schwierigkeiten verknüpft, so daß die praktische Durchführung in Frage gestellt ist. Man hat nämlich zunächst die Wurzeln von $H(\lambda)$ zu bestimmen. Dies erfordert bei komplizierten Netzen einen beträchtlichen Rechenaufwand. Dann muß man die Integrationskonstanten ermitteln, so daß die Lösung den Grenzbedingungen genügt. Wenn auch diese Rechnung vom theoretischen Standpunkt keine Schwierigkeiten besitzt, so ist die numerische Auswertung sehr umständlich.

Heaviside kommt also auf Grund von Analogieschlüssen zu der Regel:

Man entwickelt die rechte Seite der Operatorengleichung

$$h = \frac{1}{H(p)} \tag{32}$$

nach negativen Potenzen von p

$$h = a_0 + \frac{a_1}{p} + \frac{a_2}{p_2} + \cdots + \frac{a_n}{p^n} + \cdots \tag{33}$$

und ersetze $\frac{1}{p^n}$ durch $\frac{t^n}{n!}$. Die Operatorengleichung ergibt dann die explizite Lösung in Gestalt einer Potenzreihe.

$$h = a_0 + \frac{a_1 t}{1!} + \frac{a_2 t^2}{2!} + \cdots + \frac{a_n t^n}{n!} + \cdots. \tag{34}$$

Vom Standpunkt einer mathematischen Theorie ist diese Ableitung auf Grund von Analogieschlüssen durchaus ungenügend. Deswegen ist es wichtig, diese Rechenregel direkt aus der Integralgleichung herzuleiten. Wir nehmen an, daß in

$$\frac{1}{p\,H(p)} = \int_0^\infty h(t)\, e^{-pt}\, dt \tag{35}$$

die Funktion $h(t)$ in eine Potenzreihe entwickelt werden kann:

$$h_0 + \frac{h_1 t}{1!} + \frac{h_2 t^2}{2!} + \cdots. \tag{36}$$

Setzen wir dies in (35) ein und integrieren gliedweise, so wird formal aus der rechten Seite:

$$\frac{h_0}{p} + \frac{h_1}{p^2} + \frac{h_2}{p^3} + \cdots, \tag{37}$$

da

$$\int_0^\infty \frac{t^n}{n!} e^{-pt} = \frac{1}{p^{n+1}} \quad \text{für} \quad p > 0. \tag{38}$$

Nun entwickeln wir die rechte Seite der Integralgleichung nach negativen Potenzen von p:

$$\frac{a_0}{p} + \frac{a_1}{p^2} + \frac{a_2}{p^3} + \frac{a_3}{p^4} + \cdots, \tag{39}$$

wobei

$$a_0 + \frac{a_1}{p} + \frac{a_2}{p^2} + \frac{a_3}{p^3} + \cdots \tag{40}$$

die asymptotische Entwicklung von $\frac{1}{H(p)}$ ist. Vergleicht man beide Entwicklungen gliedweise, so erkennt man, daß $h_n = a_n$ und in Übereinstimmung mit Heaviside:

$$h(t) = a_0 + \frac{a_1 t}{1!} + \frac{a_2 t^2}{2!} + \cdots. \tag{41}$$

Diese Ableitung ergibt zwar ein richtiges Resultat, vom mathematischen Standpunkt sind jedoch beträchtliche Einwendungen zu machen. So hat z. B. die Entwicklung von $\frac{1}{H(p)}$ nur einen bestimmten Konvergenzbereich, und nur in diesem ist die gliedweise Integration gestattet. Weiter haben wir angenommen, daß $h(t)$ in eine Potenzreihe entwickelbar ist. Diese Annahme ist eingehend zu prüfen und nicht immer zulässig. Eine befriedigende Ableitung läßt sich auf folgendem Weg gewinnen:

Es sei $\frac{1}{H(p)}$ eine Funktion, welche die formale asymptotische Entwicklung hat:

$$\sum_0^\infty \frac{a_n}{p^n}$$

und welche keine Anteile besitzt, die stärker verschwinden als jede noch so hohe Potenz von p. Eine solche Ausnahmefunktion würde z. B. e^{-p} sein. Unter dieser Einschränkung betrachten wir die Integralgleichung und integrieren partiell. Wir erhalten:

$$\frac{1}{H(p)} = h(0) + \int_0^\infty e^{-pt} h^{(1)}(t)\, dt, \tag{42}$$

wobei $h^{(n)}(t)$ als Abkürzung für $\frac{d^n}{dt^n} h(t)$ geschrieben ist. Geht nun p gegen unendlich, so verschwindet das Integral und aus der asymptotischen Entwicklung folgt:

$$\frac{1}{H(p)} \sim \sum_0^\infty \frac{a_n}{p^n}. \tag{43}$$

Im Grenzfall hat $\frac{1}{H(p)}$ den Wert a_0. Also

$$h(0) = a_0 .$$

Integrieren wir nunmehr nochmals partiell, so wird

$$p\left(\frac{1}{H(p)} - a_0\right) = h^{(1)}(0) + \int_0^\infty e^{-pt} h^{(2)}(t)\, dt . \tag{44}$$

Wiederum werde p unendlich. In der Grenze wird die linke Seite der Gleichung zu a_1 und wir erhalten:

$$h^{(1)}(0) = a_1 .$$

Wir können auf diese Weise durch fortgesetzte partielle Integration ableiten

$$h^{(n)}(0) = a_n .$$

Andererseits lautet die Taylorsche Entwicklung von $h(t)$:

$$h(t) = h(0) + \frac{h^{(1)}(0)\, t}{1!} + \frac{h^{(2)}(0)\, t^2}{2!} + \cdots ; \tag{45}$$

wir erhalten also, wenn wir die Konvergenz dieser Entwicklung voraussetzen:

$$h(t) = a_0 + \frac{a_1 t}{1!} + \frac{a_2 t^2}{2!} + \cdots = \sum_0^\infty \frac{a_n t^n}{n!} . \tag{46}$$

Damit haben wir die Potenzreihenentwicklung abgeleitet. Es sei aber ausdrücklich bemerkt, daß die Konvergenz der Entwicklung damit noch nicht bewiesen ist. Es ist jedoch dem Verfasser kein physikalisches Beispiel bekannt, bei dem $H(p)$ asymptotisch entwickelbar ist, ohne daß die Potenzreihe konvergiert. Andererseits gibt es aber viele physikalische Aufgaben, bei denen eine Lösung in Form einer Potenzreihe nicht existiert.

14. Technik der Reihenentwicklung. Die Entwicklung der Operatorengleichung in eine explizite Lösung nennt Heaviside die „Algebraisierung“ der Gleichung. Im Fall der Potenzreihenentwicklung beruht die Algebraisierung in der Entwicklung der Stammfunktion

$$\frac{1}{H(p)} = a_0 + \frac{a_1}{p} + \frac{a_2}{p^2} + \cdots . \tag{47}$$

Wir wollen jetzt diese Reihe als die Entwicklung nach einer wirklich existierenden Variablen p betrachten und nicht nur als eine symbolische Entwicklung. Die Reihe besitzt dann einen bestimmten Konvergenzbereich. Doch brauchen wir hierauf keine Rücksicht zu nehmen, da die eigentliche Entwicklung lautet

$$a_0 + \frac{a_1 t}{1!} + \frac{a_2 t^2}{2!} + \cdots . \tag{48}$$

Diese Reihe wird von Borel als assoziierte Funktion bezeichnet und spielt in seinen Untersuchungen über die Summierbarkeit divergenter Reihen eine große Rolle.

Der Vorgang der „Algebraisierung“ kann oft durch eine einfache binomische Entwicklung erzielt werden, wie es schon bei den oben behandelten Beispielen der Fall war. Wenn eine Potenzreihe wirklich existiert, führt folgender Weg zum Ziel:

Wir schreiben

$$\frac{1}{H(p)} = \frac{1}{H\left(\frac{1}{x}\right)} = G(x) \tag{49}$$

und entwickeln $G(x)$ nach Taylor:

$$G(x) = G(0) + G^{(1)}(0)\frac{x}{1!} + G^{(2)}(0)\frac{x^2}{2!} + \cdots, \tag{50}$$

wobei

$$G^{(n)}(0) = \left[\frac{d^n G(x)}{d x^n}\right]_{x=0}. \tag{51}$$

Bezeichnen wir zur Abkürzung $\frac{G^n(0)}{n!}$ mit a_n und ersetzen wir x^n durch $\frac{1}{p^n}$, so wird:

$$G(x) = \frac{1}{H(p)} = a_0 + \frac{a_1}{p} + \frac{a_2}{p^2} + \cdots. \tag{52}$$

Obwohl dieser schulmäßige Weg der Algebraisierung immer richtig ist, kann man bei vielen Aufgaben aus dem Charakter der Funktion $H(p)$ viel schneller eine Entwicklung erkennen.

Die notwendige und hinreichende Bedingung für die Existenz einer Potenzreihenlösung ist also durch die Entwickelbarkeit der Funktion $G(x)$ nach Potenzen von x gegeben.

15. Kritik der Potenzreihenlösung. Es wurde bereits erwähnt, daß bei einer bestimmten Klasse von Aufgaben, die sich mit Freileitungen und Kabeln befassen, eine Potenzreihe nicht existiert, wenn sich auch Reihen angeben lassen, die nach gebrochenen Potenzen von t fortschreiten. In allen Fällen jedoch, in denen Potenzreihen existieren, ist diese Lösung jeder anderen in bezug auf Einfachheit der Ableitung überlegen. Ihr größerer Nachteil beruht darin, daß ihre Auswertung wegen der großen Gliederzahl numerisch sehr umständlich ist, es sei denn, daß sich unmittelbar die Summe der Reihe angeben läßt oder es sich nur um kleine Werte der Zeit t handelt. Dieser Nachteil haftet allen Potenzreihen an. Heaviside selbst überschätzt den Wert der Potenzreihen vom Standpunkt der angewandten Mathematik. Er verlangt von einer Lösung, daß sie auch wirklich numerisch berechnet werden kann, und wendet sich gegen reine Mathematiker, von denen seiner Meinung nach oft Lösungen angegeben werden, die eigentlich nur eine Umschreibung der gegebenen Differentialgleichung bedeuten. Er sagt an einer Stelle: „Ich bedaure, daß das Resultat so kompliziert ist. Es bestehen jedoch nur zwei Möglichkeiten: entweder kann man die Lösung durch eine unendliche Reihe oder durch ein bestimmtes Integral wiedergeben. Das Integral ist nutzlos, solange es nicht ausgewertet ist. Man muß also das Ergebnis in Form einer Reihe angeben.“ Im Gegensatz hierzu sei bemerkt, daß Lösungen in Form bestimmter Integrale oft wertvoll sind. Es sei nur auf die in neuerer Zeit so wichtig gewordene Paßmethode zur Berechnung solcher Integrale hingewiesen, welche geschlossene asymptotische Formeln der dargestellten Funktionen ergeben. Gerade die Eigenschaften der für die Physik wichtigen mathematischen Funktionen sind nicht immer aus Reihenentwicklungen, sondern oft auf anderen Wegen erkannt worden.

16. Die Methode der Partialbruchzerlegung. Wir wenden uns jetzt zu einer anderen für die technischen Anwendungen sehr wichtigen Form der Lösung. Heaviside gibt diese zweite Lösung ohne jeden Beweis; wir wollen deshalb zunächst ebenfalls nur ihre Methodik formulieren und sie erst später aus der Integralgleichung herleiten.

Wir gehen von der Operatorengleichung aus:

$$h = \frac{1}{H(p)} \tag{53}$$

und können die Lösung schreiben:

$$h = \frac{1}{H(0)} + \sum_{1}^{n} \frac{e^{p_k t}}{p_k H'(p_k)}. \tag{54}$$

Darin sind $p_1, p_2, \ldots, p_n$ die n Wurzeln der Gleichung $H(p) = 0$ und

$$H'(p_k) = \left[\frac{d}{dp} H(p)\right]_{p=p_k}. \tag{55}$$

Diese Lösung wurde von Heaviside als „the expansion theorem“ bezeichnet. Man würde wohl besser und bezeichnender von einer Entwicklung nach den charakteristischen oder Eigenschwingungen sprechen. Heaviside hat, wie bereits bemerkt, einen Beweis dieser Lösungsmethode nicht angegeben. Es ist später von K. W. Wagner und unabhängig hiervon durch M. S. Vallarta darauf hingewiesen worden, daß auf Grund einiger Andeutungen in Heavisides Schriften ein Beweis mit Hilfe des Residuen-Satzes erbracht werden kann.

Die Ableitung dieser Form der Lösung aus der Integralgleichung ist sehr einfach, wenn sich auch für manche Aufgaben einige Schwierigkeiten ergeben. Sie folgt unmittelbar durch eine Partialbruchzerlegung aus

$$\frac{1}{p\,H(p)} = \int_0^\infty h(t)\, e^{-pt}\, dt.$$

Es ist nämlich:

$$\frac{1}{p\,H(p)} = \frac{1}{p\,H(0)} + \sum_{j=1}^{n} \frac{1}{(p-p_j)\,p_j\,H'(p_j)}, \tag{56}$$

wobei wie oben $p_1, p_2 \ldots p_n$ die n Wurzeln der Gleichung $H(p) = 0$ sind und

$$H'(p_j) = \left[\frac{d}{dp} H(p)\right]_{p=p_j}$$

Partialbruchzerlegungen dieser Art werden in der elementaren Algebra ausführlich behandelt und auf ihre Gültigkeit hin untersucht.

Aus (56) folgt für die Integralgleichung

$$\frac{1}{p\,H(0)} + \sum_{1}^{n} \frac{1}{(p-p_j)\,p_j\,H'(p_j)} = \int_0^\infty h(t)\,e^{-pt}\,dt. \tag{57}$$

Die Entwicklung der linken Seite dieser Gleichung legt nahe, auch für die rechte Seite eine ähnliche Entwicklung zu versuchen. Wir setzen also

$$h(t) = h_0(t) + h_1(t) + h_2(t) + \cdots + h_n(t) \tag{58}$$

und unterwerfen die Teilfunktionen der Bedingung:

$$\frac{1}{p\,H(0)} = \int_0^\infty h_0(t)\,e^{-pt}\,dt. \tag{59}$$

$$\frac{1}{(p-p_j)\,p_j\,H'(p_j)} = \int_0^\infty h_j(t)\,e^{-pt}\,dt, \quad j = 1, 2, \ldots, n. \tag{60}$$

Addiert man (59) und (60), so folgt mit (58) unmittelbar, daß Gleichung (56) erfüllt wird. Wir erhalten also eine Lösung von (56), vorausgesetzt, daß $h_0 \ldots h_n$ aus (59) und (60) berechnet werden können.

Nun ist

$$\int_0^\infty e^{\lambda t} e^{-pt} dt = \frac{1}{p-\lambda}, \tag{61}$$

wobei der Realteil von λ nicht positiv sein darf; diese Bedingung ist bei allen Aufgaben linearer elektrischer Netze erfüllt. Wir sehen dann, daß (57) und (58) befriedigt werden, wenn wir setzen:

$$\begin{aligned} h_0(t) &= h_0 = \frac{1}{H(0)}, \\ h_j(t) &= \frac{e^{p_j t}}{p_j\,H'(p_j)}, \qquad j = 1, 2, 3, \ldots, n. \end{aligned} \tag{62}$$

Es folgt durch Summation aller Teillösungen unmittelbar die gesuchte Lösung mittels Partialbruchzerlegungen:

$$h(t) = \frac{1}{H(0)} + \sum_{1}^{n} \frac{e^{p_j t}}{p_j H'(p_j)}. \tag{63}$$

Wir haben bereits erwähnt, daß die Zerlegung der Funktion $H(p)$ in Partialbrüche an einige einschränkende Bedingungen geknüpft ist.

Es darf zunächst keine der Wurzeln den Wert Null haben. Ferner dürfen mehrfache Wurzeln nicht vorhanden sein und es darf $\frac{1}{H(p)}$ an keiner Stelle unbestimmt sein. Diese Bedingungen sind bei endlichen Netzen immer erfüllt, oder können durch eine geringfügige Abänderung der Operatorengleichung befriedigt werden. So kann man den Fall mehrfacher Wurzeln dadurch behandeln, daß man die Wurzeln zunächst als voneinander verschieden annimmt und in der Lösung den Grenzübergang verschwindender Differenz der Wurzeln ausführt. Jedenfalls führt die Methode der Partialbruchzerlegung stets dann zur Lösung, wenn eine Lösung durch Eigenschwingungen überhaupt existiert; denn die allgemeine Lösung eines Systems linearer Differentialgleichungen, welches der Operatorengleichung $h = \frac{1}{H(p)}$ äquivalent ist, lautet

$$h(t) = C_0 + \sum_{1}^{n} C_j e^{p_j t},$$

wobei p_j, die j-te Wurzel der Gleichung $H(p) = 0$ und $C_0, C_1, \ldots, C_n$ die Integrationskonstanten darstellen, die in bekannter Weise aus den Grenzbedingungen zu bestimmen sind. Das Summenzeichen ist über sämtliche Wurzeln von $H(p)$ zu erstrecken und es ist angenommen, daß keine mehrfache Wurzeln oder der Wert Null als Wurzel auftreten.

Wir setzen diese bekannte Lösung nun in die Integralgleichung ein und führen die Integration gliedweise aus. Wir erhalten:

$$\frac{1}{H(p)} = C_0 + p \sum \frac{C_j}{p - p_j}.$$

Setzt man $p = 0$, so ergibt sich unmittelbar

$$C_0 = \frac{1}{H(0)}.$$

Um C_j zu bestimmen, setzen wir $p = p_j + q$, wobei q eine kleine Größe sei, die wir später Null werden lassen. Wir können dann schreiben

$$C_0 H(p) + \sum \frac{p H(p)}{p - p_j} C_j = 1.$$

Ist nun $p = p_j + q$ und geht q gegen Null, so erhalten wir in der Grenze mittels Taylorscher Entwicklung, wenn $H(p_j) = 0$ beachtet wird:

$$p_j H'(p_j) C_j = 1,$$

oder

$$C_j = \frac{1}{p_j H'(p_j)}.$$

Es folgt damit

$$h(t) = \frac{1}{H(0)} + \sum \frac{e^{p_j t}}{p_j H'(p_j)},$$

womit wiederum die Lösung durch Partialbruchzerlegung gefunden ist.

17. Anwendungen der Partialbruchzerlegung. Wir wählen dasselbe Beispiel wie bei der Lösung mit Potenzreihen. Der Einheitsstoß der Spannung werde an ein aus einer Kapazität C einem Widerstand R und einer Selbstinduktivität L gebildetes System gelegt. Gefragt ist nach der Ladung Q des Kondensators. Die Operatorengleichung lautet

$$Q = \frac{1}{L p^2 + R p + \frac{1}{C}}$$

oder

$$Q = \frac{1}{L\left(p^2 + \frac{p}{T} + \omega^2\right)},$$

wobei $T = \frac{L}{R}$ und $\omega^2 = \frac{1}{LC}$ ist.

Die Wurzeln der Gleichung $H(p) = 0$ sind zu bestimmen aus

$$p^2 + \frac{p}{T} + \omega^2 = 0$$

zu

$$p_1 = -\frac{1}{2T} + \sqrt{\left(\frac{1}{2T}\right)^2 - \omega^2} = -\frac{1}{2T} + \beta,$$

$$p_2 = -\frac{1}{2T} - \sqrt{\left(\frac{1}{2T}\right)^2 - \omega^2} = -\frac{1}{2T} - \beta.$$

Weiter ist $H'(p) = 2L\left(p + \frac{1}{2T}\right)$, so daß

$$H'(p_1) = 2\beta L,$$
$$H'(p_2) = -2\beta L$$

und

$$\frac{1}{H(0)} = \frac{1}{L\omega^2} = C.$$

Setzen wir dies in (53) ein, so wird

$$Q = C - \frac{e^{-\frac{t}{2T}}}{2\beta L}\left(\frac{e^{+\beta t}}{\frac{1}{2T} - \beta} - \frac{e^{-\beta t}}{\frac{1}{2T} + \beta}\right).$$

Es ist nun leicht nachzuweisen, daß diese Lösung die Grenzbedingungen befriedigt:

$$Q = 0 \quad \text{und} \quad \frac{dQ}{dt} = 0 \quad \text{für} \quad t = 0.$$

Ist $\omega^2 > \frac{1}{2T}$, so ist β rein imaginär

$$\beta = i\omega\sqrt{1 - \left(\frac{1}{2T\omega}\right)^2} = i\omega'$$

und

$$Q = C - \frac{e^{-\frac{t}{2T}}\left(\omega'\cos\omega' t + \frac{1}{2T}\sin\omega' t\right)}{\omega' L\left[\left(\frac{1}{2T}\right)^2 + \omega'^2\right]}.$$

Wir wollen die Methode der Partialbruchzerlegung mit der Potenzreihenentwicklung kritisch vergleichen:

Die Partialbruchentwicklung ist viel einfacher aus der Operatorengleichung abzuleiten und ihre numerische Auswertung ist weniger umständlich. Mit Hilfe einer Tafel der Exponential- und trigonometrischen Funktionen kann die Lösung sofort für jeden beliebigen Wert von t angegeben werden, während die Potenzreihenlösung für große Werte von t beträchtliche Rechenarbeit erfordert. Ein dritter wichtiger Vorzug der Partialbruchzerlegung beruht darauf, daß man ohne Rechnung den allgemeinen Aufbau der Lösung und insbesondere den Einfluß der einzelnen Elemente des Netzes erkennen kann.

Gerade diese Eigenschaft der Partialbruchzerlegung ist für die technischen Anwendungen außerordentlich wichtig. Eine Lösung, welche sofort den Zusammenhang der Konstanten eines Netzes ergibt, auch wenn ihre Berechnung im einzelnen noch so umständlich sein mag, ist jeder andern weit überlegen, die zwar einfacher numerisch auszuwerten ist, aber keinerlei Anhalt über den allgemeinen Aufbau enthält.

Leider können all diese Vorteile der Partialbruchzerlegung, welche sich in besonders klarer Form an dem ausgeführten Beispiel gezeigt haben, nicht als spezifische Eigenschaften dieser Lösung bezeichnet werden; denn die Bestimmung der Wurzeln der Stammfunktion wird praktisch unmöglich, wenn ein Netz mit einer größeren Zahl von Freiheitsgraden vorgegeben ist. Man ist dann nicht in der Lage, ohne weiteres den Aufbau der Lösung zu erkennen und ihre Auswertung gestaltet sich sehr mühsam. In solchen Fällen hängt der Wert und die Brauchbarkeit der Partialbruchzerlegung wie der Potenzreihenentwicklung davon ab, ob es gelingt, den erhaltenen Ausdruck zu summieren. Besonders deutlich tritt dies bei den Aufgaben hervor, die sich mit Freileitungen oder Kabeln befassen. In diesem Fall sind unendlich viele Wurzeln der Gleichung $H(p) = 0$ vorhanden und die direkte Berechnung der Lösung mittels der Partialbruchentwicklung ist mit Ausnahme eines Falles (des induktionsfreien Kabels) nahezu aussichtslos.

IV. Allgemeine Sätze und Formeln für die Lösung von Operatorengleichungen.

18. Umkehrung der ursprünglichen Aufgabe. Wir haben gesehen, daß die Operatorengleichung

$$h = \frac{1}{H(p)}$$

eine symbolische oder abgekürzte Schreibweise der Integralgleichung

$$\frac{1}{p\,H(p)} = \int_0^\infty h(t)\,e^{-pt}\,dt \tag{1}$$

ist. Aus dieser Integralgleichung hatten wir zwei wichtige Formen der Heavisideschen Lösung: die Potenzreihenentwicklung und die Partialbruchzerlegung abgeleitet. Wir hatten gezeigt, daß beide Darstellungen gleichwertig sind, und es hatte sich hieraus die Begründung der Operatorenrechnung auf deduktivem Wege an Stelle der induktiven Schlußweise ergeben. Im vorliegenden Kapitel wollen wir die Äquivalenz der beiden Gleichungen dazu verwenden, einige allgemeine Lehrsätze und Formeln für die Lösung der Operatorengleichungen zu gewinnen. Denn wir können aus jeder möglichen Lösung der Integralgleichung einer Lösung der Operatorengleichung ableiten. Insbesondere werden wir also die Zeitfunktion als gegeben annehmen und dann mit Hilfe der Integralgleichung zwangsläufig die Lösung der zugehörigen Operatorengleichung erhalten. Diese reziproke Aufgabe kann physikalisch gedeutet werden, indem sie die Frage nach dem schalttechnischen Aufbau eines Systems beantwortet, in welchem für den Strom eine vorgegebene Kurvenform verlangt wird.

19. Berechnung einiger bestimmter Integrale. Wir bemerken zunächst, daß eine große Anzahl von Integralen der Form

$$\int_0^\infty f(t)\,e^{-pt}\,dt \tag{2}$$

explizit bekannt sind. Jedes dieser Integrale liefert uns also zugleich die Lösung einer Operatorengleichung. Es werden natürlich nicht alle diese Operatorengleichungen eine physikalische Bedeutung haben, aber für viele wird es zutreffen. Die für die technischen Anwendungen wichtigsten Gleichungen sind in einer Tafel als Anhang des Buches zusammengestellt. Wir werden später bei der Behandlung spezieller Aufgaben stets auf diese Zusammenstellung zurückgreifen und geben hier die Ableitung dieser wichtigen Formeln, indem wir bei jedem Integral auf die für die Auswertung notwendige Substitution hinweisen.

a) $\int\limits_0^\infty e^{-pt}\, e^{-\lambda t}\, dt = \int\limits_0^\infty e^{-(p+\lambda)t}\, dt = \frac{1}{p+\lambda},$

b) $\left.\begin{aligned}\int\limits_0^\infty e^{-pt}\,\frac{t^n}{n!}\,dt &= \frac{1}{p^{n+1}}\\ \int\limits_0^\infty e^{-pt}\,\frac{t^n}{n!}\,e^{-\lambda t}dt &= \frac{1}{(p+\lambda)^{n+1}}\end{aligned}\right\}$ n ganzzahlig und positiv,

die Auswertung erfolgt mittels wiederholter partieller Integration.

c) $\int\limits_0^\infty e^{-pt}\sin\lambda t\, dt = \frac{\lambda}{p^2+\lambda^2},$

$$\int\limits_0^\infty e^{-pt}\cos\lambda t\, dt = \frac{p}{p^2+\lambda^2},$$

$$\int\limits_0^\infty e^{-pt}\, e^{-\mu t}\sin\lambda\, dt = \frac{\lambda}{(p+\mu)^2+\lambda^2},$$

$$\int\limits_0^\infty e^{-pt}\, e^{-\mu t}\cos\lambda t\, dt = \frac{p+\mu}{(p+\mu)^2+\lambda^2}.$$

Man beachte $\sin\lambda t = \frac{e^{+i\lambda t} - e^{-i\lambda t}}{2i}$ und $\cos\lambda t = \frac{e^{+i\lambda t} + e^{-i\lambda t}}{2}$ und führt damit die Integrale c) auf a) zurück.

d) $\int\limits_0^\infty \frac{e^{-pt}}{\sqrt{\pi t}}\, dt = \frac{1}{\sqrt{p}},$

$$\int\limits_0^\infty \frac{e^{-pt}\,(2t)^n}{\sqrt{\pi t}\,1\cdot 3\cdot 5\cdots(2n-1)}\, dt = \frac{1}{p^n\sqrt{p}}.$$

Die Substitution $\sqrt{pt} = x$ führt auf das Fehlerintegral: $\frac{2}{\sqrt{\pi}}\int\limits_0^x e^{-u^2}du.$

e) $\int\limits_0^\infty \sqrt{\frac{\lambda}{\pi}}\,\frac{e^{-\left(pt+\frac{\lambda}{t}\right)}}{t\sqrt{t}}\, dt = e^{-2\sqrt{\lambda p}}.$

Es ist identisch $\left(\sqrt{pt} - \sqrt{\frac{\lambda}{t}}\right)^2 \equiv pt + \frac{\lambda}{t} - 2\sqrt{\lambda p}$. Das Integral lautet also

$$e^{-2\sqrt{\lambda p}}\cdot\sqrt{\frac{\lambda}{\pi}}\int\limits_0^\infty \frac{e^{-\left(\sqrt{pt}-\sqrt{\frac{\lambda}{t}}\right)^2}}{t\sqrt{t}}\, dt$$

und geht mit $t' = t\sqrt{\frac{p}{\lambda}}$ über in:

$$e^{-2\sqrt{\lambda p}} \cdot \sqrt{\frac{\lambda}{\pi}} \int_0^\infty \frac{e^{-\sqrt{\lambda p}\left(\sqrt{t'} - \frac{1}{\sqrt{t'}}\right)^2}}{\sqrt[4]{\frac{\lambda}{p}}\, t' \sqrt{t'}}\, dt'.$$

Man setze nunmehr $\sqrt{t'} = u$ und $\frac{1}{\sqrt{t'}} = u$ und erhält die beiden gleichen Integrale:

$$2\,e^{-2\sqrt{\lambda p}} \sqrt{\frac{\lambda}{\pi}} \int_0^\infty \frac{e^{-\sqrt{\lambda p}\left(u - \frac{1}{u}\right)^2}}{\sqrt[4]{\frac{\lambda}{p}}\, u^2}\, du,$$

$$2\,e^{-2\sqrt{\lambda p}} \sqrt{\frac{\lambda}{\pi}} \int_0^\infty \frac{e^{-\sqrt{\lambda p}\left(u - \frac{1}{u}\right)^2}}{\sqrt[4]{\frac{\lambda}{p}}}\, du.$$

Addiert man sie, so findet man für das gesuchte Integral

$$e^{-2\sqrt{\lambda p}} \sqrt{\frac{\lambda}{\pi}} \int_0^\infty \frac{e^{-\sqrt{\lambda p}\left(u - \frac{1}{u}\right)^2}}{\sqrt[4]{\frac{\lambda}{p}}} \left(1 + \frac{1}{u^2}\right) du$$

und mit

$$\sqrt[4]{\lambda p}\left(u - \frac{1}{u}\right) = y, \quad \text{also} \quad \sqrt[4]{\lambda p}\left(1 + \frac{1}{u^2}\right) du = dy$$

ergibt sich

$$\frac{e^{-2\sqrt{\lambda p}}}{\sqrt{\pi}} \int_{-\infty}^\infty e^{-y^2}\, dy = e^{-2\sqrt{\lambda p}}$$

f) $$\int_0^\infty \frac{e^{-\left(pt + \frac{\lambda}{t}\right)}}{\sqrt{\pi t}} = \frac{e^{-2\sqrt{\lambda p}}}{\sqrt{p}}.$$

Dieses Integral erhält man aus *e*) durch Differentiation nach p und Multiplikation mit $\frac{1}{\sqrt{\lambda}}$

g) $$\int_0^\infty e^{-pt} J_0(\lambda t)\, dt = \frac{1}{\sqrt{p^2 + \lambda^2}},$$

$$\int_0^\infty e^{-pt} e^{-\lambda t} J_0(i\lambda t)\, dt = \frac{1}{\sqrt{p^2 + 2\lambda p}},$$

$$\int_0^\infty e^{-pt} J_n(\lambda t)\, dt = \frac{1}{r}\left(\frac{r-p}{\lambda}\right)^n, \quad \text{wobei} \quad r^2 = p^2 + \lambda^2.$$

Man wertet diese Integrale aus, indem für die Besselschen Funktionen ihre Definitionen mittels der Integraldarstellung

$$J_n(\varrho) = \frac{1}{2\pi}\int\limits_{-\pi}^{+\pi} e^{i\varrho\cos\beta} \cdot e^{in\left(\beta-\frac{\pi}{2}\right)}\, d\beta$$

eingeführt werden. Durch diese Substitution werden die vorgelegten Integrale in Doppelintegrale nach t und β verwandelt, die durch Vertauschen der Integrationsfolge elementar integriert werden können.

h) $$\int\limits_{\lambda}^{\infty} e^{-pt} J_0\left(\sqrt{t^2-\lambda^2}\right) dt = \frac{e^{-\lambda\sqrt{p^2+1}}}{\sqrt{p^2+1}}.$$

man setzt $\sqrt{t^2-\lambda^2} = u$ und erhält

$$\int\limits_0^{\infty} e^{-p\sqrt{u^2+\lambda^2}} J_0(u) \frac{u}{\sqrt{u^2+\lambda^2}}\, du.$$

Über die weitere Berechnung dieses Integrals vergleiche Riemann-Weber[1].

20. Der Satz von Borel. Wir zitieren zunächst ohne Beweis einen Satz von Borel[2], den wir später oft anwenden werden.

Sind drei Funktionen $f(t)$, $f_1(t)$ und $f_2(t)$ durch folgende Integralgleichungen definiert:

$$\begin{aligned} F(p) &= \int\limits_0^{\infty} f(t)\, e^{-pt} dt, \\ F_1(p) &= \int\limits_0^{\infty} f_1(t)\, e^{-pt}\, dt, \\ F_2(p) &= \int\limits_0^{\infty} f_2(t)\, e^{-pt}\, dt \end{aligned} \tag{3}$$

und besteht zwischen F, F_1, F_2 die Beziehung:

$$F(p) = F_1(p)\cdot F_2(p), \tag{4}$$

---

[1] Riemann-Weber: Die Differential- und Integralgleichungen der Mechanik und Physik, herausgegeben von Ph. Frank und R. v. Mises. 7. Aufl. Bd. II, S. 544—546. Braunschweig 1927.

[2] Ein Beweis dieses wichtigen Satzes findet sich bei: Borel: Leçons sur les Séries Divergentes (1901) S. 104. Man vergleiche weiter auch Bromwich: Theory of Infinite Series, S. 280—281. Ford: Studies on Divergent Series and Summability, S. 93—94 (erschienen als Bd. II der Michigan University Science (Mac Millan). Ein Beweis auf Grund der Jacobischen Transformation eines Doppelintegrales steht bei Edwards: Integral Calculus Bd. II, S. 14—15. 1922.

so ist

$$f(t) = \int_0^t f_1(\tau)\, f_2(t-\tau)\, d\tau = \int_0^t f_2(\tau)\, f_1(t-\tau)\, d\tau . \tag{5}$$

Mit diesem Satz können jetzt folgende Grundsätze der Operatorenrechnung aus der Integralgleichung deduktiv abgeleitet werden.

21. Der Additionssatz. Läßt sich in der Operatorengleichung $h = \frac{1}{H(p)}$ die verallgemeinerte Stammfunktion $H(p)$ in eine Summe von einzelnen Gliedern zerlegen, so daß

$$\frac{1}{H(p)} = \frac{1}{H_1(p)} + \frac{1}{H_2(p)} + \cdots + \frac{1}{H_n(p)} \tag{6}$$

und kann man für die Operatorengleichungen der Summanden

$$h_1 = \frac{1}{H_1(p)}, \quad h_2 = \frac{1}{H_2(p)}, \quad \ldots \tag{7}$$

die Lösung angeben, so ist

$$h = h_1 + h_2 + \cdots + h_n .$$

Dieser Satz ist aus der Definition des Integrales heraus für eine endliche Anzahl von Summanden so einleuchtend, daß er keines besonderen Beweises bedarf. Die Lösung mittels Potenzreihen oder mittels der Partialbruchzerlegung sind Beispiele seiner Anwendung.

22. Multiplikation der Stammfunktion mit dem Operator. Sind zwei Funktionen $h(t)$ und $g(t)$ durch die Operatorengleichungen

$$h = \frac{1}{H(p)}, \quad g = \frac{1}{p\,H(p)} \tag{8}$$

definiert, so folgt

$$g(t) = \int_0^t h(\tau)\, d\tau .$$

Um diesen Satz zu beweisen, gehen wir von den Integralgleichungen aus

$$\frac{1}{p\,H(p)} = \int_0^\infty h(t)\, e^{-pt}\, dt , \tag{9}$$

$$\frac{1}{p\cdot[p\,H(p)]} = \frac{1}{p^2\,H(p)} = \int_0^\infty g(t)\, e^{-pt}\, dt . \tag{10}$$

Auf die zweite dieser Gleichungen kann unmittelbar der Borelsche Satz angewandt werden. Die Faktorfunktionen f_1 und f_2 des Borelschen Satzes sind dabei definiert durch die Gleichungen:

$$\begin{aligned} \frac{1}{p} &= \int_0^\infty f_1(t)\, e^{-pt}\, dt, \\ \frac{1}{p\,H(p)} &= \int_0^\infty f_2(t)\, e^{-pt}\, dt. \end{aligned} \tag{11}$$

Ihre Lösung ist bekannt:

$$\begin{aligned} f_1(t) &= 1, \\ f_2(t) &= h(t). \end{aligned} \tag{12}$$

Mit dem Borelschen Satz folgt

$$g(t) = \int_0^t h(\tau)\, d\tau. \tag{13}$$

23. Der Divisionssatz. Sind $h = h(t)$ und $g = g(t)$ definiert durch die Integralgleichungen

$$\begin{aligned} h &= \frac{1}{H(p)}, \\ g &= \frac{p}{H(p)}, \end{aligned} \tag{14}$$

so folgt hieraus, wenn $h(0) = 0$ ist:

$$g(t) = \frac{d}{dt} h(t). \tag{15}$$

Die Integralgleichungen für diesen Fall lauten:

$$\frac{1}{p\,H(p)} = \int_0^\infty h(t)\, e^{-pt}\, dt,$$

$$\frac{p}{p\,H(p)} = \frac{1}{H(p)} = \int_0^\infty g(t)\, e^{-pt}\, dt.$$

Integriert man die erste Gleichung partiell, so wird

$$\frac{1}{p\,H(p)} = \frac{h(0)}{p} + \frac{1}{p}\int_0^\infty h'(t)\, e^{-pt}\, dt, \tag{16}$$

wobei $h'(t) = \frac{d}{dt} h(t)$.

Ist nun $h(0) = 0$, so erhalten wir

$$\frac{1}{H(p)} = \int_0^\infty h'(t)\, e^{-pt}\, dt. \tag{17}$$

Ein Vergleich mit der Integralgleichung für $g(t)$ zeigt sofort, daß $g(t) = h'(t)$, da die Integralgleichung die Funktion eindeutig bestimmt.

Der Satz über die Multiplikation der Stammfunktion mit einem Operator und der Divisionssatz begründen die Heavisidesche Rechenregel, wonach $\frac{1}{p}$ durch $\int_0^t dt$ und p durch $\frac{d}{dt}$ ersetzt werden können.

24. Der Multiplikationssatz. Kann man in der Operatorengleichung $h = \frac{1}{H(p)}$ die verallgemeinerte Stammfunktion in ein Produkt

$$H(p) = H_1(p) \cdot H_2(p) \tag{18}$$

zerlegen und gelten für die Faktoren die Operatorengleichungen

$$\begin{aligned} h_1 &= \frac{1}{H_1(p)}, \\ h_2 &= \frac{1}{H_2(p)}, \end{aligned} \tag{19}$$

so folgt:

$$\begin{aligned} h(t) &= \frac{d}{dt}\int_0^t h_1(\tau)\, h_2(t-\tau)\, d\tau, \\ &= \frac{d}{dt}\int_0^t h_2(\tau)\, h_1(t-\tau)\, d\tau. \end{aligned} \tag{20}$$

Der Beweis ergibt sich unmittelbar aus dem Borelschen Satz und den oben abgeleiteten Sätzen. Die Integralgleichungen lauten:

$$\frac{1}{p\,H(p)} = p\,\frac{1}{p\,H_1(p)} \cdot \frac{1}{p\,H_2(p)} = \int_0^\infty h(t)\, e^{-pt}\, dt, \tag{21}$$

$$\begin{aligned} \frac{1}{p\,H_1(p)} &= \int_0^\infty h_1(t)\, e^{-pt}\, dt, \\ \frac{1}{p\,H_2(p)} &= \int_0^\infty h_2(t)\, e^{-pt}\, dt. \end{aligned} \tag{22}$$

Definiert man nun eine Hilfsfunktion $g(t)$ durch die Operatorengleichung

$$g = \frac{1}{pH(p)},$$

so folgt:

$$\frac{1}{p\,H_1(p)} \cdot \frac{1}{p\,H_2(p)} = \int_0^\infty g(t)\, e^{-pt}\, dt, \tag{23}$$

und mit dem Borelschen Satz:

$$g(t) = \int_0^t h_1(\tau)\, h_2(t-\tau)\, d\tau\,, \qquad = \int_0^t h_2(\tau)\, h_1(t-\tau)\, d\tau\,. \tag{24}$$

Hieraus ergibt sich zunächst $g(0) = 0$ und weiter durch Vergleich der Operatorengleichungen für h und g mit dem Divisionssatz

$$h(t) = \frac{d}{dt}\, g(t)\,. \tag{25}$$

Man erhält also:

$$h(t) = \frac{d}{dt}\int_0^t h_1(\tau)\, h_2(t-\tau)\, d\tau\,, \qquad = \frac{d}{dt}\int_0^t h_2(\tau)\, h_1(t-\tau)\, d\tau\,. \tag{26}$$

Dieser Satz ist von Heaviside nicht angegeben. Er ist jedoch von Bedeutung bei Aufgaben, die sich mit Ausgleichsvorgängen längs Kabeln und Freileitungen befassen.

25. Der Verschiebungssatz. Es seien $h = h(t)$ und $g = g(t)$ definiert durch die Integralgleichungen

$$h = \frac{1}{H(p)}\,, \qquad g = \frac{1}{H(p+\lambda)}\,, \tag{27}$$

wobei λ ein positiver, reeller Parameter sei. Hieraus folgt

$$g(t) = \left[1 + \lambda \int_0^t dt\right] e^{-\lambda t}\, h(t)\,. \tag{28}$$

Zum Beweis gehen wir wieder von den Integralgleichungen aus

$$\frac{1}{p\,H(p)} = \int_0^\infty h(t)\, e^{-pt}\, dt\,, \qquad \frac{1}{p\,H(p+\lambda)} = \int_0^\infty g(t)\, e^{-pt}\, dt\,. \tag{29}$$

Ersetzen wir in der ersten Gleichung p durch $q + \lambda$, so wird

$$\frac{1}{q+\lambda}\cdot\frac{1}{H(q+\lambda)} = \int_0^\infty h(t)\, e^{-\lambda t} e^{-qt}\, dt\,. \tag{30}$$

Kehren wir zur ursprünglichen Bezeichnung zurück ($q = p$), so ist

$$\frac{1}{(p+\lambda)\,H(p+\lambda)} = \int_0^\infty h(t)\,e^{-\lambda t}\,e^{-pt}\,dt. \tag{a}$$

Die Integralgleichung für $g(t)$ können wir nun schreiben

$$\left(1+\frac{\lambda}{p}\right)\frac{1}{(p+\lambda)\,H(p+\lambda)} = \int_0^\infty g(t)\,e^{-pt}\,dt. \tag{b}$$

Durch Vergleichen von (a) und (b) folgt mit Rücksicht auf **21** und **22**

$$g(t) = \left[1+\lambda\int_0^t dt\right]e^{-\lambda t}\,h(t).$$

Aus dem Vorhergehenden ergibt sich als Nebenresultat der Hilfssatz: Sind $h(t)$ und $g(t)$ definiert durch die Operatorengleichungen

$$h = \frac{1}{H(p)},$$

$$g = \frac{p}{(p+\lambda)\,H(p+\lambda)},$$

so folgt:

$$g(t) = h(t)\,e^{-\lambda t}.$$

Den Beweis überlassen wir dem Leser als Übungsaufgabe.

26. Der Ähnlichkeitssatz. Sind $h(t)$ und $g(t)$ definiert durch die Operatorengleichungen

$$h = \frac{1}{H(p)}, \qquad g = \frac{1}{H(\lambda p)}, \tag{31}$$

wobei λ ein reeller, positiver Parameter ist, so folgt

$$g(t) = h\left(\frac{t}{\lambda}\right). \tag{32}$$

Wir führen den Beweis, indem wir von den Integralgleichungen ausgehen

$$\frac{1}{p\,H(p)} = \int_0^\infty h(t)\,e^{-pt}\,dt, \qquad \frac{1}{p\,H(\lambda p)} = \int_0^\infty g(t)\,e^{-pt}\,dt, \tag{33}$$

und ersetzen in der ersten p durch λq und t durch $\frac{\tau}{\lambda}$. Es ergibt sich dann

$$\frac{1}{q\,H(\lambda q)} = \int_0^\infty h\left(\frac{\tau}{\lambda}\right)e^{-q\tau}\,d\tau. \tag{34}$$

Vertauschen wir wieder q mit p und τ mit t, so ist

$$\frac{1}{p\,H(\lambda p)} = \int_0^\infty h\left(\frac{t}{\lambda}\right) e^{-pt}\,dt\,, \tag{35}$$

woraus unmittelbar durch Vergleich mit der Integralgleichung für $g(t)$ folgt:

$$g(t) = h\left(\frac{t}{\lambda}\right). \tag{36}$$

Dieser Ähnlichkeitsatz findet Anwendung bei der Transformation des Zeitmaßstabes und bei der Elimination unbequemer Konstanten.

27. Der Verzögerungssatz. Sind $h = h(t)$ und $g = g(t)$ definiert durch die Operatorengleichungen

$$\left.\begin{aligned} h &= \frac{1}{H(p)}\,, \\ g &= \frac{e^{-\lambda p}}{H(p)}\,, \end{aligned}\right\} \tag{37}$$

wobei λ positiv und reell sein soll, so folgt

$$\left.\begin{aligned} g(t) &= 0 && \text{für} \quad t < \lambda\,, \\ g(t) &= h(t-\lambda) && \text{für} \quad t > \lambda\,. \end{aligned}\right\} \tag{38}$$

Man bezeichnet λ dabei als die Latenszeit. Der Verzögerungssatz ist bei Wellenerscheinungen längs Leitungen mit endlicher Fortpflanzungsgeschwindigkeit mit Vorteil anwendbar. Seinen Beweis führen wir folgendermaßen:

Ist eine Hilfsfunktion $k = k(t)$ durch die Operatorengleichung

$$k = e^{-\lambda p} \tag{39}$$

gegeben, so wird mit Hilfe des Multiplikationssatzes

$$g(t) = \frac{d}{dt}\int_0^t k(\tau)\,h(t-\tau)\,d\tau\,. \tag{a}$$

Nun ist die Operatorengleichung $k = e^{-\lambda p}$ äquivalent der Integralgleichung

$$\frac{e^{-\lambda p}}{p} = \int_0^\infty k(t)\,e^{-pt}\,dt\,. \tag{40}$$

Die Lösung dieser Gleichung lautet, wie man durch Einsetzen leicht verifiziert,

$$\begin{aligned} k(t) &= 0 \quad \text{für} \quad t < \lambda\,, \\ k(t) &= 1 \quad \text{für} \quad t > \lambda\,. \end{aligned}$$

Für (a) ergibt sich hiermit

$$\begin{aligned} g(t) &= 0 && \text{für} \quad t < \lambda, \\ g(t) &= \frac{d}{dt}\int_{\lambda}^{t} h(t-\tau)\,d\tau && \text{für} \quad t > \lambda, \\ g(t) &= h(t-\tau) && \text{für} \quad t > \lambda. \end{aligned} \tag{41}$$

28. Die Operatorengleichung für beliebigen Spannungsstoß. Wir wollen den Multiplikationssatz zur Ableitung eines weiteren wichtigen Satzes benutzen, der sich auf eingeprägte Spannungen beliebigen zeitlichen Verlaufes bezieht. Wir befreien uns hierdurch von der bisherigen Beschränkung auf den Einheitsstoß der Spannung. Bereits früher hatten wir mit $x(t)$ das Verhalten eines Netzes bezeichnet, an welches eine willkürliche Spannung $U = f(t)$ zur Zeit $t = 0$ gelegt wird. Entsprechend hatten wir das Verhalten desselben Netzes für den Fall eines Einheitsstoßes der Spannung mit $h(t)$ gekennzeichnet. Es war

$$x(t) = \frac{d}{dt}\int_{0}^{t} h(\tau) f(t-\tau)\,d\tau \tag{42}$$

und

$$\frac{1}{pH(p)} = \int_{0}^{\infty} h(t)\,e^{-pt}\,dt. \tag{43}$$

Die Spannung $U = f(t)$ sei nun so gegeben, daß das Integral

$$\int_{0}^{\infty} f(t)\,e^{-pt}\,dt \tag{44}$$

ausgewertet werden kann:

$$\int_{0}^{\infty} f(t)\,e^{-pt}\,dt = \frac{F(p)}{p}. \tag{45}$$

Dies ist für viele Spannungsformen, insbesondere für sinusförmige Spannung der Fall.

Aus dem Multiplikationssatz folgt dann, daß $x(t)$ durch die Integralgleichung bestimmt wird:

$$\frac{F(p)}{pH(p)} = \int_{0}^{\infty} x(t)\,e^{-pt}\,dt. \tag{46}$$

Damit haben wir das Verhalten eines Netzes bei beliebig vorgegebener Spannung zurückgeführt auf die Lösung einer Integralgleichung desselben Aufbaues wie im Falle eines Einheitsstoßes der Spannung. Hiermit ist zugleich die formale Erweiterung der Operatorenrechnung auf Spannungen beliebiger Kurvenform gegeben.

Denn sei das Verhalten eines Netzes beim Einheitsstoß der Spannung gegeben durch die Operatorengleichung

$$h = \frac{1}{H(p)}$$

und ersetzen wir den Einheitsstoß der Spannung zur Zeit $t = 0$ durch eine beliebige Spannung mit der Operatorengleichung

$$E = U(p)$$

oder der gleichwertigen Integralgleichung

$$\int_0^\infty E(t)\, e^{-pt}\, dt = \frac{U(p)}{p}, \tag{47}$$

so ist das Verhalten des Netzes gegeben durch

$$x(t) = \frac{U(p)}{H(p)}. \tag{48}$$

Dabei ist $x(t)$ aus der Integralgleichung zu bestimmen

$$\frac{U(p)}{p\,H(p)} = \int_0^\infty x(t)\, e^{-pt}\, dt. \tag{49}$$

29. Die Lösung mittels Hilfsgleichung. Läßt sich die Operatorengleichung

$$h = \frac{1}{H(p)} \tag{50}$$

auf die Form bringen

$$h = \frac{F(p)}{1 + \lambda K(p)}, \tag{51}$$

wobei λ ein reeller Parameter ist, und sind die Hilfsfunktionen $f = f(t)$ und $k = k(t)$ definiert durch

$$f = F(p),$$
$$k = K(p),$$

so bestimmt sich $h(t)$ durch die Volterrasche Integralgleichung

$$h(t) = f(t) - \lambda \frac{d}{dt} \int_0^t h(\tau)\, k(t-\tau)\, d\tau.$$

Dieser Satz findet Anwendung, wenn die numerische Auswertung der Operatorengleichung und der äquivalenten Laplaceschen Integralgleichung Schwierigkeiten bereitet. Wir werden später zeigen, daß die Lösung der Volterraschen Gleichung sich leichter durchführen läßt, oder daß mindestens die wichtigsten Eigenschaften von $h(t)$ unmittelbar aus ihr erkannt werden können.

Zum Beweis gehen wir wiederum aus von $h = \frac{1}{H(p)}$. Die Operatorengleichung

$$h = \frac{F(p)}{1 + \lambda K(p)} \tag{52}$$

kann wegen $h = \frac{1}{H(p)}$ geschrieben werden

$$\begin{aligned} h + \lambda \frac{K(p)}{H(p)} &= F(p), \\ h &= F(p) - \lambda \frac{K(p)}{H(p)}, \end{aligned} \tag{53}$$

oder mit Anwendung des Borelschen Satzes:

$$h(t) = f(t) - \lambda \frac{d}{dt} \int_0^t h(\tau)\, k(t-\tau)\, d\tau. \tag{54}$$

Alle diese Sätze liefern uns gemeinsam mit der Integraltafel, der Lösung mittels Potenzreihen und der Partialbruchzerlegung das Rüstzeug für die Anwendungen der Operatorenrechnung auf die Theorie der Ausgleichsvorgänge. Ehe wir jedoch auf eine systematische Untersuchung der Ausgleichvorgänge auf Kabeln und Freileitungen eingehen, werden wir vorher noch einige spezielle Beispiele behandeln, an welchen wir kurz die Begriffe der asymptotischen und divergenten Entwicklungen einschließlich der fortgesetzten Differentiation (Heavisides fractional differentiation) klären.

30. Stromaufnahme des induktionsfreien Kabels. Wir verstehen unter einem induktionsfreien Kabel eine Leitung, welche aus einer verteilten Kapazität C und einem verteilten Widerstand R besteht. Die Induktivität und Ableitung des Kabels sollen also vorerst vernachlässigt werden. Die Differentialgleichungen eines solchen Kabels lauten:

$$\begin{aligned} RI &= -\frac{\partial U}{\partial x}, \\ C\frac{\partial U}{\partial t} &= -\frac{\partial I}{\partial x}. \end{aligned} \tag{55}$$

Hierbei ist x vom Kabelanfang gerechnet. I und U sind Strom und Spannung im Kabel an der Stelle x. Ersetzen wir $\frac{\partial}{\partial t}$ durch den Operator p, so entstehen die gewöhnlichen Differentialgleichungen

$$\begin{aligned} RI &= -\frac{dU}{dx}, \\ pCU &= -\frac{dI}{dx}. \end{aligned} \tag{56}$$

Durch Elimination von U oder I erhalten wir

$$\begin{aligned} pRC \cdot I &= \frac{d^2 I}{dx^2}, \\ pRC \cdot U &= \frac{d^2 U}{dx^2}. \end{aligned} \tag{57}$$

Die allgemeine Lösung dieser Gleichungen lautet

$$\begin{aligned} U &= U_1 e^{-\gamma x} + U_2 e^{+\gamma x}, \\ I &= \sqrt{\frac{pC}{R}} [U_1 e^{-\gamma x} + U_2 e^{+\gamma x}], \end{aligned} \tag{58}$$

wobei die Ausbreitungsziffer

$$\gamma = \sqrt{pCR}$$

ist. U_1 und U_2 sind Konstante, die aus den Anfangsbedingungen zu bestimmen sind. Der erste Ausdruck in der Klammer schildert die vom Leitungsanfang ausgehende Welle, während der zweite die am Leitungsende reflektierte Welle darstellt.

Wir wollen zunächst annehmen, daß das Kabel unbegrenzt ist; reflektierte Wellen können also jetzt nicht auftreten. An die Klemmen des Kabels ($x = 0$) wird die Spannung U_0 gelegt. Es ist dann

$$\begin{aligned} U &= U_0 e^{-x\sqrt{pCR}} = U_0 e^{-\sqrt{\alpha p}}. \\ I &= \sqrt{\frac{pC}{R}} U_0 e^{-x\sqrt{pCR}} = \sqrt{\frac{pC}{R}} U_0 e^{\sqrt{\alpha p}}, \end{aligned} \tag{59}$$

wobei $\alpha = x^2 RC$ die Ortszeitkonstante genannt sei.

Um die Operatorengleichungen abzuleiten, setzen wir U_0 als Einheitsstoß der Spannung voraus. Wir erhalten:

$$\begin{aligned} U &= e^{-\sqrt{\alpha p}}, \\ I &= \sqrt{\frac{pC}{R}} e^{-\sqrt{\alpha p}}. \end{aligned} \tag{60}$$

Am Kabelanfang ist x und α gleich Null, also

$$\begin{aligned} U_0 &= 1, \\ I_0 &= \sqrt{\frac{pC}{R}}. \end{aligned} \tag{61}$$

Der Operatorengleichung

$$I = \sqrt{\frac{pC}{R}} \tag{62}$$

entspricht die Integralgleichung

$$\sqrt{\frac{C}{pR}} = \int_0^\infty I(t)\, e^{-pt}\, dt.$$

Ihre Lösung ist aus Formel (c) der Integraltafel bekannt:

$$I = \sqrt{\frac{C}{R\pi t}}. \tag{63}$$

Heaviside leitet dieses Ergebnis durch einen Analogieschluß aus der Theorie der Wärmeleitung ab. Er schließt, daß die Operatorengleichung

$$I = \sqrt{p}$$

die explizite Lösung $I = \frac{1}{\sqrt{\pi t}}$ haben muß. Wir dagegen haben die Lösung direkt aus der Integralgleichung mit Hilfe des bestimmten Integrals gewonnen:

$$\frac{1}{\sqrt{p}} = \int_0^\infty \frac{e^{-pt}}{\sqrt{\pi t}}\, dt.$$

Wir ersehen aus Gleichung (63), daß anfangs ($t = 0$) der Eingangsstrom des Kabels unendlich groß ist. Das ist natürlich ein physikalisch unmögliches Ergebnis; es ergibt sich aus der Vernachlässigung der verteilten Induktivität längs des Kabels. Diese Induktivität ist zwar sehr klein, sie bewirkt aber, wie wir später zeigen werden, daß der Strom endlich bleibt.

Wir wollen nun einen Schritt weiter gehen und auch die Ableitung G des Kabels berücksichtigen. Die Differentialgleichungen sind in diesem Fall:

$$\begin{aligned} RI &= -\frac{d}{dx} U, \\ (Cp + G)\, U &= -\frac{d}{dx} I. \end{aligned} \tag{64}$$

Es ist also in der Operatorengleichung des Stromes an Stelle von Cp der Ausdruck $Cp + G$ zu setzen. Wir erhalten demnach für ein Kabel mit Ableitung aus (61)

$$I = \sqrt{\frac{pC + G}{R}} = \sqrt{\frac{C}{R}(p + \lambda)}, \tag{65}$$

wobei $\lambda = \frac{G}{C}$.

Die entsprechende Integralgleichung lautet:

$$\frac{1}{p}\sqrt{\frac{C\,(p+\lambda)}{R}} = \int_0^\infty I(t)\, e^{-pt}\, dt. \tag{66}$$

Wir wollen die Lösung wiederum sowohl mit Hilfe der Integralgleichung wie nach Heaviside unmittelbar aus der Operatorengleichung ableiten.

Gleichung (66) können wir schreiben:

$$\left(1 + \frac{\lambda}{p}\right)\sqrt{\frac{C}{R\,(p+\lambda)}} = \int_0^\infty I\,(t)\, e^{-pt}\, dt. \tag{67}$$

Es möge nun $J(t)$ die Lösung der Integralgleichung

$$\frac{1}{\sqrt{p+\lambda}} = \int_0^\infty J\,(t)\, e^{-pt}\, dt \tag{68}$$

vorstellen, dann folgt unmittelbar mit dem Additionssatz und aus dem Satz über die Multiplikation der Stammfunktion mit einem Operator:

$$I(t) = \sqrt{\frac{C}{R}}\left[1 + \lambda \int_0 dt\right] J(t)\,. \tag{69}$$

Man erhält also auf Grund der Integralformel (c) der Tafel und des Verschiebungssatzes als Lösung von (68)

$$J(t) = \frac{e^{-\lambda t}}{\sqrt{\pi t}}\,,$$

woraus folgt

$$I(t) = \sqrt{\frac{C}{\pi R}}\left[\frac{e^{-\lambda t}}{\sqrt{t}} + \lambda \int_0^t \frac{e^{-\lambda t}}{\sqrt{t}}\,dt\right]. \tag{70}$$

Das in diesem Ausdruck auftretende Integral kann nicht geschlossen ausgewertet werden; wir erhalten jedoch mit partieller Integration

$$\int_0^t \frac{e^{-\lambda t}}{\sqrt{t}}\,dt = 2\int_0^t e^{-\lambda t}\, d\left(\sqrt{t}\right) = 2\sqrt{t}\,e^{-\lambda t} + 2\lambda \int_0^t e^{-\lambda t}\sqrt{t}\,dt\,. \tag{71}$$

Wiederholte Anwendung gibt folgende Entwicklung für das Integral:

$$2\sqrt{t}\,e^{-\lambda t}\left[1 + \frac{2\lambda t}{1\cdot 3} + \frac{(2\lambda t)^2}{1\cdot 3\cdot 5} + \cdots\right]. \tag{72}$$

Die Lösung nach Heaviside ergibt sich unmittelbar aus der Entwicklung der Operatorengleichung:

$$\begin{aligned} I &= \sqrt{\frac{C}{R}(p+\lambda)} \\ &= \sqrt{\frac{pC}{R}\left(1+\frac{\lambda}{p}\right)} \\ &= \sqrt{\frac{Cp}{R}}\left[1 + \frac{1}{2}\left(\frac{\lambda}{p}\right) - \frac{1}{2\cdot 4}\left(\frac{\lambda}{p}\right)^2 + \frac{1\cdot 3}{2\cdot 4\cdot 6}\left(\frac{\lambda}{p}\right)^3 - \cdots\right]. \end{aligned} \tag{73}$$

Ersetzt man $\sqrt{p}$ durch $\frac{1}{\sqrt{\pi t}}$ und $\frac{1}{p^n}$ durch $\frac{t^n}{n!}$, so wird:

$$I = \sqrt{\frac{C}{\pi R t}}\left[1 + \frac{2\lambda t}{2} - \frac{(2\lambda t)^2}{2\cdot 3\cdot 4} + \frac{1\cdot 3\,(2\lambda t)^3}{2\cdot 3\cdot 4\cdot 5\cdot 6} + \cdots\right]. \tag{74}$$

Man kann zeigen, daß diese Reihe konvergiert und mit (70) übereinstimmt.

Wenn die soeben behandelte einfache Aufgabe nur von geringer praktischer Bedeutung ist, so ist sie doch als Übergang zu den Lösungen mit Hilfe asymptotischer Reihenentwicklungen methodisch von Interesse.

Wir definieren eine asymptotische Reihe als eine Entwicklung, welche zwar divergent ist, sich aber zu numerischen Berechnungen für große Werte des Argumentes verwenden läßt.

Kehren wir zur Gleichung (70) zurück! Wir bemerken, daß die Auswertung der Reihe (72) um so weitläufiger wird, je größere Werte von t gegeben sind. Dies gilt im verstärkten Maße auch von der Heaviside-schen Lösung wegen des alternierenden Vorzeichens der Glieder. Es liegt also hier ein Beispiel vor, bei dem die Lösung in Gestalt eines bestimmten Integrales einfacher und leichter zu berechnen ist als die Reihenentwicklung.

Das bestimmte Integral in (70) kann, wenn λ positiv ist, wie folgt umgeformt werden:

$$\int_0^t \frac{e^{-\lambda t}}{\sqrt{t}}\,dt = \int_0^\infty \frac{e^{-\lambda t}}{\sqrt{t}}\,dt - \int_t^\infty \frac{e^{-\lambda t}}{\sqrt{t}}\,dt. \tag{75}$$

Das erste Integral läßt sich auf das Fehlerintegral zurückführen

$$\int_0^t \frac{e^{-\lambda t}}{\sqrt{t}}\,dt = \sqrt{\frac{\pi}{\lambda}} - \int_t^\infty \frac{e^{-\lambda t}}{\sqrt{t}}\,dt. \tag{76}$$

Weiter ist:

$$\int_t^\infty \frac{e^{-\lambda t}}{\sqrt{t}}\,dt = -\frac{1}{\lambda}\int_t^\infty \frac{1}{\sqrt{t}}\,d(e^{-\lambda t}) = \frac{e^{-\lambda t}}{\lambda\sqrt{t}} - \frac{1}{2\lambda}\int_t^\infty \frac{e^{-\lambda t}}{t\sqrt{t}}\,dt. \tag{77}$$

Integriert man partiell, so wird:

$$\frac{e^{-\lambda t}}{\lambda\sqrt{t}} - \frac{1}{2\lambda^2}\,\frac{e^{-\lambda t}}{t\sqrt{t}} + \frac{1\cdot 3}{2^2\lambda^2}\int_t^\infty \frac{e^{-\lambda t}}{t^2\sqrt{t}}\,dt. \tag{78}$$

Wiederholte Teilintegration gibt:

$$\int_t^\infty \frac{e^{-\lambda t}}{\sqrt{t}}\,dt = \frac{e^{-\lambda t}}{\lambda\sqrt{t}}\left[1 - \frac{1}{2\lambda t} + \frac{1\cdot 3}{(2\lambda t)^2} - \frac{1\cdot 3\cdot 5}{(2\lambda t)^3} + \cdots + (-1)^n\,\frac{1\cdot 3\cdot 5\cdots(2n-1)}{(2\lambda t)^n}\right]$$
$$-\frac{(-1)^n}{\lambda}\cdot\frac{1\cdot 3\cdot 5\cdots(2n+1)}{2\,(2\lambda)^n}\int_t^\infty \frac{e^{-\lambda t}}{t^{n+1}\sqrt{t}}\,dt. \tag{79}$$

Diese Reihe ist divergent, d. h. gehen wir genügend weit in der Anzahl der Glieder, so beginnen sie wieder zu wachsen. Brechen wir jedoch mit dem $n$ten Glied ab, so ist der Fehler absolut kleiner als

$$\frac{1\cdot 3\cdot 5\cdots(2n-1)}{(2\lambda t)^n}.$$

Der Fehler beim Abbrechen der Entwicklung mit einem bestimmten Glied ist also kleiner als dieses Glied. Hören wir mit dem kleinsten Glied auf, so ist auch der Fehler am kleinsten und vermindert sich mit wachsendem t dauernd.

Wir können also (70) schreiben:

$$I = \sqrt{\frac{\lambda C}{R}} + \sqrt{\frac{C}{\pi R t}}\, e^{-\lambda t}\left[\frac{1}{2\lambda t} - \frac{1\cdot 3}{(2\lambda t)^2} + \frac{1\cdot 3\cdot 5}{(2\lambda t)^3} - \cdots\right]. \qquad (80)$$

Dabei ist wegen $\lambda = \frac{G}{C}$ der erste Ausdruck gleich $\sqrt{\frac{G}{R}}$, d. h. gleich dem Gleichstrom-Eingangsleitwert des Kabels. Die Entwicklung zeigt also, daß der Strom diesen Wert asymptotisch erreicht.

Für das soeben behandelte Beispiel läßt sich aus der Operatorengleichung nicht unmittelbar eine asymptotische Entwicklung ableiten. Wir gehen daher jetzt zu einer Aufgabe über, bei welcher von Heaviside sowohl konvergente als auch divergente Reihenentwicklungen angegeben werden.

31. Die Klemmenspannung an einem Kabel beim Aufladen über Kondensatoren. An ein Kabel mit verteiltem Widerstand R und Kapazität C pro Längeneinheit werde über einen Kondensator C_0 ein Einheitsstoß der Spannung gelegt. Die Spannung U an den Klemmen des Kabels ist zu berechnen.

Wir kennen aus dem vorhergehenden Beispiel die Operatorengleichung für den Strom, wenn die Klemmenspannung gleich U_0 ist:

$$I = \sqrt{\frac{Cp}{R}}\, U_0\,. \qquad (81)$$

Da der Spannungsabfall am Kondensator gleich $1 - U_0$ ist, so fließt im Kondensator der Strom

$$I_C = C_0 p\,(1 - U_0)\,. \qquad (82)$$

Durch Gleichsetzen der beiden Ströme (Kirchhoffsches Gesetz) ergibt sich die Operatorengleichung:

$$U_0 = \frac{p C_0}{p C_0 + \sqrt{\frac{pC}{R}}}. \qquad (83)$$

Hierfür kann man auch schreiben:

$$U_0 = \frac{1}{1 + \frac{1}{C_0}\sqrt{\frac{C}{Rp}}} = \frac{1}{1 + \sqrt{\frac{a}{p}}}, \qquad (84)$$

wobei $\sqrt{a} = \frac{1}{C_0}\sqrt{\frac{C}{R}}$ ist.

Entwickeln wir (84) in eine geometrische Reihe, so wird

$$
\begin{aligned}
U &= 1-\sqrt{\frac{a}{p}}+\frac{a}{p}-\frac{a}{p}\sqrt{\frac{a}{p}}+\left(\frac{a}{p}\right)^2+\cdots \\
&= 1+\frac{a}{p}+\left(\frac{a}{p}\right)^2+\cdots-\left[1+\frac{a}{p}+\left(\frac{a}{p}\right)^2+\cdots\right]\sqrt{\frac{a}{p}} \qquad (85)\\
&= 1+\frac{a\,t}{1!}+\frac{(a\,t)^2}{2!}+\cdots-\left[\frac{2\,a\,t}{1}+\frac{(2\,a\,t)^2}{1\cdot 3}+\frac{(2\,a\,t)^2}{1\cdot 3\cdot 5}+\cdots\right]\frac{1}{\sqrt{\pi\,a\,t}}.
\end{aligned}
$$

Aus der Integralgleichung würde sich die Lösung folgendermaßen ableiten. Es ist

$$\frac{1}{p\left(1+\sqrt{\frac{a}{p}}\right)}=\int_0^\infty U(t)\,e^{-pt}dt. \tag{86}$$

Die linke Seite kann geschrieben werden

$$\frac{1}{p-a}-\frac{1}{p-a}\sqrt{\frac{a}{p}}. \tag{87}$$

Mit Hilfe der im Anfang dieses Kapitels abgeleiteten Sätze ergibt sich die Lösung:

$$U(t)=e^{at}-\sqrt{\frac{a}{p}}\,e^{at}\int_0^t\frac{e^{-a\tau}}{\sqrt{\tau}}\,d\tau, \tag{88}$$

oder umgeformt:

$$U(t)=\sqrt{\frac{a}{\pi}}\,e^{at}\int_t^\infty\frac{e^{-a\tau}}{\sqrt{\tau}}\,d\tau. \tag{89}$$

Die Entwicklung des bestimmten Integrals mittels partieller Integration führt unmittelbar zur Heavisideschen Lösung in Gestalt der Reihe (85). Diese Reihe ist absolut konvergent, jedoch ist ihre Auswertung für große Werte von t sehr umständlich. Aus (89) kann man nun eine divergente asymptotische Entwicklung ableiten, die für große Zeitwerte zur numerischen Berechnung wesentlich brauchbarer ist. Sie folgt aus den Rekursionsformeln der wiederholten partiellen Integration:

$$
\begin{aligned}
\int_t^\infty\frac{e^{-a\tau}}{\sqrt{\tau}}\,d\tau &= -\frac{1}{a}\int_t^\infty\frac{1}{\sqrt{\tau}}\,d\left(e^{-a\tau}\right)\\
&= \frac{e^{-at}}{a\sqrt{t}}-\frac{1}{2a}\int_t^\infty\frac{e^{-a\tau}}{\tau\sqrt{\tau}}\,d\tau\\
&= \frac{e^{-at}}{a\sqrt{t}}+\frac{1}{2a^2}\int_t^\infty\frac{1}{\tau\sqrt{\tau}}\,d\left(e^{-a\tau}\right) \qquad (90)\\
&= \frac{e^{-at}}{a\sqrt{t}}-\frac{e^{-at}}{2\,a^2t\sqrt{t}}+\frac{1\cdot 3}{2^2a^2}\int_t^\infty\frac{e^{-a\tau}}{\tau^2\sqrt{\tau}}\,d\tau.
\end{aligned}
$$

Man erhält schließlich

$$\frac{e^{-at}}{a\sqrt{t}}\left[1-\frac{1}{2at}+\frac{1\cdot 3}{(2at)^2}-\frac{1\cdot 3\cdot 5}{(2at)^3}+\cdots\right]. \tag{91}$$

Diese Reihe ist divergent im Sinne der Reihe (79). Für die Spannung erhält man also

$$U(t)=\frac{1}{\sqrt{\pi a t}}\left[1-\frac{1}{2at}+\frac{1\cdot 3}{(2at)^2}-\frac{1\cdot 3\cdot 5}{(2at)^2}+\cdots\right]. \tag{92}$$

Für Werte $at > 5$ kann man hiernach $U(t)$ sehr gut berechnen; insbesondere geht also die Spannung $U(t)$ asymptotisch wie $\frac{1}{\sqrt{\pi a t}}$ gegen Null.

Wir wollen nunmehr zeigen, wie Heaviside dieselbe Aufgabe löst und aus der Operatorengleichung eine divergente Entwicklung ableitet. Wir gehen wiederum von der Operatorengleichung (84) aus, die man auch schreiben kann:

$$U=\frac{\sqrt{\frac{p}{a}}}{1+\sqrt{\frac{p}{a}}}. \tag{93}$$

Wir entwickeln den Nenner analog (85) und erhalten:

$$\begin{aligned} U&=\left[1-\sqrt{\frac{p}{a}}+\frac{p}{a}-\frac{p}{a}\sqrt{\frac{p}{a}}+\left(\frac{p}{a}\right)^2-\cdots\right]\sqrt{\frac{p}{a}}\\ &=\left[1+\frac{p}{a}+\left(\frac{p}{a}\right)^2+\cdots\right]\sqrt{\frac{p}{a}}-\left[\frac{p}{a}+\left(\frac{p}{a}\right)^2+\left(\frac{p}{a}\right)^3+\cdots\right]. \end{aligned} \tag{94}$$

Heaviside streicht nun den zweiten Klammerausdruck und ersetzt $\sqrt{p}$ durch $\frac{1}{\sqrt{\pi t}}$ und p^n durch $\frac{d^n}{dt^n}$. Es ergibt sich:

$$U=\left[1+\frac{1}{a}\frac{d}{dt}+\frac{1}{a^2}\frac{d^2}{dt^2}+\cdots\right]\frac{1}{\sqrt{\pi a t}}, \tag{95}$$

oder wenn man die Differentiationen ausführt:

$$U=\frac{1}{\sqrt{\pi a t}}\left[1-\frac{1}{2at}+\frac{1\cdot 3}{(2at)^2}-\frac{1\cdot 3\cdot 5}{(2at)^3}+\cdots\right]. \tag{96}$$

Dieses Beispiel ist typisch für die Rechnungsweise von Heaviside. Er gibt diese Entwicklung ohne jede Erläuterung und ohne Beweis. Insbesondere gibt er keinen Grund an, weshalb er in (94) die zweite Reihe streicht. Die einzelnen Glieder verschwinden zwar nach der allgemeinen Regel für ganzzahlige Potenzen von p, jedoch ist noch zu beweisen, daß die Reihenentwicklung und gliedweise Deutung in diesem Fall erlaubt ist. Es ist klar, daß hiergegen vom mathematischen Standpunkt wesentliche Bedenken erhoben werden können. Wir werden uns daher im nächsten Kapitel auf exakter Grundlage systematisch mit solchen Fragen beschäftigen müssen. Vorerst wollen wir ein drittes Beispiel angeben, bei welchem Heaviside eine Lösung mit divergenter Reihe erhält und bei der keine Glieder gestrichen werden.

32. Stromaufnahme einer Leitung mit verteilter Induktivität L, Kapazität C und Widerstand R. Die Differentialgleichungen für Strom und Spannung lauten:

$$\begin{aligned} \left(L\frac{\partial}{\partial t} + R\right) I &= -\frac{\partial}{\partial x} U, \\ C\frac{\partial}{\partial t} U &= -\frac{\partial}{\partial x} I. \end{aligned} \tag{97}$$

Ersetzt man $\frac{\partial}{\partial t}$ durch p, so wird:

$$\begin{aligned} (pL + R)\, I &= -\frac{d}{dx} U, \\ CpU &= -\frac{d}{dx} I. \end{aligned} \tag{98}$$

Formel (98) stimmt mit (64) überein, wenn man an Stelle von R den Ausdruck $pL + R$ setzt. Bei einer unendlich langen Leitung erhält man also für den Strom am Anfang die Operatorengleichung

$$I_0 = \sqrt{\frac{pC}{pL + R}}\, U_0, \tag{99}$$

wobei U_0 die Klemmenspannung bezeichnet. Ist diese Spannung in Form eines Einheitsstoßes gegeben, so wird

$$I = \sqrt{\frac{pC}{pL + R}}.$$

Hierfür kann man auch schreiben

$$I = \frac{1}{Z\sqrt{1 + \frac{2}{pT'}}}, \tag{100}$$

wobei $Z = \sqrt{\frac{L}{C}}$ den Wellenwiderstand der Leitung bedeutet, und $T' = \frac{2L}{R}$ ist. Die entsprechende Integralgleichung lautet

$$\frac{1}{Z\sqrt{p^2 + \frac{2p}{T'}}} = \int_0^\infty e^{-pt} I(t)\, dt. \tag{101}$$

Mit Hilfe der Formel (p) der Integraltafel erkennt man sofort die Lösung

$$I(t) = \frac{e^{-\frac{t}{T'}}}{Z} J_0\left(i\frac{t}{T'}\right), \tag{102}$$

wobei $J_0\left(i\frac{t}{T'}\right)$ die Besselsche Funktion erster Ordnung mit rein imaginärem Argument ist.

Heaviside kennt die Beziehung zwischen der Operatorengleichung und der Integralgleichung nicht und erhält daher die Lösung auf ganz anderem Wege. Er entwickelt (100) binomisch:

$$I = \frac{1}{Z}\left[1 - \frac{1}{T'p} + \frac{1\cdot 3}{2!}\left(\frac{1}{T'p}\right)^2 - \frac{1\cdot 3\cdot 5}{3!}\left(\frac{1}{T'p}\right)^3 + \cdots\right] \tag{103}$$

und ersetzt $\frac{1}{p^n}$ durch $\frac{t^n}{n!}$:

$$I = \frac{1}{Z}\left[1 - \frac{t}{T'} + \frac{1\cdot 3}{(2!)^2}\left(\frac{t}{T'}\right)^2 - \frac{1\cdot 3\cdot 5}{(3!)^2}\left(\frac{t}{T'}\right)^3 + \cdots\right]. \tag{104}$$

Damit hat er eine konvergente Entwicklung abgeleitet, deren Zusammenhang mit (102) ihm jedoch entgangen ist. Da für große Werte von t die numerische Auswertung sehr umständlich ist, so gibt Heaviside noch eine zweite Reihe an, die man durch eine Entwicklung der Operatorengleichung nach steigenden Potenzen von p erhält. Man kann (100) schreiben:

$$I = \frac{1}{Z}\sqrt{\frac{pT'}{2\left(1 + \frac{pT'}{2}\right)}} \tag{105}$$

oder binomisch entwickelt:

$$I = \frac{1}{Z}\left[1 - \frac{pT'}{4} + \frac{1\cdot 3}{2!}\left(\frac{pT'}{4}\right)^2 - \frac{1\cdot 3\cdot 5}{3!}\left(\frac{pT'}{4}\right)^3 + \cdots\right]\sqrt{\frac{pT'}{2}}. \tag{106}$$

Geht man von $\frac{1}{\sqrt{\frac{pT'}{2}}}$ zu $\frac{1}{\sqrt{2\pi\frac{t}{T'}}}$ über und ersetzt man p^n durch $\frac{d^n}{dt^n}$, so wird

$$I = \frac{1}{Z\sqrt{2\pi\frac{t}{T'}}}\left[1 + \frac{T'}{8t} + \frac{(1\cdot 3)^2}{2!}\left(\frac{T'}{8t}\right) + \frac{(1\cdot 3\cdot 5)^2}{3!}\left(\frac{T'}{8t}\right)^3 + \cdots\right]. \tag{107}$$

In diesem Fall erkannte Heaviside, daß die abgeleitete divergente Reihe die asymptotische Entwicklung von $e^{-\frac{t}{T'}}J_0\left(i\frac{t}{T'}\right)$ ist. Er erhielt also in Übereinstimmung mit (102)

$$I(t) = \frac{e^{-\frac{t}{T'}}}{Z}J_0\left(\frac{it}{T'}\right).$$

V. Asymptotische Lösung von Operatorengleichungen.

33. Der allgemeine asymptotische Entwicklungssatz. Die in den vorhergehenden Kapiteln durchgeführten Untersuchungen der Heavisideschen Methode zeigten, daß man zwei Klassen von Aufgaben unterscheiden kann.

Die erste Klasse führt auf den Typ der Operatorengleichung

$$h = F(p)\sqrt{p}, \tag{1}$$

während sich für die zweite Klasse die Form ergibt:

$$h = \Phi\left(p^k \sqrt{p}\right), \tag{2}$$

wobei k ganzzahlig ist.

Heaviside selbst kennt diese Einteilung nicht, sondern erhält asymptotische Entwicklungen mit folgendem Satz:

Lautet die Operatorengleichung

$$h = \frac{1}{H(p)}$$

und kann man entwickeln:

$$h = a_0 + a_1 p + a_2 p^2 + \ldots + a_n p^n + \cdots$$
$$+ (b_0 + b_1 p + b_2 p^2 + \cdots + b_n p^n + \cdots)\sqrt{p}, \tag{3}$$

so findet man eine — im allgemeinen divergente — Lösung, wenn man die erste Reihe bis auf das konstante Glied a_0 streicht und für $\sqrt{p}$ den Wert $\frac{1}{\sqrt{\pi t}}$ bzw. für p^n den Wert $\frac{d^n}{dt^n}$ in die zweite Reihe einsetzt. Es ergibt sich explizit:

$$h = a_0 + \left(b_0 + b_1 \frac{d}{dt} + b_2 \frac{d^2}{dt^2} + \cdots\right)\frac{1}{\sqrt{\pi t}} \tag{4}$$

$$= a_0 + \frac{1}{\sqrt{\pi t}}\left[b_0 - b_1 \frac{1}{2t} + b_2 \frac{1\cdot 3}{(2t)^2} - b_3 \frac{1\cdot 3\cdot 5}{(2t)^3} - \cdots\right]. \tag{5}$$

Dieser Satz beruht auf der Erkenntnis, daß p^k für ganze positive k identisch verschwindet; trotzdem ist es nicht immer erlaubt, diesen Schluß auf die ganze Reihe auszudehnen, weil es von vornherein nicht feststeht, ob diese Entwicklung gliedweise differentiiert werden darf. Man findet bei Heaviside keinen Hinweis, wann dieser Satz richtig ist. Es ist jedoch für eine einwandfreie Lösung notwendig, daß wir die mathematischen Voraussetzungen dieses Satzes genauer untersuchen und damit eine sichere Grundlage für seine Anwendungsmöglichkeiten schaffen.

34. Der asymptotische Entwicklungssatz für $h = F(p)\sqrt{p}$. Wir beginnen mit den Operatorengleichungen der ersten Klasse und gehen zweckmäßigerweise von der entsprechenden Integralgleichung aus. Dabei setzen wir voraus, daß in $h = \frac{1}{H(p)} = F(p)\sqrt{p}$ die Funktion $F(p)$ formal in eine Potenzreihe entwickelt werden kann:

$$F(p) = b_0 + b_1 p + b_2 p^2 + b_3 p^2 + \cdots. \tag{6}$$

Die Integralgleichung für $h(p)$ lautet

$$\frac{F(p)\cdot\sqrt{p}}{p} \equiv \frac{F(p)}{\sqrt{p}} = \int_0^\infty h(t)\, e^{-pt}\, dt. \tag{7}$$

Es möge nun eine Hilfsfunktion $k(t)$ durch die Integralgleichung definiert sein:

$$F(p) = \int_0^\infty k(t)\, e^{-pt}\, dt\,. \tag{8}$$

Dann folgt wegen

$$\frac{1}{\sqrt{p}} = \int_0^\infty \frac{e^{-pt}}{\sqrt{\pi t}}\, dt \tag{9}$$

aus (7), (8) und (9) mit dem Borelschen Satz:

$$h(t) = \frac{1}{\sqrt{\pi}} \int_0^t \frac{k(\tau)}{\sqrt{t-\tau}}\, d\tau\,. \tag{10}$$

Differentiiert man (8) wiederholt nach p und setzt $p = 0$, so wird mit der Entwicklung (6)

$$b_n = (-1)^n \int_0^\infty \frac{t^n}{n!}\, k(t)\, dt\,. \tag{11}$$

Diese Gleichung ist nur sinnvoll, wenn das Integral für alle Werte von n konvergiert. Es werden also den Funktionen $k(t)$ und $F(p)$ sehr weitgehende Einschränkungen auferlegt, welche wir zunächst als erfüllt annehmen wollen.

Wir schreiben nun (10) in der Form:

$$h(t) = \frac{1}{\sqrt{\pi t}} \int_0^t \frac{k(\tau)}{\sqrt{1-\frac{\tau}{t}}}\, d\tau\,. \tag{12}$$

Erfüllt nun $k(t)$ die durch (11) geforderten Einschränkungen, so kann man $\left(1-\frac{\tau}{t}\right)^{-\frac{1}{2}}$ binomisch entwickeln und (10) gliedweise integrieren. Läßt man dann die obere Integrationsgrenze gegen Unendlich gehen, so findet man die asymptotische Entwicklung:

$$h(t) = \frac{1}{\sqrt{\pi t}}\left[\int_0^\infty k(t)\, dt + \frac{1}{2t}\int_0^\infty \frac{t}{1!}\, k(t)\, dt + \frac{1\cdot 3}{(2t)^2}\int_0^\infty \frac{t^2}{2!}\, k(t)\, dt + \cdots\right] \tag{13}$$

oder wegen (11) in Übereinstimmung mit dem Satz von Heaviside

$$h(t) = \frac{1}{\sqrt{\pi t}}\left[b_0 - b_1\frac{1}{2t} + b_2\frac{1\cdot 3}{(2t)^2} - b_3\frac{1\cdot 3\cdot 5}{(2t)^3} + \cdots\right]. \tag{14}$$

Diese Ableitung sagt nichts über den Charakter der asymptotischen Lösungen aus. Man sieht jedoch unmittelbar, daß (13) und (14) das Verhalten des Integrales in (12) für große Werte von t bestimmen, wenn $k(t)$ genügend rasch konvergiert.

Kann also die Operatorengleichung $h = \frac{1}{H(p)}$ auf die Form

$$h = F(p)\sqrt{p}$$

gebracht werden und existiert für $F(p)$ die Potenzreihe

$$F(p) = b_0 + b_1 p + b_2 p^2 + \cdots + b_n p^n + \cdots,$$

so erhält man eine Lösung in Gestalt einer im allgemeinen divergierenden Reihe, wenn man $\sqrt{p}$ durch $\frac{1}{\sqrt{\pi t}}$ und p^n (n ganzzahlig) durch $\frac{d^n}{d t^n}$ ersetzt.

$$h(t) = \frac{1}{\sqrt{\pi t}}\left(b_0 - b_1 \frac{1}{2t} + b_2 \frac{1\cdot 2}{(2t)^2} - b_3 \frac{1\cdot 3\cdot 5}{(2t)^3} + \cdots\right).$$

Dabei wird die Existenz einer Hilfsfunktion $k = k(t)$ vorausgesetzt, die durch Operatorengleichung $k = F(p)$ definiert ist und für welche das Integral existiert:

$$\int_0^\infty t^n k(t)\,dt \qquad (n = 1, 2, 3, \ldots).$$

35. Beispiele für die asymptotische Entwicklung von $h = F(p)\sqrt{p}$. Wir wenden den im vorhergehenden Abschnitt abgeleiteten Satz an auf die Berechnung der Stromaufnahme einer Leitung mit verteilter Induktivität L, Kapazität C und dem Widerstand R je Längeneinheit. Für diese Aufgabe hatten wir mit IV (101) die Integralgleichung gefunden

$$\frac{1}{Z\sqrt{p^2 + \frac{2p}{T'}}} = \int_0^\infty I(t)\, e^{-pt}\, dt \tag{15}$$

dabei ist $T' = \frac{2L}{R}$. Als Lösung ergab sich mit der Besselschen Funktion $J_0\left(i\frac{t}{T'}\right)$

$$I(t) = \frac{e^{-\frac{t}{T'}}}{Z} J_0\left(\frac{it}{T'}\right). \tag{16}$$

Um die asymptotische Entwicklung abzuleiten, schreiben wir die Integralgleichung:

$$\frac{1}{Z\sqrt{p}\sqrt{p + \frac{2}{T'}}} = \int_0^\infty I(t)\, e^{-pt} dt. \tag{17}$$

Es ist nun:

$$\frac{1}{\sqrt{p}} = \int_0^\infty \frac{e^{-pt}}{\sqrt{\pi t}}\,dt \tag{18}$$

und

$$\frac{1}{\sqrt{p+\frac{2}{T'}}} = \int_0^\infty \frac{e^{-\frac{2t}{T'}}}{\sqrt{\pi t}}\, e^{-pt}\,dt\,, \tag{19}$$

woraus mit dem Borelschen Satz folgt:

$$I(t) = \frac{1}{\pi Z}\int_0^t \frac{e^{-\frac{2\tau}{T'}}}{\sqrt{\tau(t-\tau)}}\,d\tau. \tag{20}$$

Wir zerlegen nun das Integral in gleicher Weise wie (12) und erhalten asymptotisch, indem wir für große t die obere Integralgrenze nach ∞ rücken lassen,

$$\frac{1}{\pi\sqrt{t}}\left[\int_0^\infty \frac{e^{-\frac{2t}{T'}}}{\sqrt{t}}\,dt + \frac{1}{2t}\int_0^\infty \frac{\sqrt{t}}{1!}\,e^{-\frac{2t}{T'}}\,dt + \frac{1\cdot 3}{(2t)^2}\int_0^\infty \frac{t\sqrt{t}}{2!}\,e^{-\frac{2t}{T'}}\,dt + \cdots\right]. \tag{21}$$

Da die bestimmten Integrale von t unabhängig sind, so ergibt sich:

$$\frac{1}{\sqrt{2\pi\frac{t}{T'}}}\left[1 + \frac{1}{\left(\frac{8t}{T'}\right)} + \frac{1^2\cdot 3^2}{2!\left(\frac{8t}{T'}\right)^2} + \frac{1^2\cdot 3^2\cdot 5^2}{3!\left(\frac{8t}{T'}\right)^3} + \cdots\right]. \tag{22}$$

Dieser Ausdruck ist identisch mit der asymptotischen Entwicklung von $e^{-\frac{t}{T'}} J_0\left(i\frac{t}{T'}\right)$.

Als zweites Beispiel wollen wir die Stromaufnahme eines Kabels mit verteiltem Widerstand R und verteilter Kapazität C berechnen, wenn zur Zeit $t = 0$ eine Spannung von der Form $U(t) = e^{-\lambda t}$ angelegt wird. Wir übergehen die formale Lösung und geben sogleich den Ausdruck für den Strom an:

$$I = \sqrt{\frac{C}{R\pi}}\,\frac{d}{dt}\int_0^t \frac{e^{-\lambda(t-\tau)}}{\sqrt{\tau}}\,d\tau \tag{23}$$

$$= \sqrt{\frac{C}{R\pi}}\left[\frac{1}{\sqrt{t}} - \lambda\int_0^t \frac{e^{-\lambda\tau}}{\sqrt{t-\tau}}\,d\tau\right].$$

Entwickelt man das Integral wie im vorhergehenden Beispiel asymptotisch, so wird:

$$I = -\sqrt{\frac{C}{R\pi t}}\left[\frac{1}{2\lambda t} + \frac{1\cdot 3}{(2\lambda t)^2} + \frac{1\cdot 3\cdot 5}{(2\lambda t)^3} + \cdots\right]. \tag{24}$$

Die Operatorengleichung der Aufgabe lautet:

$$\begin{aligned} I &= \sqrt{\frac{C}{R}}\cdot\frac{p\sqrt{p}}{p+\lambda} \\ &= \sqrt{\frac{C}{R}}\cdot\frac{p\sqrt{p}}{\lambda\left(1+\frac{p}{\lambda}\right)} \\ &= \sqrt{\frac{C}{R}}\left[\frac{p}{\lambda} - \left(\frac{p}{\lambda}\right)^2 + \left(\frac{p}{\lambda}\right)^3 - \cdots\right]\sqrt{p}. \end{aligned} \tag{25}$$

Wir erhalten also durch Anwendung des Heavisideschen Entwicklungssatzes dasselbe Ergebnis wie Gleichung (24).

Als drittes Beispiel wählen wir eine Aufgabe, bei der die Entwicklung nach dem Heavisideschen Satz versagt. Wir betrachten wieder ein Kabel, denken jedoch die Spannung $U(t) = \sin\omega t$ an die Klemmen angelegt. Der Gleichung (23) entspricht dann:

$$I = \omega\sqrt{\frac{C}{R\pi}}\int_0^t \frac{\cos\omega\tau}{\sqrt{t-\tau}}\,d\tau. \tag{26}$$

Würden wir jetzt aber das Integral wie früher in eine Reihe von Integralen zerlegen, so würde jedes dieser Teilintegrale unendlich werden, so daß wir also keine asymptotisch gültige Entwicklung erhielten.

Gehen wir jedoch von der Operatorengleichung aus, so ist zuerst die Operatorengleichung der Spannung

$$\int_0^\infty e^{-pt}\sin\omega t\,dt = \frac{\omega}{p^2+\omega^2} \tag{27}$$

und

$$I = \sqrt{\frac{C}{R}}\,\frac{\omega p\sqrt{p}}{p^2+\omega^2}. \tag{28}$$

Wir entwickeln nach dem Heavisideschen Satz

$$I = \sqrt{\frac{C}{R}}\left[\frac{p}{\omega} - \left(\frac{p}{\omega}\right)^3 + \left(\frac{p}{\omega}\right)^5 - \cdots\right]\sqrt{p} \tag{29}$$

oder explizit:

$$I = -\sqrt{\frac{C}{R\pi t}}\left[\frac{1}{2\omega t} - \frac{1\cdot 3\cdot 5}{(2\omega t)^3} + \cdots\right]. \tag{30}$$

Dieses Ergebnis ist jedoch falsch. Man überzeugt sich hiervon, wenn man direkt aus (26) den Strom für den eingeschwungenen Zustand ableitet. Man kann (26) schreiben

$$I = \omega \sqrt{\frac{C}{R\pi}} \left[\cos\omega t \int_0^t \frac{\cos\omega t}{\sqrt{t}}\,dt + \sin\omega t \int_0^t \frac{\sin\omega t}{\sqrt{t}}\,dt\right]. \tag{31}$$

Geht die Zeit gegen Unendlich, so erstrecken sich die Fresnelschen Integrale[1] von Null bis Unendlich und es wird

$$I = \sqrt{\frac{\omega C}{2R}}\,[\cos\omega t + \sin\omega t]. \tag{32}$$

Dieses Beispiel zeigt, welche Vorsicht bei der Anwendung des Heavisideschen Entwicklungssatzes beobachtet werden muß, was man übrigens auch aus der asymptotischen Entwicklung von (27) unmittelbar erkennt. Es ist daher stets zweckmäßig, die auf diesem Wege gefundenen Ergebnisse mit andern Methoden nochmals zu prüfen.

36. Der asymptotische Entwicklungssatz für $h = \Phi(p^k \sqrt{p})$. Hat die Operatorengleichung $h = \frac{1}{H(p)}$ die Gestalt

$$h = \Phi\left(p^k \sqrt{p}\right)$$

und kann Φ in eine Potenzreihe entwickelt werden, so daß

$$h = a_0 + a_1 p^k \sqrt{p} + a_2 p^{2k+1} + a_3 p^{3k+1} \sqrt{p} + \cdots,$$

so erhält man wie oben eine im allgemeinen divergente Lösung, wenn man die Glieder mit den ganzzahligen Potenzen von p streicht:

$$h = a_0 + (a_1 p^k + a_3 p^{3k+1} + a_5 p^{5k+2} + \cdots)\sqrt{p}.$$

Die explizite Form der Lösung ergibt sich, indem man $\sqrt{p}$ durch $\frac{1}{\sqrt{\pi t}}$ und p^n durch $\frac{d^n}{dt^n}$ ersetzt:

$$h = a_0 + \left(a_1 \frac{d^k}{dt^k} + a_3 \frac{d^{3k+1}}{dt^{3k+1}} + a_5 \frac{d^{5k+2}}{dt^{5k+2}} + \cdots\right)\frac{1}{\sqrt{\pi t}}$$

$$= a_0 + \frac{(-1)^k}{\sqrt{\pi t}}\left(a_1 \frac{1\cdot 3\cdots(2k-1)}{(2t)^k} - a_3 \frac{1\cdot 3\cdots(6k+1)}{(2t)^{3k+1}} + \cdots\right).$$

Dieser Satz kann aus der Identität

$$\int_0^\infty \frac{e^{-pt}}{\sqrt{\pi t}}\,dt = \frac{1}{\sqrt{p}} \tag{33}$$

abgeleitet werden.

Geht die Funktion

$$F(p) = \int_0^\infty f(t)\, e^{-pt}\,dt \tag{34}$$

---

[1] Vergleiche Jahnke-Emde: Funktionentafeln S. 23.

für $p \to 0$ gegen den Grenzwert $\frac{1}{\sqrt{p}}$ gemäß:

$$\lim_{p \to 0} F(p) = \frac{1}{\sqrt{p}},$$

so folgt

$$\lim_{t \to \infty} f(t) = \frac{1}{\sqrt{\pi t}}.$$

Hierbei wird vorausgesetzt, daß $f(t)$ gegen Null konvergiert und keine dauernd oszillierende Anteile oder Faktoren besitzt.

Um das Wesen dieser Bedingungen zu klären, sei

$$f(t) = \frac{a}{\sqrt{\pi t}} + \frac{b \cos \omega t}{\sqrt{\pi t}}, \tag{35}$$

dann ist

$$\lim_{p \to 0} \int_0^\infty f(t)\, e^{-pt}\, dt = \frac{a}{\sqrt{p}}, \tag{36}$$

da der oszillierende Anteil von $f(t)$ mit höherer Ordnung verschwindet. Obwohl also die Limes-Bedingung erfüllt ist, darf die Heavisidesche Regel nicht angewandt werden, weil die Funktion $f(t)$ ein oszillierendes Glied enthält. Wir scheiden solche Fälle in Zukunft aus.

Wir wollen nunmehr die Operatorengleichung $h = \Phi\left(p^k \sqrt{p}\right)$ näher diskutieren und nehmen zunächst an, daß $k = 0$ ist, so daß

$$h = \Phi\left(\sqrt{p}\right)$$

wird. Die entsprechende Integralgleichung ist

$$\frac{\Phi(\sqrt{p})}{p} = \int_0^\infty h(t)\, e^{-pt}\, dt. \tag{37}$$

Zunächst setzen wir voraus, daß $\Phi\,(\sqrt{p})$ entwickelt werden kann:

$$\Phi(\sqrt{p}) = a + a_1 \sqrt{p} + a_2\, p + a_3\, p \sqrt{p} + a_4\, p^2 + \cdots,$$

ohne jedoch die Konvergenz dieser Reihe zu fordern. Weiter führen wir Hilfsfunktionen $g, g_1, g_2, \ldots$ nach folgendem Schema ein:

$$\begin{aligned}
g(t) &= h(t) - a_0,\\
g_1(t) &= g(t) - \frac{a_1}{\sqrt{\pi t}},\\
g_2(t) &= t \cdot g_1(t) + \frac{1 \cdot a_3}{2\sqrt{\pi t}},\\
g_3(t) &= t \cdot g_2(t) - \frac{1 \cdot 3\, a_5}{2^2 \sqrt{\pi t}},\\
g_4(t) &= t \cdot g_3(t) + \frac{1 \cdot 3 \cdot 5}{2^3} \cdot \frac{a_7}{\sqrt{\pi t}}.\\
&\cdots\cdots\cdots\cdots
\end{aligned} \tag{38}$$

Setzen wir diese Funktionen der Reihe nach in die Integralgleichung (37) ein und differentiieren dann fortgesetzt nach p, so ergibt sich:

$$\begin{aligned}
&\lim_{p\to 0}\int_0^\infty g(t)\,e^{-pt}dt = \frac{a_1}{\sqrt{p}},\\
&\lim_{p\to 0}\int_0^\infty t\,g_1(t)\,e^{-pt}dt = -\frac{a_3}{2\sqrt{p}},\\
&\lim_{p\to 0}\int_0^\infty t\,g_2(t)\,e^{-pt}dt = \frac{1\cdot 3}{2^2}\frac{a_5}{\sqrt{p}},\\
&\lim_{p\to 0}\int_0^\infty t\,g_3(t)\,e^{-pt}dt = -\frac{1\cdot 3\cdot 5}{2^3}\frac{a_7}{\sqrt{p}}.\\
&\cdots\cdots\cdots\cdots\cdots\cdots
\end{aligned} \tag{39}$$

Erfüllt nun $h(t)$ die oben für $f(t)$ angeschriebenen Voraussetzungen, so folgt:

$$\begin{aligned}
&\lim_{p\to\infty} g(t) = \frac{a_1}{\sqrt{\pi t}},\\
&\lim_{p\to\infty} g_1(t) = -\frac{a_3}{2t\sqrt{\pi t}},\\
&\lim_{p\to\infty} g_2(t) = \frac{1\cdot 3}{2^2 t}\frac{a_5}{\sqrt{\pi t}},\\
&\lim_{p\to\infty} g_3(t) = -\frac{1\cdot 3\cdot 5}{2^3 t}\frac{a_7}{\sqrt{\pi t}}.
\end{aligned} \tag{40}$$

Hiermit ergibt sich durch sukzessives Einsetzen

$$h(t) = a_0 + \frac{1}{\sqrt{\pi t}}\left[a_1 - a_3\frac{1}{2t} + a_5\frac{1\cdot 3}{(2t)^2} - a_7\frac{1\cdot 3\cdot 5}{(2t)^3} + \cdots\right]. \tag{41}$$

Dieselbe Reihe erhält man auch aus dem Heavisideschen Entwicklungssatz für $k = 0$.

Der Nachteil dieser Ableitung liegt darin, daß sie die Kenntnis oder Annahme der einschränkenden Voraussetzungen für $h(t)$ fordert. Eine kritiklose Anwendung dieses Satzes kann zu falschen Ergebnissen führen. Ist jedoch aus irgendwelchen Gründen die Existenz einer Lösung bekannt, die nach gebrochenen Potenzen von t fortschreitet, schreitet, so führt dieser Heavisidesche Entwicklungssatz unmittelbar zur verlangten Lösung.

37. Beispiele für die asymptotische Entwicklung von $h = \Phi(p^k\sqrt{p})$. Wir beginnen mit der Berechnung der Spannungsverteilung längs eines induktionsfreien Kabels (Widerstand R, Kapazität C pro Längeneinheit), an dessen Klemmen ($x = 0$) der Einheitsstoß der Spannung gelegt wird.

Wir hatten früher die Spannung an der Stelle x des Kabels ermittelt zu

$$U = e^{-\sqrt{\alpha p}}, \tag{42}$$

wobei $\alpha = x^2 RC$ ist. Entwickeln wir nach p, so wird

$$U = 1 - \frac{\sqrt{\alpha p}}{1!} + \frac{\alpha p}{2!} - \frac{\alpha p \sqrt{\alpha p}}{3!} + \frac{(\alpha p)^2}{4!} - \cdots$$

oder neu geordnet

$$\begin{aligned} U = 1 &- \left(1 + \frac{\alpha p}{3!} + \frac{(\alpha p)^2}{5!} + \cdots\right) \sqrt{\alpha p} \\ &+ \left(\frac{\alpha p}{2!} + \frac{(\alpha p)^2}{4!} + \frac{(\alpha p)^3}{6!} + \cdots\right). \end{aligned} \tag{43}$$

Heaviside streicht die Reihe mit den ganzzahligen Exponenten und ersetzt in bekannter Weise $\sqrt{p}$ durch $\frac{1}{\sqrt{\pi t}}$ und p^n durch $\frac{d^n}{dt^n}$ in der ersten Reihe. Man erhält:

$$\begin{aligned} U &= 1 - \left(1 + \frac{\alpha}{3!}\frac{d}{dt} + \frac{\alpha^2}{5!}\frac{d^2}{dt^2} + \cdots\right)\sqrt{\frac{\alpha}{\pi t}} \\ &= 1 - \sqrt{\frac{\alpha}{\pi t}}\left[1 - \frac{1}{3!}\left(\frac{\alpha}{2t}\right) + \frac{1 \cdot 3}{5!}\left(\frac{\alpha}{2t}\right)^2 - \frac{1 \cdot 3 \cdot 5}{7!}\left(\frac{\alpha}{2t}\right)^3 + \cdots\right] \\ &= 1 - \sqrt{\frac{\alpha}{\pi t}}\left[1 - \frac{1}{3}\left(\frac{\alpha}{4t}\right) + \frac{1}{5 \cdot 2!}\left(\frac{\alpha}{4t}\right)^2 - \frac{1}{7 \cdot 3!}\left(\frac{\alpha}{4t}\right)^3 + \cdots\right]. \end{aligned} \tag{44}$$

Diese Reihe konvergiert absolut. Wir haben es also hier mit einer Entwicklung zu tun, die nicht auf eine divergente asymptotische Reihe führt.

Es soll nunmehr das Ergebnis auch mit Hilfe der Integralgleichung

$$\frac{e^{-\sqrt{\alpha p}}}{p} = \int_0^\infty U(t)\, e^{-pt}\, dt \tag{45}$$

abgeleitet werden. Der Satz über die Multiplikation der Stammfunktion mit dem Operator p liefert

$$U(t) = \int_0^t \Phi(t)\, dt, \tag{46}$$

wobei $\Phi(t)$ durch die Integralgleichung bestimmt ist:

$$e^{-\sqrt{\alpha p}} = \int_0^\infty \Phi(t)\, e^{-pt}\, dt. \tag{47}$$

Nun ist mit Formel (f) der Integraltafel:

$$e^{-\sqrt{\alpha p}} = \frac{1}{2}\sqrt{\frac{\alpha}{\pi}} \int_0^\infty \frac{e^{-\frac{\alpha}{4t}}}{t\sqrt{t}}\, e^{-pt}\, dt.$$

Es folgt:

$$\Phi(t) = \frac{1}{2}\sqrt{\frac{\alpha}{\pi}}\,\frac{e^{-\frac{\alpha}{4t}}}{t\sqrt{t}} \tag{48}$$

und

$$U(t) = \frac{1}{\sqrt{\pi}}\int_0^{t'} \frac{e^{-\frac{1}{\tau}}}{\tau\sqrt{\tau}}\,d\tau \quad \text{mit} \quad t' = \frac{4t}{\alpha}. \tag{49}$$

Um diesen Ausdruck in (44) überzuführen, schreiben wir:

$$U(t) = \frac{1}{\sqrt{\pi}}\int_0^{\infty} \frac{e^{-\frac{1}{\tau}}}{\tau\sqrt{\tau}}\,d\tau - \frac{1}{\sqrt{\pi}}\int_{t'}^{\infty} \frac{e^{-\frac{1}{\tau}}}{\tau\sqrt{\tau}}\,d\tau. \tag{50}$$

Das erste Integral hat den Wert $\sqrt{\pi}$, so daß man erhält

$$U(t) = 1 - \frac{1}{\sqrt{\pi}}\int_{t'}^{\infty} \frac{e^{-\frac{1}{\tau}}}{\tau\sqrt{\tau}}\,dt. \tag{51}$$

Entwickelt man $e^{-\frac{1}{\tau}}$ und integriert gliedweise, so ergibt sich die Reihendarstellung (44). Trotz ihrer absoluten Konvergenz ist jedoch diese Reihe für kleine Werte von t nur mühsam auszuwerten. Wir gewinnen eine hierfür geeignetere Form, wenn wir (49) schreiben

$$U = \frac{1}{\sqrt{\pi}}\int_0^{t'} \sqrt{\tau}\, d\left(e^{-\frac{1}{\tau}}\right) = \sqrt{\frac{t'}{\pi}}\, e^{-\frac{1}{t'}} - \frac{1}{2\sqrt{\pi}}\int_0^{t'} \frac{e^{-\frac{1}{\tau}}}{\sqrt{\tau}}\,d\tau. \tag{52}$$

Mit Hilfe von partiellen Integrationen ergibt sich schließlich

$$U = \sqrt{\frac{t'}{\pi}}\, e^{-\frac{1}{t'}}\left[1 - \left(\frac{t'}{2}\right) + 1\cdot 3\left(\frac{t'}{2}\right)^2 - \cdots\right]. \tag{53}$$

Diese divergente Entwicklung kann nicht unmittelbar aus der Operatorengleichung abgeleitet werden.

Als zweites Beispiel wollen wir die Endspannung für ein unendlich langes induktionsfreies Kabel berechnen (Widerstand R und Kapazität C je Längeneinheit), wenn an dessen Ende ein Widerstand R_0 zugeschaltet ist. Auf dieses Kabel wirke ein Einheitsstoß der Spannung. Für die Stromaufnahme eines Kabels mit der Klemmenspannung U hatten wir früher gefunden: $U\sqrt{\frac{Cp}{R}}$. Andererseits muß dieser Strom aber auch gleich $\frac{1-U}{R_0}$ sein. Wir erhalten also

$$\frac{1-U}{R_0} = U\sqrt{\frac{Cp}{R}}, \tag{54}$$

oder mit $\frac{1}{\sqrt{\lambda}} = R_0 \sqrt{\frac{C}{R}}$:

$$U = \frac{1}{1 + \sqrt{\frac{p}{\lambda}}}. \tag{55}$$

Um aus dieser Operatorengleichung die Lösung abzuleiten, entwickeln wir binomisch und erhalten:

$$\begin{aligned} U &= 1 - \sqrt{\frac{p}{\lambda}} + \left(\frac{p}{\lambda}\right) - \left(\frac{p}{\lambda}\right)^{\frac{3}{2}} + \cdots \\ &= 1 - \left[1 + \frac{p}{\lambda} + \left(\frac{p}{\lambda}\right)^2 + \cdots\right]\sqrt{\frac{p}{\lambda}} + \left[\frac{p}{\lambda} + \left(\frac{p}{\lambda}\right)^2 + \left(\frac{p}{\lambda}\right)^3 + \cdots\right]. \end{aligned} \tag{56}$$

Streichen wir wieder die zweite Reihe und gehen in bekannter Weise von $\sqrt{p}$ und p^n zur expliziten Form in t über, so wird die asymptotische Lösung der gestellten Aufgabe

$$\begin{aligned} U &= 1 - \left[1 + \frac{1}{\lambda}\frac{d}{dt} + \frac{1}{\lambda^2}\frac{d^2}{dt^2} + \cdots\right]\frac{1}{\sqrt{\pi\lambda t}} \\ &= 1 - \frac{1}{\sqrt{\pi\lambda t}}\left[1 - \frac{1}{2\lambda t} + \frac{1\cdot 3}{(2\lambda t)^2} - \cdots\right]. \end{aligned} \tag{57}$$

Um diese Lösung zu verifizieren, gehen wir von der etwas allgemeineren Operatorengleichung aus:

$$h = \frac{1}{p^n\sqrt{p} + 1} \qquad (n \text{ ganzzahlig}). \tag{58}$$

Auf diese Gleichung führt eine große Zahl wichtiger Aufgaben. Auch (55) ist ein Spezialfall von (58), da λ mit Hilfe des Ähnlichkeitssatzes **26** eliminiert werden kann.

Multipliziert man Zähler und Nenner mit $p^n\sqrt{p} - 1$, so wird:

$$h = \frac{p^n\sqrt{p} - 1}{p^{2n+1} - 1} = \frac{p^n\sqrt{p}}{p^{2n+1} - 1} - \frac{1}{p^{2n+1} - 1}, \tag{59}$$

oder mit einer Partialbruchzerlegung:

$$h = \frac{\sqrt{p}}{2n+1}\sum_{m=0}^{2n}\frac{p_m^{n+1}}{p - p_m} - \frac{1}{2n+1}\sum_{m=0}^{2n}\frac{p_m}{p - p_m}, \tag{60}$$

wobei nach der Kreisteilungsgleichung

$$p_m = e^{i\frac{2m\pi}{2n+1}} \quad (m = 0, 1, 2, 3, \ldots, 2n).$$

Wir zerlegen auch h in eine Summe von Teilfunktionen

$$h(t) = \sum_{m=0}^{2n} h_m(t)$$

und betrachten die Operatorengleichung

$$h_m = \frac{1}{2n+1}\left(\frac{p_m^{n+1}\sqrt{p}}{p - p_m} - \frac{p_m}{p - p_m}\right). \tag{61}$$

Auf Grund der Sätze der vorhergehenden Kapitel lautet die Lösung

$$h_m(t) = \frac{1}{2n+1}\left(\frac{p_m^{n+1}}{\sqrt{\pi}}\int_0^t \frac{e^{p_m(t-\tau)}}{\sqrt{\tau}}\,d\tau + 1 - e^{p_m t}\right). \tag{62}$$

Wir haben nun folgende zwei Fälle zu unterscheiden:

a) der Realteil von p_m ist positiv: Wir können dann schreiben

$$h_m(t) = \frac{1}{2n+1}\left(1 + e^{p_m t}\left\{\frac{p_m^{n+1}}{\sqrt{\pi}}\int_0^t \frac{e^{-p_m\tau}}{\sqrt{\tau}}\,d\tau - 1\right\}\right) \tag{63}$$

$$\begin{aligned} &= \frac{1}{2n+1}\left(1 + e^{p_m t}\left\{\frac{p_m^{n+1}}{\sqrt{\pi}}\int_0^\infty \frac{e^{-p_m\tau}}{\sqrt{\tau}}\,d\tau - 1\right\} - \frac{e^{p_m t}p_m^{n+1}}{\sqrt{\pi}}\int_t^\infty \frac{e^{-p_m\tau}}{\sqrt{\tau}}\,d\tau\right), \\ &= \frac{1}{2n+1}\left(1 - \frac{p_m^{n+1}e^{p_m t}}{\sqrt{\pi}}\int_t^\infty \frac{e^{-p_m\tau}}{\sqrt{\tau}}\,d\tau\right). \end{aligned} \tag{64}$$

Die Auswertung des Integrals mit Hilfe fortgesetzter partieller Integration führt auf dieselbe asymptotische Reihe, welche wir aus (61) direkt mit dem Heavisideschen Entwicklungssatz gefunden hatten.

b) Der Realteil von p_m ist negativ: Wir schreiben (62):

$$h_m(t) = \frac{1}{2n+1}\left(1 - e^{p_m t} + \frac{p_m^{n+1}}{\sqrt{\pi}}\int_0^t \frac{e^{p_m\tau}}{\sqrt{t-\tau}}\,d\tau\right). \tag{65}$$

Für große Werte von t geht $e^{p_m t}$ gegen Null, während das Integral in bekannter Weise asymptotisch entwickelt werden kann und somit zu demselben Ergebnis führt, das sich unmittelbar mit dem Heavisideschen Entwicklungssatz ergibt.

Da nun jede der Teilfunktionen $h_m(t)$ in dieser Weise asymptotisch entwickelt werden kann, so gilt dies auch für ihre Summe $h(t)$, und damit ist aus der Integralgleichung dasselbe Resultat abgeleitet, welches wir vorher mit dem Entwicklungssatz gefunden hatten.

38. Der Einschwingvorgang bei Wechselströmen. Diese für die technischen Anwendungen wichtige Aufgabe kann ebenfalls mit Hilfe von divergenten asymptotischen Reihenentwicklungen gelöst werden. Wir greifen dabei auf den Satz für die Operatorengleichung eines beliebigen Spannungsstoßes (Ziffer 28) zurück. Das Verhalten eines Netzes mit der Stammfunktion $H(p)$, an welches zur Zeit $t = 0$ eine Spannung $E(t)$ gelegt wird, ist danach durch die Operatorengleichung bestimmt

$$x = \frac{U(p)}{H(p)}, \tag{66}$$

wenn $E = U(p)$ die Operatorengleichung der angelegten elektromotorischen Kraft ist. Es gilt dann die Integralgleichung

$$\frac{U(p)}{p} = \int_0^\infty E(t)\, e^{-pt}\, dt\,, \tag{67}$$

Ist die Spannung sinusförmig, d. h. $E(t) = \sin\omega t$, so erhält man mit Formel (h) der Integraltafel

$$U(p) = \frac{\omega p}{p^2 + \omega^2} \tag{68}$$

und wenn man für diesen Fall x mit x_s bezeichnet,

$$x_s = \frac{\omega p}{p^2 + \omega^2} \cdot \frac{1}{H(p)}\,. \tag{69}$$

Ist andererseits $E(t) = \cos\omega t$, so wird mit Formel (i) der Tafel

$$U(p) = \frac{p^2}{p^2 + \omega^2}$$

und

$$x = x_c = \frac{p^2}{p^2 + \omega^2} \cdot \frac{1}{H(p)}\,. \tag{70}$$

Wir wenden nunmehr den Entwicklungssatz an:

$$\begin{aligned} x_s &= \frac{p}{\omega}\left(1 + \frac{p^2}{\omega^2}\right)^{-1} \cdot \frac{1}{H(p)} \\ &= \left[\frac{p}{\omega} - \left(\frac{p}{\omega}\right)^3 + \left(\frac{p}{\omega}\right)^5 - \left(\frac{p}{\omega}\right)^7 + \cdots\right] \frac{1}{H(p)} \end{aligned} \tag{71}$$

und

$$\begin{aligned} x_c &= \left(\frac{p}{\omega}\right)^2 \left(1 + \frac{p^2}{\omega^2}\right)^{-1} \frac{1}{H(p)} \\ &= \left[\left(\frac{p}{\omega}\right)^2 - \left(\frac{p}{\omega}\right)^4 + \left(\frac{p}{\omega}\right)^6 - \left(\frac{p}{\omega}\right)^8 + \cdots\right] \frac{1}{H(p)}\,. \end{aligned} \tag{72}$$

Wir identifizieren jetzt $\frac{1}{H(p)}$ mit $h(t)$ und ersetzen p^n durch $\frac{d^n}{dt^n}$. Man erhält

$$x_s = \left[\frac{1}{\omega}\frac{d}{dt} - \frac{1}{\omega^3}\frac{d^3}{dt^3} + \frac{1}{\omega^5}\frac{d^5}{dt^5} - \cdots\right] h(t) \tag{73}$$

und

$$x_c = \left[\frac{1}{\omega^2}\frac{d^2}{dt^2} - \frac{1}{\omega^4}\frac{d^4}{dt^4} + \frac{1}{\omega^6}\frac{d^6}{dt^6} - \cdots\right] h(t)\,. \tag{74}$$

Wir haben nunmehr diese beiden Gleichungen zu deuten. Auf Grund der Ableitung hätten wir in ihnen die asymptotischen Entwicklungen der Operatorengleichungen (69) und (70) zu sehen. Das ist jedoch nicht richtig. Trotzdem kommt beiden Gleichungen eine bestimmte physikalische Bedeutung zu, wie sich unmittelbar aus den expliziten Gleichungen der Aufgabe ergibt.

Diese expliziten Gleichungen hatten wir in III (4) gefunden:

$$x_s = \frac{d}{dt}\int_0^t \sin\omega\tau \cdot h(t-\tau)\,d\tau = \int_0^t \sin\omega(t-\tau)\,h'(\tau)\,d\tau + h(0)\sin\omega t\,, \tag{75}$$

wobei $h'(t) = \frac{dh(t)}{dt}$ ist. Mit Hilfe einer bekannten trigonometrischen Beziehung können wir schreiben:

$$x_s = \sin\omega t\int_0^t \cos\omega t\, h'(t)\,dt - \cos\omega t\int_0^t \sin\omega t\cdot h'(t)\,dt + h(0)\sin\omega t\,. \tag{76}$$

Weiter ist

$$\int_0^t dt = \int_0^\infty dt - \int_t^\infty dt\,,$$

so daß wir erhalten

$$\begin{aligned} x_s = \sin\omega t\int_0^\infty \cos\omega t\cdot h'(t)\,dt - \cos\omega t\int_0^\infty \sin\omega t\cdot h'(t)\,dt + h(0)\sin\omega t \\ - \int_0^\infty \sin\omega(t-\tau)\,h'(\tau)\,d\tau\,. \end{aligned} \tag{77}$$

Die ersten drei Glieder stellen den eingeschwungenen Zustand im Falle einer sinusförmigen elektromotorischen Kraft dar, während das letzte Glied den beim Anlegen der Spannung auftretenden Ausgleichsvorgang wiedergibt. Wir bezeichnen es mit T_s, so daß

$$T_s = -\int_0^\infty \sin\omega\,(t-\tau)\,h'(\tau)\,d\tau \tag{78}$$

ist. Wir können auch schreiben

$$T_s = -\frac{1}{\omega}\int_t^\infty h'(\tau)\; d\big(\cos\omega(\tau-t)\big)$$

und integrieren partiell:

$$T_s = \frac{1}{\omega}\frac{d}{dt}h(t) + \frac{1}{\omega}\int_t^\infty \cos\omega(\tau-t)\,\frac{d^2}{d\tau^2}h(\tau)\,d\tau\,.$$

Setzen wir diese partielle Integration weiter fort, so erhalten wir schließlich:

$$\begin{aligned} T_s = \left(\frac{1}{\omega}\frac{d}{dt} - \frac{1}{\omega^3}\frac{d^3}{dt^3} + \frac{1}{\omega^5}\frac{d^5}{dt^5} - \cdots + \frac{(-1)^{n-1}}{\omega^{2n-1}}\frac{d^{2n-1}}{dt^{2n-1}}\right)h(t) \\ + \frac{(-1)^n}{\omega^{2n}}\int_t^\infty \sin\omega\,(\tau-t)\,\frac{d^{2n+1}}{dt^{2n+1}}\,h(\tau)\,d\tau\,. \end{aligned} \tag{79}$$

Diese Entwicklung stimmt mit Ausnahme des letzten Gliedes mit (73) überein. Ihre Konvergenz hängt von der Frequenz $\frac{\omega}{2\pi}$ und dem Charakter der Funktion $h(t)$ ab. Auch im Fall der Divergenz kann sie als asymptotische Reihe zur numerischen Auswertung benutzt werden.

Das Ergebnis können wir in folgendem Satz aussprechen: Wird an ein Netz mit dem Übergangsleitwert $h(t)$ zur Zeit $t=0$ eine sinusförmige Spannung gelegt, so kann der als Differenz zwischen dem Momentanwert und dem eingeschwungenen Zustand definierte freie Ausgleichsvorgang T_s durch folgende Reihe berechnet werden:

$$\left(\frac{1}{\omega}\frac{d}{dt}-\frac{1}{\omega^3}\frac{d^3}{dt^3}+\frac{1}{\omega^5}\frac{d^5}{dt^5}-\cdots+\frac{(-1)^{n-1}}{\omega^{2n-1}}\frac{d^{2n-1}}{dt^{2n-1}}\right)h(t) \tag{80}$$

mit dem Restglied:

$$\frac{(-1)^n}{\omega^{2n}}\int\limits_t^\infty \sin\omega(\tau-t)\,\frac{d^{2n+1}}{dt^{2n+1}}h(\tau)\,d\tau\,. \tag{81}$$

Analog ergibt sich für den Fall einer cosinusförmigen Spannung

$$T_c=\left(\frac{1}{\omega^2}\frac{d^2}{dt^2}-\frac{1}{\omega^4}\frac{d^4}{dt^4}+\frac{1}{\omega^6}\frac{d^6}{dt^6}-\cdots-\frac{(-1)^n}{\omega^{2n}}\frac{d^{2n}}{dt^{2n}}\right)h(t) \tag{82}$$

mit dem Restglied

$$\frac{(-1)^n}{\omega^{2n}}\int\limits_t^\infty \cos\omega(\tau-t)\,\frac{d^{2n+1}}{dt^{2n+1}}h(\tau)\,d\tau\,. \tag{83}$$

39. Der Heavisidesche asymptotische Entwicklungssatz für einige andere Operatorengleichungen. Betrachtet man den Aufbau der asymptotischen Entwicklungen, die wir bisher mit Hilfe der Heavisideschen Regeln aus den Operatorengleichungen gefunden hatten, so sind sie alle von folgender Form:

$$a_0+\frac{1}{\sqrt{\pi t}}\left(b_0+\frac{b_1}{t}+\frac{b_2}{t^2}+\frac{b_3}{t^5}+\cdots\right).$$

Es treten also stets gebrochene Exponenten der Zeit auf. Abgesehen von dieser Beschränkung hatten wir einige Male bemerkt, daß die Heavisidesche Entwicklung zu falschen Resultaten führte. Wir wollen daher in diesem Abschnitt eine Abänderung und Erweiterung des Heavisideschen Satzes behandeln, bei der diese Einschränkungen manchmal mit Erfolg vermieden werden. Wir beginnen mit der Operatorengleichung:

$$h=\frac{F(p)}{G(p)} \tag{84}$$

und setzen voraus, daß $F(p)$ sich formal entwickeln läßt:

$$F(p)=b_0+b_1p+b_2p^2+b_3p^3+\cdots, \tag{85}$$

so daß

$$h=(b_0+b_1p+b_2p^2+b_3p^3+\cdots)\frac{1}{G(p)}\cdot \tag{86}$$

Offenbar stellt Gleichung (84) eine Verallgemeinerung der Gleichung $h = F(p)\sqrt{p}$ dar, denn sie geht in diese über, wenn $\frac{1}{G(p)}$ gleich $\sqrt{p}$ gesetzt wird.

Es möge nun eine Funktion $g = g(t)$ durch die Operatorengleichung

$$g = \frac{1}{G(p)} \tag{87}$$

und eine Hilfsfunktion $k = k(p)$ durch die Operatorengleichung

$$k = pF(p)$$

definiert sein. Dann folgt mit dem Borelschen Satze

$$h(t) = \int_0^t k(\tau)\, g(t-\tau)\, d\tau\,. \tag{88}$$

Setzen wir nun auf Grund eines Analogieschlusses zur Heavisideschen Regel für $\frac{1}{G(p)}$ die Funktion $g(t)$ und ersetzen wir p^n durch $\frac{d^n}{dt^n}$, so wird die rechte Seite von (86):

$$\left(b_0 + b_1 \frac{d}{dt} + b_2 \frac{d^2}{dt^2} + \cdots\right) g(t)\,. \tag{89}$$

Entwickeln wir weiter $g(t-\tau)$ nach Potenzen von τ, so erhalten wir aus (88)

$$\begin{aligned} h(t) = g(t)\int_0^t k(\tau)\, d\tau - g'(t)\int_0^t \frac{\tau}{1!} k(\tau)\, d\tau + \cdots \\ + (-1)^n g^{(n)}(t) \int_0^t \frac{\tau^n}{n!} k(\tau)\, d\tau + \int_0^t k(\tau)\, R_n(t-\tau)\, d\tau\,, \end{aligned} \tag{90}$$

wobei $R_n(t-\tau)$ der Rest der Entwicklung von $g(t-\tau)$ ist.

Wir setzen nun die Konvergenz von $k(t)$ derart voraus, daß das Integral

$$\int_0^\infty \frac{\tau^n}{n!} k(\tau)\, d\tau \quad (n = 1, 2, 3, \ldots) \tag{91}$$

existiert. Es folgt dann aus der Integralgleichung:

$$\int_0^\infty k(t)\, e^{-pt}\, dt = F(p) \tag{92}$$

und aus der Reihenentwicklung (85)

$$\int_0^\infty \frac{\tau^n}{n!} k(\tau)\, d\tau = (-1)^n b_n\,. \tag{93}$$

Zerlegen wir nun:

$$\int_0^t = \int_0^\infty - \int_t^\infty,$$

so wird mit (93) aus (90)

$$h(t) = \left(b_0 + b_1 \frac{d}{dt} + b_2 \frac{d^2}{dt^2} + b_3 \frac{d^3}{dt^3} + \cdots\right) g(t)$$

$$+ \int_0^\infty k(\tau)\, R_n(t-\tau)\, d\tau \tag{94}$$

$$- \int_t^\infty k(\tau) \left\{1 - \frac{\tau}{1!} \frac{d}{dt} + \cdots + (-1)^n \frac{\tau^n}{n!} \frac{d^n}{dt^n}\right\} g(t)\, d\tau \,.$$

Die erste Reihe der rechten Seite dieser Gleichung stimmt mit (89) überein. Die Frage, inwieweit die Reihe (89) die asymptotische Entwicklung von $h(t)$ darstellt, kann jedoch nicht allgemein beantwortet werden, sondern erfordert für jede spezielle Aufgabe eine besondere Untersuchung der Restintegrale von (94). Wir haben in (94) eine Verallgemeinerung des Entwicklungssatzes für die Operatorengleichung $h = F(p)\sqrt{p}$ abgeleitet, denn (94) geht in diesen Satz über, wenn man $g(t) = \frac{1}{\sqrt{\pi t}}$ setzt. Die Ableitung dieser Erweiterung zeigt aber auch, welche Vorsicht bei der Deutung eines Operators angewandt werden muß. —

Eine zweite Erweiterung der Heavisideschen Entwicklungssätze gewinnen wir auf folgendem Wege. Ist die Funktion $x(t)$ definiert durch das Integral

$$x(t) = \frac{d}{dt} \int_0^t e^{\lambda(t-\tau)}\, h(\tau)\, d\tau\,, \tag{95}$$

so kann man für positive Werte des Realteiles von λ schreiben

$$x(t) = \frac{e^{\lambda t}}{H(\lambda)} + y(t)\,. \tag{96}$$

Es können nun für einige wichtige Fälle asymptotische Entwicklungen von $y(t)$ angegeben werden, während die der Integralgleichung (95) entsprechende Operatorengleichung

$$x = \frac{p}{p-\lambda} \cdot \frac{1}{H(p)} \tag{96a}$$

sich bekanntlich nicht asymptotisch entwickeln läßt. Wir wollen daher für $y(t)$ eine entwickelbare Operatorengleichung ableiten. Die Gleichungen (96) und (96a) sind miteinander durch die Integralgleichung verknüpft:

$$\int_0^\infty e^{-pt} \left[y(t) + \frac{e^{\lambda t}}{H(\lambda)}\right] dt = \frac{1}{p-\lambda} \cdot \frac{1}{H(p)}\,. \tag{97}$$

Führen wir die Integration des zweiten Ausdruckes unter dem Integralzeichen aus, so wird:

$$\int_0^\infty e^{-pt}\, y(t)\, dt = \frac{1}{p-\lambda}\left[\frac{1}{H(p)} - \frac{1}{H(\lambda)}\right] \tag{98}$$

und wir erhalten die Operatorengleichung

$$y = \frac{p}{p-\lambda}\left[\frac{1}{H(p)} - \frac{1}{H(\lambda)}\right]. \tag{99}$$

Setzen wir als Beispiel $\lambda = i\omega$ und $h(t) = \frac{1}{\sqrt{\pi t}}$, so folgt die auf Seite 60 bereits untersuchte Gleichung (26), für die wir damals keine richtige Entwicklung angeben konnten. Es ist in diesem Fall

$$\frac{1}{H(p)} = \sqrt{p} \quad \text{und} \quad \frac{1}{H(\lambda)} = \sqrt{i\omega}. \tag{100}$$

Die Operatorengleichung lautet:

$$\begin{aligned} y &= \frac{p}{p-i\omega}\left[\sqrt{p} - \sqrt{i\omega}\right] \\ &= \frac{p}{\sqrt{p}+\sqrt{i\omega}} = \frac{p}{\sqrt{i\omega}}\left(1 + \sqrt{\frac{i\omega}{\omega}}\right)^{-1} \end{aligned} \tag{101}$$

oder nach Potenzen von $\sqrt{p}$ entwickelt:

$$y = \frac{1}{\sqrt{i\omega}}\left[p - \frac{p\sqrt{p}}{\sqrt{i\omega}} + \frac{p^2}{(i\omega)} - \frac{p^2\sqrt{p}}{(i\omega)\sqrt{i\omega}} + \cdots\right]. \tag{102}$$

Streicht man in Übereinstimmung mit dem allgemeinen Entwicklungssatz die ganzen Potenzen von p und ersetzt man $\sqrt{p}$ durch $\frac{1}{\sqrt{\pi t}}$ und p^n durch $\frac{d^n}{dt^n}$, so ergibt sich jetzt folgende einwandfreie Entwicklung:

$$y = i\left(\frac{1}{\omega}\frac{d}{dt} - \frac{1}{\omega^3}\frac{d^3}{dt^3} + \cdots\right)\frac{1}{\sqrt{\pi t}} + \left(\frac{1}{\omega^2}\frac{d^2}{dt^2} - \frac{1}{\omega^4}\frac{d^4}{dt^4} + \cdots\right)\frac{1}{\sqrt{\pi t}}. \tag{103}$$

Verallgemeinert man $\frac{1}{\sqrt{\pi t}}$ in $h(t)$, so erhält man die in (80) und (82) abgeleiteten Ausdrücke der freien Ausgleichsvorgänge im Fall einer angelegten Sinusspannung. —

Bei einigen weiteren wichtigen Aufgaben besitzt die Funktion h folgende asymptotische Entwicklung

$$h = \frac{e^{\lambda t}}{\sqrt{\pi t}}\left(a_0 + \frac{a_1}{t} + \frac{a_2}{t^2} + \cdots\right). \tag{104}$$

In diesem Fall versagt das Heavisidesche Verfahren wegen der auftretenden Exponentialfunktion. Ist jedoch der allgemeine Aufbau der asymptotischen Entwicklung aus der Operatorengleichung durch folgende Überlegung abzuleiten:

Wir schreiben

$$h(t) = e^{\lambda t} g(t)$$

und setzen dies in die Integralgleichung ein, so daß

$$\int_0^\infty e^{-pt} e^{\lambda t} g(t)\, dt = \frac{1}{pH(p)}. \tag{105}$$

Durch Anwendung des Verschiebungssatzes erhält man

$$\int_0^\infty e^{-pt} g(t)\, dt = \frac{1}{(p+\lambda)\, H(p+\lambda)} \tag{106}$$

oder als Operatorengleichung geschrieben:

$$g = \frac{p}{(p+\lambda)\, H(p+\lambda)}. \tag{107}$$

Existiert eine asymptotische Entwicklung, so muß $g(t)$ sich nach negativen gebrochenen Potenzen von t entwickeln lassen. Diese Entwicklung kann unmittelbar durch den Heavisideschen Satz aus der Operatorengleichung gewonnen werden.

Als Beispiel für die soeben aufgestellten Beziehungen wollen wir die asymptotische Entwicklung der Besselschen Funktion erster Ordnung mit reellem Argument $J_0(\lambda t)$ aus der Operatorengleichung und Formel (m) der Integraltafel ableiten. Es ist

$$\int_0^\infty e^{-pt} J_0(\lambda t)\, dt = \frac{1}{\sqrt{p^2+\lambda^2}}. \tag{108}$$

Bekanntlich kann $J_0(\lambda t)$ asymptotisch zerlegt werden in

$$u(t) \cos \lambda t + v(t) \sin \lambda t, \tag{109}$$

wobei $u(t)$ und $v(t)$ nach negativen gebrochenen Potenzen von t asymptotisch entwickelt werden können.

Wir schreiben (109)

$$\frac{1}{2} e^{i\lambda t}[u(t) - iv(t)] + \frac{1}{2} e^{-i\lambda t}[u(t) + iv(t)] \tag{110}$$

und setzen diesen Ausdruck in das Integral (108) ein:

$$\begin{aligned} &\frac{1}{2}\int_0^\infty e^{-pt}\, e^{i\lambda t}[u(t) - i\,v(t)]\, dt \\ &\qquad + \frac{1}{2}\int_0^\infty e^{-pt}\, e^{-i\lambda t}\, [u(t) + i\,v(t)]\, dt = \frac{1}{\sqrt{p^2+\lambda^2}} \end{aligned} \tag{111}$$

oder wenn man $p - i\lambda$ durch q und darauf q durch p ersetzt:

$$\begin{aligned}\frac{1}{2}\int_0^\infty & e^{-pt}\,[u(t) - i\,v(t)]\,dt \\ & + \frac{1}{2}\int_0^\infty e^{-pt}e^{-2i\lambda t}\,[u(t) + i\,v(t)]\,dt = \frac{1}{\sqrt{p^2 + 2i\lambda p}}.\end{aligned} \tag{112}$$

Die Funktion $e^{-2i\lambda t}[u(t) + iv(t)]$ oszilliert und besitzt keine asymptotische nach negativen gebrochenen Potenzen von t fortschreitende Entwicklung. Entwickelt man daher die rechte Seite von (112) nach gebrochenen Potenzen von p, so gewinnt man auf Grund der in diesem Kapitel angegebenen Methoden die asymptotische Entwicklung von

$$\frac{1}{2}\,[u(t) - i\,v(t)]. \tag{113}$$

Wir können also, allerdings nur im asymptotischen Sinne, die folgende Operatorengleichung aufstellen:

$$\begin{aligned} u - i\,v &= \frac{2p}{\sqrt{p^2 + 2i\lambda p}} \\ &= \frac{2}{\sqrt{2i\lambda}}\left[1 - i\,\frac{p}{2\lambda}\right]^{-\frac{1}{2}}\sqrt{p} \\ &= e^{-\frac{i\pi}{4}}\sqrt{\frac{2}{\lambda}}\left[1 - i\,\frac{p}{2\lambda}\right]^{-\frac{1}{2}}\sqrt{p}.\end{aligned} \tag{114}$$

Der Faktor $e^{-\frac{i\pi}{4}}$ legt es nahe, $u - iv$ durch $e^{-\frac{i\pi}{4}}(P - iQ)$ zu ersetzen. Dann ist

$$P - i\,Q = \sqrt{\frac{2}{\lambda}}\left[1 - i\,\frac{p}{2\lambda}\right]^{-\frac{1}{2}}\sqrt{p}. \tag{115}$$

Entwickelt man rechts binomisch und ersetzt p^n durch $\frac{d^n}{dt^n}$ und $\sqrt{p}$ durch $\frac{1}{\sqrt{\pi t}}$, so folgt

$$P - i\,Q = \sqrt{\frac{2}{\pi\lambda t}}\left[1 - i\,\frac{1}{8\lambda t} - \frac{1^2\cdot 3^2}{2!\,(8\lambda t)^2} + i\,\frac{1^2\cdot 3^2\cdot 5^2}{3!\,(8\lambda t)^3} + \frac{1^2\cdot 3^2\cdot 5^2\cdot 7^2}{4!\,(8\lambda t)^4} - \cdots\right]$$

oder

$$\begin{aligned} P &= \sqrt{\frac{2}{\pi\lambda t}}\left[1 - \frac{1^2\cdot 3^2}{2!\,(8\lambda t)^2} + \cdots\right], \\ Q &= \sqrt{\frac{2}{\pi\lambda t}}\left[\frac{1}{8\lambda t} - \frac{1^2\cdot 3^2\cdot 5^2}{3!\,(8\lambda t)^3} + \cdots\right],\end{aligned} \tag{116}$$

und endlich die asymptotische Entwicklung:

$$J_0(\lambda t) = P\cos\left(\lambda t - \frac{\pi}{4}\right) + Q\sin\left(\lambda t - \frac{\pi}{4}\right). \tag{117}$$

Fassen wir das Ergebnis des vorliegenden Kapitels zusammen, so muß man sagen, daß der derzeitige Stand dieser Theorie durchaus unbefriedigend ist. Besonders gilt dies für die Ansprüche des Physikers, der Rechenregeln fordert, die automatisch eine richtige asymptotische Entwicklung ergeben. Wir können jedoch bisher keine exakte Definition aufstellen, wann eine asymptotische Entwicklung zugleich die richtige Lösung der Operatorengleichung ist, sondern es ist von Fall zu Fall eine spezielle mathematische Analyse der Restfunktion erforderlich.

Insbesondere muß darauf hingewiesen werden, daß die Anwendung des Heavisideschen Entwicklungssatzes, vergleiche Ziffer **16** auf Operatorengleichungen, die im Nenner gebrochene Potenzen aufweisen, im allgemeinen durchaus unzulässig ist. Die Funktionentheorie lehrt die Ursachen für die fehlerhafte Deutung, indem sie zeigt, daß der Residuensatz auf verzweigten Riemannschen Flächen durch Hinzunahme der längs der Verzweigungsschnitte erstreckten Kurvenintegrale zu ergänzen ist. Diese Verzweigungsschnittintegrale läßt der Heavisidesche Entwicklungssatz unbeachtet.

Die hier gewonnenen Ergebnisse können daher nur als ein erster Versuch gewertet werden und erheben keinen Anspruch auf Vollständigkeit. Sie zeigen jedoch klar, daß, wenn überhaupt eine asymptotische Entwicklung existiert, sie leicht durch den Heavisideschen Entwicklungssatz direkt aus der Operatorengleichung gefunden werden kann, wobei sich auch die Integralgleichung von großem Nutzen zeigt. Für weitergehende Untersuchungen in dieser Richtung wird es sich allerdings als zweckmäßig erweisen, die weiterführenden Methoden der Funktionentheorie heranzuziehen.

VI. Strom- und Spannungswellen längs eines induktionsfreien Kabels.

40. Bedeutung der Ausgleichsvorgänge im induktionsfreien Kabel; Strom- und Spannungsverteilung für ein Kabel unbegrenzter Länge. Eine der wichtigsten Anwendungen findet die Operatorenrechnung bei der Untersuchung des Verlaufes von Strom- und Spannungswellen längs einer Freileitung oder eines Kabels. Besonders einfach und übersichtlich gestalten sich die mathematischen Entwicklungen für das induktionsfreie Kabel. Dieses Beispiel ist von großem historischem Interesse, weil die ersten Untersuchungen von Lord Kelvin, die sich mit der Möglichkeit eines transozeanischen Telegraphenverkehrs befassen, sich auf ein induktionsfreies Kabel bezogen. Aber auch heute noch ist diese Theorie von grundlegender Bedeutung für den telegraphischen Überseeverkehr.

Den besten Einblick in die bei der Übermittlung elektrischer Zeichen auftretenden Erscheinungen gewinnt man bei der Untersuchung einer unendlich langen Leitung, die durch eine an ihren Anfang angelegte

Spannung erregt wird. Wir befassen uns deshalb zunächst mit diesem Beispiel und werden später sehen, daß die Lösung für eine unendlich lange Leitung auch auf den Fall einer Leitung endlicher Länge erweitert werden kann, die am Ende belastet ist.

Wir betrachten ein Kabel, dessen Anfang bei $x = 0$ liegt und das sich längs der positiven x-Achse erstreckt; den Widerstand und die Kapazität pro Längeneinheit bezeichnen wir mit R bzw. C. Im Kapitel IV Gleichung (59) wurden bereits die Operatorengleichungen für den Strom und die Spannung eines unendlich langen Kabels abgeleitet; dort fanden wir

$$U = e^{-\sqrt{\alpha p}}\, U_0\,, \tag{1}$$

$$I = \frac{1}{R x}\sqrt{\alpha p}\, e^{-\sqrt{\alpha p}}\, U_0 = \sqrt{\frac{C p}{R}}\, e^{-\sqrt{\alpha p}}\, U_0\,. \tag{2}$$

Dabei ist $\alpha = x^2 R C$ und U_0 die Spannung für $x = 0$, d. h. am Kabelanfang. Nehmen wir nun für U_0 den Einheitsstoß der Spannung an, so wird

$$U = e^{-\sqrt{\alpha p}}\,, \tag{3}$$

$$I = \frac{1}{R x}\sqrt{\alpha p}\, e^{-\sqrt{\alpha p}}\,. \tag{4}$$

Die Lösung der Gleichung (3) wurde bereits im vorhergehenden Kapitel in Gleichung (49) angegeben:

$$U = \frac{1}{\sqrt{\pi}}\int_0^{\tau} \frac{e^{-\frac{1}{\tau}}}{\tau\sqrt{\tau}}\, d\tau\,, \tag{5}$$

wobei $\tau = \frac{4t}{\alpha} = \frac{4t}{x^2 R C}$; eine Reihenentwicklung dieser Lösung wurde ebenfalls bereits früher genannt. Dieser Lösung ist die Form gleichwertig

$$U = 1 - \frac{2}{\sqrt{\pi}}\int_0^{\frac{1}{\sqrt{\tau}}} e^{-\tau^2}\, d\tau\,. \tag{6}$$

Diese zweite Form ist von besonderer praktischer Bedeutung, da man für das in ihr auftretende Fehlerintegral Tafeln besitzt[1].

Den Ausdruck für den Strom leitet man am besten ab, indem man auf die Differentialgleichung IV (56) zurückgreift. Es ist

$$I = -\frac{1}{R}\frac{d}{dx}\, U\,.$$

Da nun

$$\frac{d}{dx} = \frac{d}{d\tau}\cdot\frac{d\tau}{dx}\,,$$

[1] Vergleiche Jahnke-Emde: Funktionentafeln S. 31.

so folgt mit (5)

$$\frac{dU}{dx} = \frac{1}{\sqrt{\pi}} \frac{e^{-\frac{1}{\tau}}}{\tau\sqrt{\tau}} \frac{d}{dx}\left(\frac{4t}{x^2RC}\right) = -\frac{2}{x\sqrt{\pi}} \frac{e^{-\frac{1}{\tau}}}{\sqrt{\tau}},$$

woraus

$$I = \frac{2e^{-\frac{1}{\tau}}}{xR\sqrt{\pi\tau}} = \sqrt{\frac{C}{\pi R t}}\, e^{-\frac{1}{\tau}}. \tag{7}$$

Wir wollen diesen Ausdruck für den Strom unmittelbar mit der Operatorengleichung (4) verifizieren. Mit Formel (*g*) der Integraltafel ergibt sich

$$h = e^{-2\sqrt{\lambda p}}\sqrt{p}\sqrt{\frac{C}{R}} = \frac{e^{-\frac{\lambda}{t}}}{\sqrt{\pi t}}\sqrt{\frac{C}{R}}.$$

Offensichtlich läßt sich dieser Ausdruck mit der Operatorengleichung in Einklang bringen, wenn man $\lambda = \frac{\alpha}{4}$ wählt. Die Lösung von (4) lautet also dann in Übereinstimmung mit (7)

$$I = \sqrt{\frac{C}{\pi R t}}\, e^{-\frac{\alpha}{4t}} = \sqrt{\frac{C}{\pi R t}}\, e^{-\frac{1}{\tau}}.$$

Für große Werte von t kann man die Exponentialfunktion entwickeln und erhält:

$$\frac{2}{Rx\sqrt{\pi\tau}}\left[1 - \left(\frac{1}{\tau}\right) + \frac{1}{2!}\left(\frac{1}{\tau}\right)^2 - \cdots\right].$$

Die Ausgleichserscheinungen im induktionsfreien Kabel werden also durch die Formeln bestimmt:

$$U = \frac{1}{\sqrt{\pi}}\int_0^{\tau} \frac{e^{-\frac{1}{\tau}}}{\tau\sqrt{\tau}}\, d\tau = 1 - \frac{2}{\sqrt{\pi}}\int_0^{\frac{1}{\sqrt{\tau}}} e^{-\tau^2}\, d\tau \tag{8}$$

und

$$I = \frac{2}{xR\sqrt{\pi}} \frac{e^{-\frac{1}{\tau}}}{\sqrt{\tau}} = \sqrt{\frac{C}{\pi R t}}\, e^{-\frac{1}{\tau}}, \tag{9}$$

wobei $\tau = \frac{4t}{\alpha} = \frac{4t}{x^2RC}$ ist.

41. Diskussion des Verlaufes von Strom und Spannung. Als wichtigstes Ergebnis entnehmen wir der Formel (8), daß die Spannung im Abstand x vom Anfang des Kabels aus gemessen nur eine Funktion von $\frac{4t}{x^2RC}$ ist. Dasselbe gilt für die Form der Stromwelle, deren Größe dagegen umgekehrt proportional dem Werte xR ist. Es ist daher möglich, durch eine einzige Kurve für alle Kabel die Strom-

und Spannungswelle als Funktion der „numerischen Zeit" $\frac{4t}{x^2RC}$ wiederzugeben. Beide Kurven sind in Abb. 5 und 6 dargestellt. Aus Abb. 5 erkennt man sofort, daß die Stromwelle für alle Werte $t > 0$ endlich ist, so daß sich also in einem idealen Kabel für die Fortpflanzungsgeschwindigkeit der Wert Unendlich ergeben würde. In Wirklichkeit kann natürlich die Lichtgeschwindigkeit nicht überschritten werden. Dieser Widerspruch kommt dadurch zustande, daß das Kabel als induktionsfrei angenommen wurde. Diese Vernachlässigung der Induktivität ergibt bei langen Kabeln nur geringe Abweichungen am Wellenkopf, vorausgesetzt, daß es sich um Gleichstrom oder niederfrequenten Wechselstrom handelt. Wir werden hierauf noch ausführlich bei der Untersuchung von Freileitungen zu sprechen kommen.

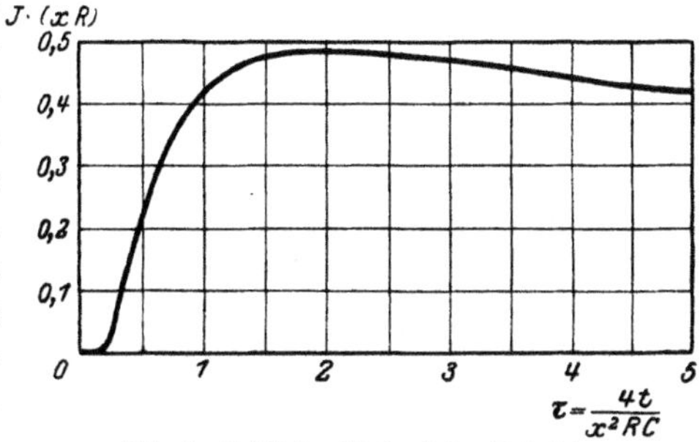

Abb. 5. Zeitlicher Verlauf des Kabelstromes.

Für kleine Werte von τ kann der Strom vernachlässigt werden. Von $\tau = 0{,}2$ ab beginnt er jedoch rasch anzusteigen und erreicht bei $\tau = 2$ seinen größten Wert

$$\frac{2}{xR\sqrt{\pi}} \frac{e^{-0{,}5}}{\sqrt{2}} = \frac{2}{xR\sqrt{\pi}} 0{,}429 .$$

Von diesem Zeitpunkt ab fällt er langsam, um schließlich nach

$$\frac{2}{xR\sqrt{\pi\tau}}\left\{1 - \frac{1}{\tau} + \frac{1}{2!}\left(\frac{1}{\tau}\right)^2 - \cdots\right\}$$

sehr langsam asymptotisch gegen Null zu gehen. Für $\tau = 100$ beträgt der Strom immer noch

$$\frac{2}{xR\sqrt{\pi}} \cdot 0{,}10 .$$

Auch die Spannung nach Abb. 6 ist bis $\tau = 0{,}25$ vernachlässigbar klein, um dann langsam anzuwachsen. Die Stelle des größten Anstieges liegt etwa bei $\tau = \frac{2}{3}$. Von da ab erfolgt der Aufbau wieder langsamer, um schließlich asymptotisch nach

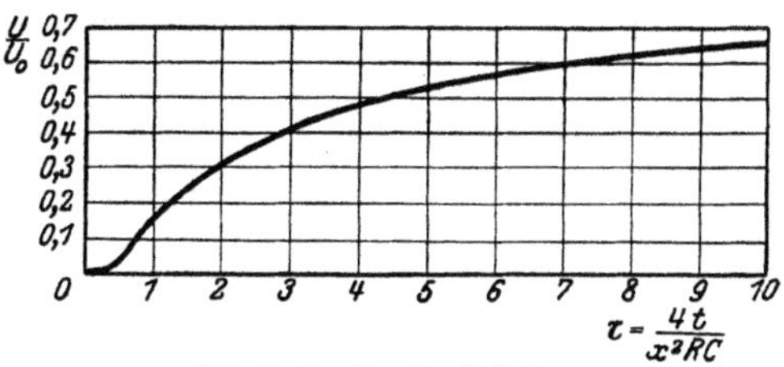

Abb. 6. Anstieg der Kabelspannung.

$$U = 1 - \frac{2}{\sqrt{\pi\tau}}\left(1 - \frac{1}{3\tau} + \frac{1}{2!\,5\,\tau^2} - \cdots\right)$$

gegen den Endwert zu streben. Dieser wird jedoch erst für sehr große τ praktisch erreicht. Für $\tau = 100$ ist U erst auf 0,8876 gestiegen, während der Endwert $U = 1$ ist.

Da die absolute Zeit $t = \frac{x^2 R C}{4} \tau$ ist, so ergibt sich, daß die Einschwingzeit der Spannung proportional mit dem Quadrat der Kabellänge stark anwächst.

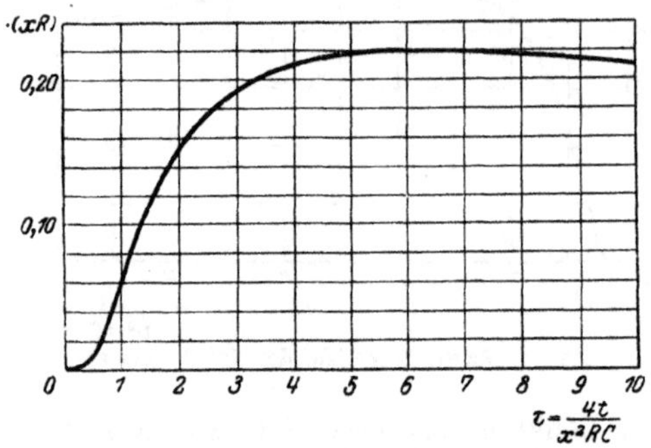

Abb. 7. Der Energiefluß im Kabel.

Abb. 7 zeigt weiter, das Produkt aus Strom und Spannung als Funktion der Variabelen τ; es ist ein Maß für den Energiefluß im Kabel an der Stelle x.

42. Das Kelvinsche *KR*-Gesetz. Die universelle Abhängigkeit des Stromes und der Spannung von der numerischen Zeit $\tau = \frac{4t}{x^2 R C}$ ist der wesentliche Inhalt des bekannten *KR*-Gesetzes, welches also ein Ähnlichkeitsgesetz der Kabel ausspricht. Lord Kelvin befaßte sich zur Zeit der ersten transatlantischen Kabelprojekte mit der Theorie der Ausgleichvorgänge in induktionsfreien Kabeln und leitete die durch (8) und (9) gegebenen Ausdrücke für Strom und Spannung ab. Aus dem Begriff der numerischen Zeit formulierte er das inhaltlich äquivalente Gesetz der „Sprechgeschwindigkeit" im Kabel, welches aussagt, daß die Zahl der in der Zeiteinheit übertragbaren Zeichen umgekehrt proportional dem Produkt aus der gesamten Kapazität und dem gesamten Widerstand des Kabels ist. Für diese beiden charakteristischen Konstanten waren die ursprünglichen englischen Bezeichnungen K und R gewählt worden. Um den Sinn dieses Gesetzes zu verstehen, müssen wir auf einige Einzelheiten der Telegraphentechnik etwas ausführlicher eingehen.

Telegraphische Zeichen werden durch Punkte oder Striche dargestellt. Diese Zeichen entstehen dadurch, daß eine Spannung mehr oder weniger lang an das Kabel gelegt wird. In der Zeit zwischen zwei Zeichen ist das Kabel kurzgeschlossen. Wir können dieses Kurzschließen formal durch eine negative Spannung ersetzen, welche in Reihe mit der positiv zeichengebenden Spannung geschaltet ist. Der Strom im Kabel beim Telegraphieren kann dann durch eine Reihe von der folgenden Gestalt wiedergegeben werden:

$$I(t) - I(t - t_1) + I(t - t_2) - I(t - t_3) + I(t - t_4) - \cdots, \quad (10)$$

wobei $I(t)$ durch (7) gegeben ist und t_1 die Zeitdauer des ersten Stromimpulses, $t_2 - t_1$ die der ersten Pause und $t_3 - t_2$ die Dauer des zweiten Zeichens usw. bedeutet. Nun ist wegen (7)

$$I(t) = \frac{2e^{-\frac{1}{\tau}}}{x R \sqrt{\pi \tau}} = \frac{2}{x R \sqrt{\pi}} \Phi(\tau),$$

wobei $\tau = \frac{4t}{x^2 R C} = \frac{4t}{KR}$ (in der englischen Bezeichnung) ist. Nehmen wir an, daß

$$\tau_1 = \frac{4 t_1}{x^2 R C},$$

$$\tau_2 = \frac{4 t_2}{x^2 R C} \quad \text{usw.},$$

so kann für eine Folge telegraphischer Zeichen geschrieben werden

$$\frac{2}{x R \sqrt{\pi}} \{\Phi(\tau) - \Phi(\tau - \tau_1) + \Phi(\tau - \tau_2) - \cdots\}. \tag{11}$$

Hält man die relativen Zeitintervalle $\tau_1, \tau_2, \ldots$ konstant, während man sich die Kabellänge verändert denkt, so sind die absoluten Zeitintervalle $t_1, t_2, \ldots$ alle proportional zu $x^2 \boldsymbol{R} C$ oder zu $K\boldsymbol{R}$ und die Wellenform des ganzen Zeichens ist unabhängig von $K\boldsymbol{R}$, sofern die numerischen Arbeits- und Ruhezeiten festgehalten werden. Hieraus folgt, daß die gesamte Zeitdauer eines Signals proportional $x^2 C R$ (oder KR) ist. Wenn also die Teildauer eines gegebenen Signals (die Punkte und Striche) proportional dem $K\boldsymbol{R}$-Wert eines Kabels sind, so ist die Wellenform des Ankunftsignales in bezug auf die Variable τ invariant und die zur Übertragung des Signales benötigte absolute Zeit ist proportional zum Wert $K\boldsymbol{R}$. Nun wird die maximale Telegraphiergeschwindigkeit dadurch bestimmt, daß die erhaltenen Zeichen noch eine gut erkennbare Ähnlichkeit mit den gegebenen Zeichen besitzen müssen, so daß es also eine maximale zulässige Verzerrung der Zeichen gibt. Daraus folgt, daß zwei Kabel, deren Telegraphiergeschwindigkeiten sich umgekehrt wie die $K\boldsymbol{R}$-Werte verhalten, dieselbe Zeichenverzerrung besitzen. Dies ist die erste Folgerung des $K\boldsymbol{R}$-Gesetzes von Kelvin. Als zweites Ergebnis erkennen wir, daß bei gegebener Verzerrung für die doppelte Kabellänge nur der vierte Teil der Telegraphiergeschwindigkeit zulässig ist.

Um diese Sätze zu veranschaulichen, ist in den Kurven *1*÷*4* der Abb. 8 die Verzerrung eines Punktzeichens durch ein Kabel dargestellt. Kurve *1* stellt die Gestalt eines Punktzeichens dar, wenn an das Kabelende die Spannung Eins während der Zeit $t = \frac{2 x^2 R C}{4}$ angelegt wurde, während die Kurven *2*, *3* und *4* die Gestalt desselben Zeichens wiedergeben, wenn die Zeitdauer der angelegten Spannung $\frac{x^2 R C}{4}$,

$\frac{1}{2}\,\frac{x^2 R C}{4}$ und $\frac{1}{4}\,\frac{x^2 R C}{4}$ betrug. Eine noch kürzere Dauer des Zeichens, als Kurve *4* entspricht, ändert die Gestalt des Ankunftzeichens nicht mehr merklich, da die Telegraphiergeschwindigkeit in diesem Falle schon ihren theoretischen Maximalwert erreicht hat. Man kann diese Kurven in einem doppelten Sinne deuten. Einmal kann man die Kabellänge x festhalten und die Zeitdauer des gegebenen Zeichens als veränderlich ansehen; oder aber man nimmt stets dieselbe Zeitdauer an und ändert die Kabellänge. Für den letzteren Fall zeigt die Abbildung die fortschreitende Verzerrung des Zeichens, wenn es durch das Kabel übertragen wird.

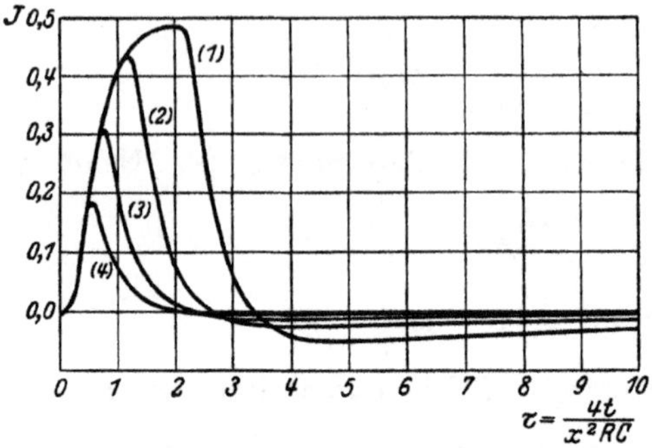

Abb. 8. Fortpflanzung von Telegraphenzeichen.

Ein Punktzeichen von der numerischen Zeitdauer T kann wie folgt geschrieben werden:

$$\begin{aligned} D &= I(\tau) \quad \text{für} \quad \tau < T \\ &= I(\tau) - I(\tau - T) \quad \text{für} \quad \tau > T\,. \end{aligned}$$

Der zweite Ausdruck werde in eine Taylorsche Reihe entwickelt, so daß man erhält:

$$D = T\,\frac{d}{d\tau}\,I(\tau) - \frac{T^2}{2!}\,\frac{d^2}{d\tau^2}\,I(\tau) + \cdots\,.$$

Für hinreichend kleine Werte von T ergibt sich also

$$D = T\,I'(\tau)\,. \tag{12}$$

Hieraus folgt, daß für genügend kleine Zeitdauer die Gestalt der ankommenden Welle gleich der Ableitung des Stromes ist und daß die Amplitude des Empfangszeichens proportional seiner Zeitdauer wird.

Dieser Satz gestattet folgende Verallgemeinerung: Es möge ein Punktzeichen durch eine beliebige elektromotorische Kraft $f(t)$ von der Zeitdauer T hervorgerufen werden. Dann ist die Gestalt des Empfangszeichen durch (III, 4) gegeben:

$$\begin{aligned} D &= \frac{d}{dt}\int_0^t f(\tau)\,I(t-\tau)\,d\tau \quad \text{für} \quad t < T \\ &= \frac{d}{dt}\int_0^T f(\tau)\,I(t-\tau)\,d\tau \quad \text{für} \quad t > T\,. \end{aligned}$$

Man erhält also für $t > T$ durch Reihenentwicklung von $(t-\tau)$:

$$D = I'(t) \int_0^T f(\tau)\, d\tau - I''(t) \int_0^T \tau f(\tau)\, d\tau + \cdots$$

Für hinreichend kleine Werte von $T \ll 1$ ist also angenähert:

$$D = I'(t) \int_0^T f(\tau)\, d\tau . \tag{13}$$

Für hinreichend kleine Zeitdauer besitzt demnach das Empfangszeichen eine konstante Gestalt, die unabhängig von der Gestalt der aufgedrückten Spannung ist, und deren Amplitude dem Zeitintegral der aufgedrückten Spannung proportional ist. Diese Erscheinung besitzt für die Telegraphie grundlegende Bedeutung.

43. Das Kabel mit Ableitung. Hierunter verstehen wir ein Kabel, das außer dem Widerstand R und der Kapazität C noch eine gleichmäßig auf seine Länge verteilte Ableitung G besitzt. Die Vorgänge auf einem solchen Kabel sind durch die Differentialgleichung (IV, 64) bestimmt. Die Operatorengleichungen für den Fall eines unendlich langen Kabels, an das am Anfang eine Spannung U_0 gelegt ist, lauten:

$$U = e^{-x\sqrt{CRp+RG}}\, U_0,$$

$$I = \sqrt{\frac{pC}{R} + \frac{G}{R}}\, e^{-x\sqrt{CRp+RG}}\, U_0 .$$

Schreiben wir zur Abkürzung $CRx^2 = \alpha$, $RGx^2 = \beta$ und $\frac{G}{C} = \lambda$ und setzen wir den Einheitsstoß der Spannung voraus, so erhalten wir

$$U = e^{-\sqrt{\alpha p+\beta}}, \tag{14}$$

$$I = \sqrt{\frac{C}{R}}\, \sqrt{p+\lambda}\, e^{-\sqrt{\alpha p+\beta}} . \tag{15}$$

Diese Gleichungen sind bereits vollständig im vorhergehenden Kapitel gelöst worden.

Wir wollen uns jedoch die Aufgabe stellen, Gleichung (14) auch mit Hilfe der Heavisideschen Methode zu lösen und dabei auf die im vorigen Kapitel gegebene Lösung der Operatorengleichung

$$U = e^{-\sqrt{\alpha p}}$$

zurückgreifen. Wir entwickeln die Exponentialfunktion (14) in eine Potenzreihe:

$$U = 1 - \sqrt{\alpha p+\beta} + \frac{(\alpha p+\beta)}{2!} - \frac{(\alpha p+\beta)\sqrt{\alpha p+\beta}}{3!} + \cdots \tag{16}$$

und wenn man die ganzzahligen Potenzen streicht:

$$U = 1 - \left\{1 + \frac{\alpha p+\beta}{3!} + \frac{(\alpha p+\beta)^2}{5!} + \cdots\right\} \sqrt{\alpha p+\beta} . \tag{17}$$

Wir müssen jetzt den Ausdruck $\sqrt{\alpha p + \beta}$ diskutieren: Es ist

$$\begin{aligned} \sqrt{\alpha p + \beta} &= \sqrt{\alpha p}\left(1 + \frac{\beta}{\alpha p}\right)^{\frac{1}{2}} = \sqrt{\alpha p}\left(1 + \frac{\lambda}{p}\right)^{\frac{1}{2}} \\ &= \sqrt{\alpha p}\left[1 + \frac{\lambda}{2p} - \frac{1}{2!}\left(\frac{\lambda}{2p}\right)^2 + \frac{1\cdot 3}{3!}\left(\frac{\lambda}{2p}\right)^3 - \cdots\right]. \end{aligned} \tag{18}$$

Identifizieren wir nun auf Grund der Heavisideschen Regel $\sqrt{p}$ mit $\frac{1}{\sqrt{\pi t}}$ und $\frac{1}{p}$ mit $\int dt$, so wird:

$$\sqrt{\alpha p + \beta} = \sqrt{\frac{\alpha}{\pi t}}\left\{1 + \frac{\lambda t}{1!} - \frac{(\lambda t)^2}{3!} + \frac{1\cdot 4}{5!}(\lambda t)^3 - \cdots\right\}. \tag{19}$$

Wir ersetzen nun in (17) p^n durch $\frac{d^n}{dt^n}$ und setzen dies in (19) ein:

$$\begin{aligned} U = 1 - &\left\{1 + \frac{1}{3!}\left(\alpha\frac{d}{dt} + \beta\right) + \frac{1}{5!}\left(\alpha^2\frac{d^2}{dt^2} + 2\alpha\beta\frac{d}{dt} + \beta^2\right) + \cdots\right\} \\ &\times\sqrt{\frac{\alpha}{\pi t}}\left\{1 + \frac{\lambda t}{1!} - \frac{(\lambda t)^2}{3!} + 1\cdot 4\,\frac{(\lambda t)^3}{5!} - \cdots\right\}. \end{aligned} \tag{20}$$

Diese Reihenentwicklung ist leider sehr kompliziert, auch ist es schwer, ihre Summe ohne weiteres anzugeben. Sie kann daher als ein typisches Beispiel dafür angesehen werden, welche Nachteile den Heavisideschen Lösungen in Reihenform anhaften. Wir wollen deshalb die Lösung auch auf Grund der Sätze und Formeln des Kapitels IV in Angriff nehmen. Dabei werden wir zu einem außerordentlich einfachen Ergebnis kommen.

Für die Spannung hatten wir (Gl. 14) den Operatorenausdruck gefunden:

$$U = e^{-\sqrt{\alpha p + \beta}}.$$

Die entsprechende Formel für ein Kabel ohne Ableitung lautete

$$U = e^{-\sqrt{\alpha p}}.$$

Um nun beide Fälle zu unterscheiden, wollen wir für diesen die Spannung mit $U^{(0)}$ bezeichnen, so daß also:

$$U^{(0)} = e^{-\sqrt{\alpha p}}. \tag{21}$$

Auf Grund des Verschiebungssatzes erhalten wir

$$\begin{aligned} U^{(0)} e^{-\lambda t} &= \frac{p}{p+\lambda}\, e^{-\sqrt{\alpha(p+\lambda)}} \\ &= \frac{p}{p+\lambda}\, e^{-\sqrt{\alpha p + \beta}}. \end{aligned} \tag{22}$$

Wir können also für (14) schreiben:

$$\begin{aligned} U &= \frac{p+\lambda}{p}\cdot\frac{p}{p+\lambda}\, e^{-\sqrt{\alpha p + \beta}} \\ &= \left(1 + \frac{\lambda}{p}\right)\cdot\frac{p}{p+\lambda}\, e^{-\sqrt{\alpha p + \beta}}. \end{aligned} \tag{23}$$

Es folgt nun unmittelbar durch einen Vergleich mit (22), wenn man $\frac{1}{p}$ durch $\int dt$ ersetzt:

$$U = (1 + \lambda \int_0^t dt)\, U^{(0)}\, e^{-\lambda t}. \tag{24}$$

Auf demselben Wege kann man aus (15) für den Strom ableiten:

$$I = (1 + \lambda \int_0^t dt)\, I^{(0)}\, e^{-\lambda t}, \tag{25}$$

wobei $I^{(0)}$ den Strom im ableitungsfreien Kabel bedeutet. Für ein solches Kabel hatten wir früher (18) und (19) gefunden

$$U^{(0)} = \frac{1}{\sqrt{\pi}} \int_0^{\frac{4t}{\alpha}} \frac{e^{-\frac{1}{\tau}}}{\tau\sqrt{\tau}}\, d\tau,$$

$$I^{(0)} = \sqrt{\frac{C}{\pi R t}}\, e^{-\frac{\alpha}{4t}},$$

womit die endgültige Lösung unsrer Aufgabe ermittelt ist.

Die Formeln (24) und (25) beweisen die Überlegenheit der Lösung mit bestimmten Integralen über die Reihenentwicklungen (20), auch geht aus ihnen klar der Einfluß der Ableitung auf die Strom- und Spannungsverteilung hervor. Die Ableitung ändert das Ergebnis nach zwei Richtungen: einmal sind die Strom- und Spannungswellen durch den Faktor $e^{-\lambda t}$ gedämpft, wobei $\lambda = \frac{G}{C}$, und zweitens tritt eine Zusatzwelle auf, welche der Ableitung proportional ist.

Die Formeln (24) und (25) können leicht mit Hilfe einer numerischen Integration oder mittels eines Planimeters ausgewertet werden. Jedoch erkennt man für große Werte von t den Charakter der Wellen besser, wenn wir folgende Identität anwenden:

$$\int_0^t dt = \int_0^\infty dt - \int_t^\infty dt,$$

wodurch folgt

$$U = (1 + \lambda \int_0^\infty dt)\, U^{(0)}\, e^{-\lambda t} - \lambda \int_t^\infty U^{(0)}\, e^{-\lambda t}\, dt \tag{26}$$

und

$$I = (1 + \lambda \int_0^\infty dt)\, I^{(0)}\, e^{-\lambda t} - \lambda \int_t^\infty I^{(0)}\, e^{-\lambda t}\, dt. \tag{27}$$

Offensichtlich stellen die ersten beiden Integrale den eingeschwungenen Zustand von Strom und Spannung dar, sie können durch Auswertung der bestimmten Integrale leicht berechnet werden. Schneller gelangt man jedoch zum Ziel, wenn man in der Operatorengleichung $p = 0$ setzt, wobei sich unmittelbar der eingeschwungene Zustand ergibt. Dies verifiziert man leicht, wenn man bedenkt, daß $p = \frac{d}{dt} = 0$ den Fall des Gleichstromes bedeutet. Wir erhalten also

$$\left(1 + \lambda \int_0^\infty dt\right) U^{(0)} e^{-\lambda t} = e^{-\sqrt{\beta}} = e^{-x\sqrt{RG}}, \tag{28}$$

$$\left(1 + \lambda \int_0^\infty dt\right) I^{(0)} e^{-\lambda t} = \sqrt{\frac{C\lambda}{R}}\, e^{-\sqrt{\beta}} = \sqrt{\frac{G}{R}}\, e^{-x\sqrt{RG}}. \tag{29}$$

Setzen wir dies in (26) und (27) ein, so wird:

$$U = e^{-x\sqrt{RG}} - \lambda \int_t^\infty U^{(0)} e^{-\lambda t}\, dt, \tag{30}$$

$$I = \sqrt{\frac{G}{R}}\, e^{-x\sqrt{RG}} - \lambda \int_t^\infty I^{(0)} e^{-\lambda t}\, dt. \tag{31}$$

Für die bestimmten Integrale ergibt die partielle Integration

$$-\lambda \int_t^\infty U^{(0)} e^{-\lambda t}\, dt = \int_t^\infty U^{(0)}\, d\left(e^{-\lambda t}\right) = -U^{(0)} e^{-\lambda t} - \int_t^\infty e^{-\lambda t} \frac{dU^{(0)}}{dt}\, dt$$

bei fortgesetzter Anwendung

$$U = e^{-x\sqrt{RG}} - e^{-\lambda t}\left(1 + \frac{d}{\lambda\, dt} + \frac{d^2}{\lambda^2\, dt^2} + \cdots\right) U^{(0)}, \tag{32}$$

$$I = \sqrt{\frac{G}{R}}\, e^{-x\sqrt{RG}} - e^{-\lambda t}\left(1 + \frac{d}{\lambda\, dt} + \frac{d^2}{\lambda^2\, dt^2} + \cdots\right) I^{(0)}. \tag{33}$$

Führt man die durch (8) und (9) gegebenen Ausdrücke für $U^{(0)}$ und $I^{(0)}$, so können für große Werte von t Spannung und Strom leicht numerisch berechnet werden.

44. Einschwingvorgänge von Wechselströmen bei induktionsfreien Kabeln ohne Ableitung. Wir haben uns bisher nur mit den Strom- und Spannungswellen beschäftigt, die im Kabel durch einen am Anfang aufgedrückten Einheitsstoß der Spannung hervorgerufen werden. Für die technischen Anwendungen hat jedoch auch der Fall Interesse, bei dem die aufgedrückte Spannung sinusförmigen Verlauf besitzt. Wir gehen aus von den Grundbeziehungen, welche die Berechnung des Stromes $x(t)$ für die Spannung $f(t)$ mittels der Übergangsfunktion h regeln:

$$x(t) = \frac{d}{dt} \int_0^t f(t - \tau)\, h(\tau)\, d\tau$$

$$= \int_0^t f(t - \tau)\, h'(\tau)\, d\tau$$

und setzen $h(0) = 0$ voraus, da es sich um ein Kabel handelt. Ist nun $f(t) = \sin \omega t$, so schreiben wir

$$x_s(t) = \sin \omega t \int_0^t \cos \omega t \, h'(t) \, dt - \cos \omega t \int_0^t \sin \omega t \, h'(t) \, dt . \tag{33a}$$

Entsprechend, wenn die aufgedrückte Spannung $f(t) = \cos \omega t$ ist,

$$x_c(t) = \cos \omega t \int_0^t \cos \omega t \, h'(t) \, dt + \sin \omega t \int_0^t \sin \omega t \, h'(t) \, dt . \tag{33b}$$

Der Aufbau eines Wechselstromes oder einer Wechselspannung hängt also von den Integralen ab

$$\begin{aligned} C &= \int_0^t \cos \omega t \, h'(t) \, dt , \\ S &= \int_0^t \sin \omega t \, h'(t) \, dt . \end{aligned} \tag{33c}$$

Für die Spannungswelle in einem induktionsfreien Kabel ohne Ableitung erhalten wir also mit Gleichung (8), wenn wir zur Abkürzung $\omega' = \frac{\alpha \omega}{4}$ schreiben,

$$\begin{aligned} C &= \frac{1}{\sqrt{\pi}} \int_0^\tau \frac{e^{-\frac{1}{\tau}} \cos \omega' \tau}{\tau \sqrt{\tau}} \, d\tau . \\ S &= \frac{1}{\sqrt{\pi}} \int_0^\tau \frac{e^{-\frac{1}{\tau}} \sin \omega' \tau}{\tau \sqrt{\tau}} \, d\tau , \end{aligned} \tag{33d}$$

wobei wie früher $\tau = \frac{4t}{\alpha}$.

Ähnlich ergibt sich mit (9) für die Stromwelle

$$C = \frac{2}{x R \sqrt{\pi}} \int_0^\tau \left(\frac{1}{\tau} - \frac{1}{2} \right) \frac{e^{-\frac{1}{\tau}} \cos \omega' \tau}{\tau \sqrt{\tau}} \, d\tau , \tag{33e}$$

$$S = \frac{2}{x R \sqrt{\pi}} \int_0^\tau \left(\frac{1}{\tau} - \frac{1}{2} \right) \frac{e^{-\frac{1}{\tau}} \sin \omega' \tau}{\tau \sqrt{\tau}} \, d\tau .$$

Für kleine Werte von τ und ω' können diese Integrale ohne große Rechenarbeit ausgewertet werden, während sie für große τ im wesentlichen in die Fresnelschen Integrale übergehen. Die Ermittlung des Einschwingvorganges eines Wechselstromes oder einer Wechselspannung in einem induktionsfreien Kabel bereitet also keine grundsätzlichen

Schwierigkeiten. Erleichtert wird die Berechnung dadurch, daß man für alle Werte $\omega' = \alpha\omega = $ konst. dieselben Integrale verwenden kann; dies folgt sogleich aus dem Kelvinschen Ähnlichkeitsgesetz.

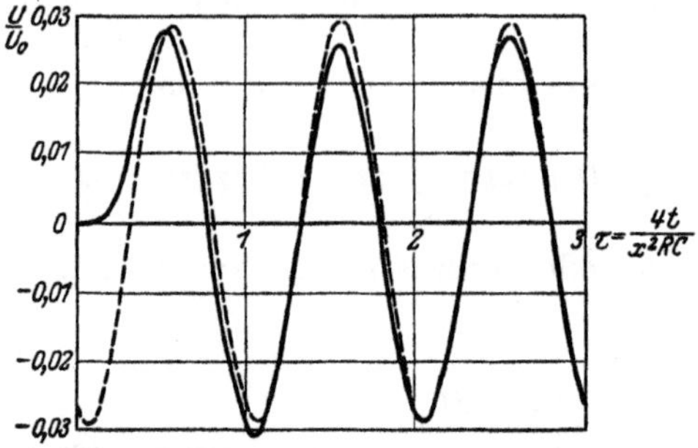

Abb. 9. Entstehung eines Wechselstromes im induktionsfreien Kabel $\left(\omega = 2\pi \frac{4}{x^2 RC}\right)$.

In Abb. 9 zeigt die ausgezogene Kurve das Anklingen der Spannung in einem Kabel, an dessen Anfang zur Zeit $t = 0$ die Spannung $f(t) = \cos\omega t$ angelegt wird. Dabei ist die Frequenz so gewählt, daß $\omega' = \frac{\alpha\omega}{4} = 2\pi$ ist. Die Kurve wurde nach Gleichung (33b) und (33e) berechnet. Die gestrichelte Kurve stellt den eingeschwungenen Zustand der Spannung in demselben Kabel dar. Man erkennt, daß für die angegebene Frequenz der Aufbau der Spannung nahezu in einer Periode vollendet ist und daß der Ausgleichsvorgang sich nur in der ersten Halbperiode bemerkbar macht.

Für eine höhere Frequenz ergibt sich jedoch ein ganz anderes Bild. In Abb. 10 ist der Einschwingvorgang wiedergegeben, falls zur Zeit $t = 0$ eine Spannung $f(t) = \sin\omega t$ von der Frequenz $\omega' = \frac{\alpha\omega}{4} = 10\pi$ angelegt würde. Charakteristisch für dieses Beispiel ist, daß die Anfangsstromwelle sehr groß im Verhältnis zum eingeschwungenen Zustand ist und daß sich also eine recht erhebliche Verzerrung ergibt. In der Praxis wird man deshalb zur Übermittlung von Zeichen solche Frequenzen nicht verwenden.

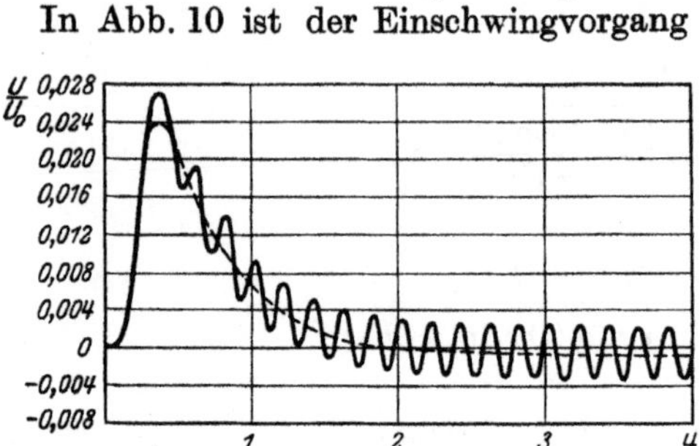

Abb. 10. Entstehung eines Wechselstromes im induktionsfreien Kabel $\left(\omega = 10\pi \frac{4}{x^2 RC}\right)$.

Wendet man Hochfrequenz an, so wird der eingeschwungene Strom vernachlässigbar klein und der resultierende Strom kann mit guter Annäherung aus den Formeln (44, 81) und (82) berechnet werden. Für eine sinusförmige Spannung erhält man also für große Werte von ω den Strom aus (9)

$$\frac{2}{xR\sqrt{\pi\,\omega'}}\,\frac{d}{d\tau}\,\frac{e^{-\frac{1}{\tau}}}{\sqrt{\tau}}$$

und für eine aufgedrückte Cosinusspannung

$$\frac{2}{x R \sqrt{\pi}\, \omega'^2} \frac{d^2}{d\tau^2} \frac{e^{-\frac{1}{\tau}}}{\sqrt{\tau}}.$$

Dabei ist wie früher $\omega' = \frac{\alpha\omega}{4}$ und $\tau = \frac{4t}{\alpha}$ gesetzt.

VII. Strom- und Spannungswellen längs Leitungen.

45. Die Operatorengleichung der Leitungswellen. Wir gehen jetzt zu den viel wichtigeren, allerdings theoretisch schwierigeren Erscheinungen der Wellenausbreitung längs Leitungen über. Die Leitung besitzt im Vergleich zu dem früher behandelten induktionsfreien Kabel neben gleichmäßig verteiltem Widerstand, Kapazität und Ableitung eine ebenso räumlich stetig verteilte Selbstinduktion. Die Induktionsvorgänge erschweren die mathematische Aufgabe bedeutend: Ihrem Einfluß erst ist das Auftreten wahrer „Wellen“, ausgezeichnet durch eine endliche Frontgeschwindigkeit, zuzuschreiben, welche die Ausbreitungsvorgänge in Leitungen von den diffusionsähnlichen Erscheinungen der Strömung in induktionsfreien Kabeln grundlegend unterscheidet. Während diese — einfachere — Theorie sehr wohl die Merkmale der Seekabeltelegraphie hinreichend beschreibt, ist sie zur Erfassung der feineren Fragen der Telegraphie ungeeignet; hier muß die strengere Behandlung einsetzen.

Wir zählen vom Ursprung der Leitung die Koordinate x längs der Leitung; I bezeichne den Strom, U die Spannung am Orte x der Leitung. Die Wellenausbreitung wird dann durch die wohlbekannten Telegraphengleichungen beschrieben:

$$\begin{aligned} \left(L\frac{\partial}{\partial t} + R\right) I &= -\frac{\partial}{\partial x} U, \\ \left(C\frac{\partial}{\partial t} + G\right) U &= -\frac{\partial}{\partial x} I. \end{aligned} \tag{1}$$

Nach Ersatz von $\frac{\partial}{\partial t}$ durch p entstehen hieraus die totalen Differentialgleichungen

$$\begin{aligned} (Lp + R) I &= -\frac{d}{dx} U, \\ (Cp + G) U &= -\frac{d}{dx} I. \end{aligned} \tag{2}$$

Durch Elimination der Spannung folgt

$$(Lp + R)(Cp + G) I = \frac{d^2}{dx^2} I. \tag{3}$$

Ähnlich ergibt die Elimination des Stromes die formal gleiche Beziehung

$$(Lp + R)(Cp + G) U = \frac{d^2}{dx^2} U. \tag{4}$$

Die allgemeine Lösung dieser Gleichung lautet

$$U = U_a e^{-\gamma x} + U_b e^{+\gamma x}.$$

Darin sind U_a und U_b zunächst willkürliche Integrationskonstanten, während die Raumziffer γ sich aus der charakteristischen Gleichung berechnet

$$\gamma^2 = (L p + R)(C p + G). \tag{5}$$

Mittels Gleichung (2) folgt aus der angenommenen Spannungslösung der Strom

$$I = \frac{\gamma}{L p + R}(U_a e^{-\gamma x} - U_B e^{\gamma x}) \equiv \frac{C p + G}{\gamma}(U_a e^{-\gamma x} - U_B e^{\gamma x}). \tag{6}$$

Setzen wir eine unendlich lange Leitung voraus, so verschwindet die (längs fallender x schreitende) reflektierte Welle und wir erhalten einfacher

$$\begin{aligned} U &= U_a e^{-\gamma x}, \\ J &= \frac{C p + G}{\gamma} U_a e^{-\gamma x}, \end{aligned} \tag{7}$$

wobei U_a die am Leitungsursprung ($x = 0$) angelegte Spannung mißt.

Für das Folgende erweist sich eine Umformung des Ausdruckes für die Raumziffer γ als zweckmäßig. Wir schreiben

$$\gamma^2 = \frac{1}{a^2}[(p + \delta)^2 - v^2)], \tag{8}$$

wobei ersichtlich

$$\begin{aligned} a^2 &= \frac{1}{LC}, \\ \delta &= \frac{1}{2}\left(\frac{R}{L} + \frac{G}{C}\right), \\ v &= \frac{1}{2}\left(\frac{R}{L} - \frac{G}{C}\right). \end{aligned} \tag{8a}$$

Spezialisieren wir nun auf $U_a = 1$, also einen Einheitsstoß der Spannung, so entsteht die Operatorengleichung der Wellenausbreitung:

$$U = e^{-\frac{x}{a}\sqrt{(p+\delta)^2 - v^2}}, \tag{9}$$

$$I = a\left(C + \frac{G}{p}\right) p \frac{e^{-\frac{x}{a}\sqrt{(p+\delta^2) - v^2}}}{\sqrt{(p + \delta)^2 - v^2}}. \tag{10}$$

Hiernach lassen sich Spannung und Strom aus einer übergeordneten potentialartigen Funktion Π ableiten:

$$\Pi = \frac{e^{-\frac{x}{a}\sqrt{(p+\delta)^2 - v^2}}}{\sqrt{(p + \delta)^2 - v^2}}, \tag{11}$$

da identisch

$$U = -a\int_0^t \frac{\partial \Pi}{\partial x}\,dt\,, \tag{12}$$

$$I = a\,(C + G\int_0^t dt)\,\Pi\,. \tag{13}$$

46. Lösung der Operatorengleichung. Die Aufgabe ist mittels (12) und (13) auf die Ermittlung der Funktion Π aus der Operatorengleichung zurückgeführt. Obwohl diese mittels der früher genannten Rechenregeln und -tafeln ohne Schwierigkeiten aufgelöst werden kann, ist es hier einfacher, unmittelbar von der äquivalenten Integralgleichung auszugehen:

$$\frac{e^{-\frac{x}{a}\sqrt{(p+\delta)^2-v^2}}}{\sqrt{(p+\delta)^2-v^2}} = \int_0^\infty \Pi(t)\,e^{-pt}\,dt\,. \tag{14}$$

Eine ähnliche Gleichung ist uns bereits in der Sammlung von Integralen der Kapitels IV begegnet. Dort fanden wir die Identität

$$\frac{e^{-\sqrt{p^2+1}}}{\sqrt{p^2+1}} = \int_\lambda^\infty e^{-pt}J_0(\sqrt{t^2-\lambda^2})\,dt\,. \tag{n}$$

Als Integralgleichung aufgefaßt, definiert diese Beziehung eine für $t < \lambda$ verschwindende Funktion und für $t > \lambda$ die Besselsche Funktion 0-ter Ordnung vom Argumente $\sqrt{t^2-\lambda^2}$. Wir formen (n) in folgender Weise um:

Zunächst liefert die Substitution $\lambda p = p'$, $\frac{t}{\lambda} = t'$ an Stelle von (n)

$$\frac{e^{-\sqrt{p'^2+\lambda^2}}}{\sqrt{p'^2+\lambda^2}} = \int_1^\infty e^{-p't'}\,J_0(\lambda\sqrt{t'^2-1})\,dt'\,, \tag{n 1}$$

und wenn wir nunmehr $p' = p'' + \mu$ setzen:

$$\frac{e^{-\sqrt{(p''+\mu)^2+\lambda^2}}}{\sqrt{(p''+\mu)^2+\lambda^2}} = \int_1^\infty e^{-p''t'}\{e^{-\mu t}J_0(\lambda\sqrt{t'^2-1})\}\,dt'\,. \tag{n 2}$$

Endlich führt die Transformation $p'' = \frac{x}{a}p$ und $t' = \frac{x}{a}t$ unter Benutzung der Abkürzungen $\delta = \frac{x}{a}\mu$, $v = i\frac{a}{x}\lambda$ auf

$$\frac{e^{-\frac{x}{a}\sqrt{(p+\delta)^2-v^2}}}{\sqrt{(p+\delta)^2-v^2}} = \int_{\frac{x}{a}}^\infty e^{-pt}e^{-\delta t}J_0\left(iv\sqrt{t^2-\frac{x^2}{a^2}}\right)dt\,. \tag{n 3}$$

Der Vergleich mit (14) lehrt nun unmittelbar

$$\Pi(t) = 0 \text{ für } t < \frac{x}{a}\,; \quad \Pi(t) = e^{-\delta t}J_0\left(iv\sqrt{t^2-\frac{x^2}{a^2}}\right) \text{ für } t > \frac{x}{a}\,. \tag{15}$$

Hiermit sind Strom und Spannung nach (11) und (12) bestimmt:

$$I = 0 \text{ für } t < \frac{x}{a}; \quad I = \sqrt{\frac{C}{L}} \cdot \Pi(t) + aA \int\limits_{\frac{x}{a}}^{t} \Pi(t)\,dt \text{ für } t > \frac{x}{a} \tag{16}$$

und

$$U = 0 \text{ für } t < \frac{x}{a};$$

$$U = e^{-\delta\frac{x}{a}} + v\frac{x}{a} \int\limits_{\frac{x}{a}}^{t} \frac{e^{-\delta t\cdot(-i)} J_1\left(iv\sqrt{\tau^2 - \frac{x^2}{a^2}}\right)}{\sqrt{\tau^2 - \frac{a^2}{x^2}}}\,d\tau \text{ für } t > \frac{x}{a}, \tag{17}$$

wobei J_1 die Besselsche Funktion erster Ordnung bedeutet. Die Ableitung der Formel (17) bietet wegen der Unstetigkeit der Funktion Π im Punkte $t = \frac{x}{a}$ mathematische Schwierigkeiten: Wir müssen die unstetige Funktion $\Pi(t)$ gemäß (12) nach x differenzieren. Um dies durchzuführen, schreiben wir (15) in der Form

$$\Pi(t) = \Phi\left(t - \frac{x}{a}\right) e^{-\delta t} J_0\left(iv\sqrt{t^2 - \frac{x^2}{a^2}}\right). \tag{15a}$$

Dabei ist $\Phi\left(t - \frac{x}{a}\right)$ als analytische Darstellung einer „Einheitswelle" aufzufassen, so daß $\Phi = 0$ für $t < \frac{x}{a}$ und $\Phi = 1$ für $t > \frac{x}{a}$. Offenbar ist (15) identisch mit (15a), aber die neue Darstellung erlaubt es, $\Pi(t)$ als stetige Funktion aufzufassen. Entsprechend (12) differenzieren wir jetzt und erhalten

$$-a\frac{\partial \Pi}{\partial x} = \left\{\frac{\partial}{\partial t}\Phi\left(t - \frac{x}{a}\right)\right\} e^{-\Delta t} J_0\left(iv\sqrt{t^2 - \frac{x^2}{a^2}}\right)$$
$$-a\,\Phi\left(t - \frac{x}{a}\right)\frac{\partial}{\partial x} e^{-\Delta t} J_0\left(iv\sqrt{t^2 - \frac{x^2}{a^2}}\right).$$

Hier wurde beachtet, daß

$$\frac{\partial}{\partial x}\Phi\left(t - \frac{x}{a}\right) \equiv -\frac{1}{a}\frac{\partial}{\partial t}\Phi\left(t - \frac{x}{a}\right).$$

Man bedenke nun, daß $\frac{\partial}{\partial t}\Phi\left(t - \frac{x}{a}\right)$ stets verschwindet, mit Ausnahme des Zeitpunkts $t = \frac{x}{a}$, wo dieser Ausdruck unbegrenzt groß ist. Andererseits gilt für $t > \frac{x}{a}$

$$\int\limits_0^t \frac{\partial}{\partial t}\Phi\left(t - \frac{x}{a}\right) dt = 1,$$

wobei nur der Zeitpunkt $t = \frac{x}{a}$ einen Beitrag zum Integral gibt. Hiernach wird man bei Ausführung der Operation

$$U = -a \int_0^t \frac{\partial \Pi}{\partial x} dt$$

ohne weitere Schwierigkeiten auf Gleichung (17) geführt.

47. Lösung durch Reihenentwicklung. Die Einfachheit der vorstehenden Lösungsmethode hängt wesentlich davon ab, daß wir die Grundgleichung (14) auf eine Funktion unserer Integraltafeln zurückführen konnten; in solchen Fällen bedarf das Verfahren keinerlei weiteren Erläuterung. Aber man kann natürlich nicht immer damit rechnen, für eine beliebig vorgegebene Operatorengleichung eine derartige Identität zu finden; daher würde es einen fühlbaren methodischen Mangel bedeuten, wenn man in einem so wichtigen Falle wie dem der Telegraphengleichung keinen anderen Lösungsweg besäße.

Glücklicherweise indes können wir unmittelbar aus der Operatorengleichung eine Reihenentwicklung für die interessierenden Größen herleiten. Der Einfachheit halber wollen wir uns hierbei auf die Spannungsgleichung beschränken:

$$U = e^{-\frac{x}{a}\sqrt{(p+\delta)^2 - v^2}} \tag{9}$$

und wollen weiterhin die Ableitung vernachlässigen ($\delta = v$), so daß

$$U = e^{-\tau\sqrt{p^2 + 2\delta p}}, \tag{9a}$$

wobei τ die Laufzeit $\frac{x}{a}$ der Welle bedeutet; im übrigen ist aber das Folgende in gleicher Weise auf die Stromgleichung und auf den allgemeinen Fall $v \neq \delta$ anwendbar.

Indem wir zu (9a) zurückkehren, schreiben wir:

$$U = e^{-\tau p\left(1 + \frac{2\delta}{p}\right)^{\frac{1}{2}}}$$

und entwickeln den Exponentialfaktor $\left(1 + \frac{2\delta}{p}\right)^{\frac{1}{2}}$ in eine Binomialreihe:

$$\left(1 + \frac{2\delta}{p}\right)^{\frac{1}{2}} = 1 + \frac{\delta}{p} + \alpha_2\left(\frac{\delta}{p}\right)^2 + \alpha_3\left(\frac{\delta}{p}\right)^3 + \cdots,$$

so daß also in leicht verständlicher Symbolik

$$U = e^{-\tau p} \cdot e^{-\delta\tau} \exp\left(-\frac{\alpha_2 \tau \delta^2}{p} - \frac{\alpha_3 \tau \delta^3}{p^2} - \frac{\alpha_4 \tau \delta^4}{p^3} - \cdots\right).$$

Die Operatorengleichung

$$u = \exp\left(-\frac{\alpha_2 \tau \delta^2}{p} - \frac{\alpha_3 \tau \delta^3}{p^2} - \frac{\alpha_4 \tau \delta^4}{p^3} - \cdots\right)$$

kann nun nach negativen Potenzen von p entwickelt werden:

$$u = 1 + \frac{\beta_1}{p} + \frac{\beta_2}{p^2} + \frac{\beta_3}{p^3} + \cdots.$$

Ihre Lösung lautet

$$u(t) = 1 + \frac{\beta_1 t}{1!} + \frac{\beta_2 t^2}{2!} + \frac{\beta_3 t^3}{3!} + \cdots.$$

Mit dem in Ziffer 27 genannten Verzögerungssatze folgt aus dem Vorangehenden

$$U = 0 \quad \text{für} \quad t < \tau;$$

$$U = e^{-\delta t}\left(1 + \beta_1 \frac{(t-\tau)}{1!} + \beta_2 \frac{(t-\tau)}{2!} + \cdots\right) \quad \text{für} \quad t > \tau. \tag{18}$$

Die Koeffizienten $\beta_1, \beta_2, \ldots$ sind elementar berechenbar. Führt man die Rechnung durch, so erkennt man leicht die Übereinstimmung der gefundenen Lösung mit der oben angegebenen für den Sonderfall $\delta = v$.

48. Eigenschaften der Wellenstirn. Wir gehen nunmehr dazu über, die Grundzüge der Ausbreitungsgesetze von Strom und Spannung an Hand der Gleichungen (16) und (17) zu schildern. Zunächst erkennt man, daß die Wellen eine endliche Frontgeschwindigkeit $a = \frac{1}{\sqrt{LC}}$ besitzen. Unabhängig von der Form des zeitlichen Spannungsverlaufes am Anfang der Leitung erreicht das Feld den Ort x der Leitung erst nach der Laufzeit $\tau = \frac{x}{a}$. Dieses Ergebnis folgt lediglich aus der Voraussetzung verteilter Kapazität und Induktivität, wie man aus der Formel für die Frontgeschwindigkeit unmittelbar abliest. (Man erinnere sich, daß man beim induktionsfreien Kabel keine Frontgeschwindigkeit definieren konnte.) Die Existenz der Fortpflanzungsgeschwindigkeit ist oft falsch gedeutet worden, insbesondere im Vergleich mit dem Begriff der Phasengeschwindigkeit, der für den eingeschwungenen Zustand von Bedeutung ist; daher mag eine kurze Erläuterung dieser Verhältnisse hier am Platze sein.

Wie wir früher gezeigt haben, erhalten wir den eingeschwungenen Zustand formal aus der Operatorengleichung, indem wir p durch $i\omega$ ersetzen. Danach folgt aus (11) die Spannungsgleichung (in komplexer Schreibweise)

$$U = e^{-\frac{x}{a}\sqrt{(i\omega+\delta)^2 - v^2}} \cdot e^{i\omega t}. \tag{19}$$

Durch Aufspaltung des Ausdrucks $\sqrt{(i\omega + \delta)^2 - v^2}$ in Real- und Imaginärteil findet sich

$$U = e^{-\alpha x} e^{i\omega\left(t - \beta\frac{x}{a}\right)}, \tag{20}$$

wobei

$$\alpha = \frac{\delta}{\beta \omega}; \qquad \beta = \sqrt{\frac{\omega^2 + v^2 - \delta^2 + \sqrt{(\omega^2 + v^2 - \delta^2) + 4\,\omega^2 \delta^2}}{2\,\omega^2}}. \qquad (20\text{a})$$

Die Phasengeschwindigkeit beträgt demnach $\frac{a}{\beta}$. Da weiterhin stets $\beta > 1$ und sich erst in der Grenze $\omega \to \infty$ der Einheit nähert, hat man aus dieser Rechnung geschlossen, daß die Frontgeschwindigkeit von der Frequenz abhängt und erst bei deren unbegrenztem Anwachsen sich dem Grenzwert a nähere. In Wirklichkeit ist aber die Frontgeschwindigkeit stets konstant gleich a, wie auch die Form der erregenden Spannung sei, und der Quotient $\frac{a}{\beta}$ gibt nur die Fortpflanzungsgeschwindigkeit einer bestimmten Phase im eingeschwungenen Zustand an. Dieser Unterschied ist sehr wichtig; viele Mißverständnisse sind dadurch entstanden, daß man ihn nicht beachtet hat.

Wir kehren nun zu den Gleichungen (16) und (17) zurück. Man erkennt, daß nach Verstreichen der Laufzeit die Spannung plötzlich auf den Wert $e^{-\frac{x}{a}}$ springt, während entsprechend der Strom auf $\sqrt{\frac{C}{L}}\, e^{-\delta \frac{x}{a}}$ ansteigt. Der Exponent läßt sich in der Form schreiben

$$x\left(\frac{R}{2\,L} + \frac{A}{2\,C}\right)\sqrt{LC} = x\left(\frac{R}{2}\sqrt{\frac{C}{L}} + \frac{A}{2}\sqrt{\frac{L}{C}}\right) = \alpha\, x\,,$$

wobei man in α den Grenzwert der oben angegebenen Dämpfungsziffer des eingeschwungenen Zustandes für unbegrenzt anwachsende Frequenz erkennt. Ähnlich gibt $\sqrt{\frac{C}{L}}$ den Wellenleitwert des eingeschwungenen Zustandes für den gleichen Grenzwert an.

Wir nennen den Sprung der Spannungs- bzw. Stromwelle die W e l l e n s t i r n. Wenn anstatt eines Einheitsstoßes der Spannung am Leitungsanfang eine Spannung $f(t)$ wirkt, ergibt sich demnach die Höhe der Wellenstirn zu $f(0)\, e^{-\delta \frac{x}{a}}$ für die Spannung und $\sqrt{\frac{C}{L}}\, f(0)\, e^{-\delta \frac{x}{a}}$ für den Strom. Dies folgt sofort aus der Identität

$$y(t) = \frac{d}{d\tau}\int_0^t f(t-\tau)\, h(\tau)\, d\tau \equiv f(0) \cdot h(t) + \int_0^t f'(t-\tau)\, h(\tau)\, d\tau\,,$$

worin man unter h die oben genannten Ausdrücke für die durch einen Spannungseinheitsstoß erregten Wellen zu verstehen hat. Der Schwanz der Welle, d. h. derjenige Anteil, der für $t > \tau$ auftritt, läßt sich allerdings nicht so einfach darstellen; er ist sowohl von der Länge der durchlaufenen Leitungsstrecke als auch von den zwei Grundgrößen δ und v abhängig.

Die ideale, verlustfreie Leitung ist durch gleichzeitiges Verschwinden von Widerstand und Ableitung definiert; sie kann natürlich nicht physikalisch realisiert werden. Hierfür hat man δ und v gleich 0 zu setzen und erhält aus (16) und (17)

$$\begin{aligned} I &= 0 \quad \text{für} \quad t < \frac{x}{a}; \qquad I = \sqrt{\frac{C}{L}} \quad \text{für} \quad t > \frac{x}{a}, \\ U &= 0 \quad \text{für} \quad t < \frac{x}{a}; \qquad U = 1 \quad \text{für} \quad t > \frac{x}{a}. \end{aligned} \tag{21}$$

Strom und Spannung springen also nach Verstreichen der Laufzeit gleichzeitig auf ihre endgültigen Werte. Für einen Spannungsstoß $f(t)$ am Leitungsanfang ergeben sich die Wellen

$$\begin{aligned} I &= 0 \quad \text{für} \quad t < \frac{x}{a}; \qquad I = \sqrt{\frac{C}{L}} f\left(t - \frac{x}{a}\right) \quad \text{für} \quad t > \frac{x}{a}, \\ U &= 0 \quad \text{für} \quad t < \frac{x}{a}; \qquad U = f\left(t - \frac{x}{a}\right) \quad \text{für} \quad t > \frac{x}{a}. \end{aligned} \tag{22}$$

Hiernach pflanzen sich längs der verlustfreien Leitung die Wellen ohne jegliche Dämpfung oder Verzerrung mit der konstanten Geschwindigkeit a (gleich der Frontgeschwindigkeit) fort. Eine derartige Leitung stellt demnach eine ideale Energieübertragung dar.

Der behandelte Fall der verlustfreien Leitung besitzt nur theoretisches Interesse. Dagegen kann eine verzerrungsfreie Leitung, der wir uns jetzt zuwenden, in großer Annäherung wirklich hergestellt werden. Sie gestattet die verzerrungsfreie Fortpflanzung der auf ihr verkehrenden Wellen; gerade diese Eigenschaft hat dem Leitungstyp seinen Namen gegeben. Die analytische Definition der verlustfreien Leitung lautet

$$v \equiv \frac{R}{2L} - \frac{A}{2C} = 0. \tag{23}$$

Hierfür entsteht aus (16) und (17)

$$\begin{aligned} I &= 0 \quad \text{für} \quad t < \frac{x}{a}; \qquad I = \sqrt{\frac{C}{L}} e^{-\delta \frac{x}{a}} \quad \text{für} \quad t > \frac{x}{a}, \\ U &= 0 \quad \text{für} \quad t < \frac{x}{a}; \qquad U = e^{-\delta \frac{x}{a}} \quad \text{für} \quad t > \frac{x}{a}. \end{aligned} \tag{24}$$

Für den Spannungsstoß $f(t)$ am Leitungsanfang folgt also

$$\begin{aligned} I &= 0 \quad \text{für} \quad t < \frac{x}{a}; \quad I = \sqrt{\frac{C}{L}} e^{-\delta \frac{x}{a}} \cdot f\left(t - \frac{x}{a}\right) \quad \text{für} \quad t > \frac{x}{a}. \\ U &= 0 \quad \text{für} \quad t < \frac{x}{a}; \quad U = e^{-\delta \frac{x}{a}} \cdot f\left(t - \frac{x}{a}\right) \quad \text{für} \quad t > \frac{x}{a}. \end{aligned} \tag{24a}$$

Man erkennt, daß die Wellen längs der verzerrungsfreien Leitung zwar mit konstanter Geschwindigkeit (gleich der Frontgeschwindigkeit) entlanglaufen, wobei sie indes eine Dämpfung im Maße $e^{-\delta \frac{x}{a}}$ erfahren. Eine derartige Leitung kann als ideal bezeichnet werden, insoweit es auf die Erhaltung der Wellenform ankommt; aber man muß dabei im allgemeinen beträchtliche Dämpfungsverluste mit in Kauf nehmen. Wenn z. B. die Leitung im Normalzustande verschwindend kleine Ableitung besitzt, muß man eine besondere Zusatzableitung vorsehen, um die Bedingung der Verzerrungsfreiheit zu erfüllen; dabei wird die wirksame Dämpfung genau verdoppelt! Dennoch war die Entdeckung der grundlegenden Eigenschaften der verzerrungsfreien Leitung durch Heaviside einer der wichtigsten Schritte für die Entwicklung der leitungsgerichteten Nachrichtenübertragung; er konnte zeigen, inwieweit man eine solche Leitung praktisch annähern kann und auf Grund dieser Erkenntnisse die erste richtige Theorie der Drahttelegraphie aufstellen.

49. Das Ähnlichkeitsgesetz der Leitungswellen. Wenn die Leitungskonstanten δ und v ganz beliebige Werte annehmen, kann man die Eigentümlichkeiten des Ausbreitungsvorganges nur an Hand der strengen Formeln übersehen; hierzu müssen die Eigenschaften der Besselschen Funktionen J_0 und J_1 bekannt sein. Dies bereitet keinerlei Schwierigkeiten. Denn für kleine Argumente sind diese Funktionen tabuliert, während sie für großes Argument sehr einfache asymptotische Entwicklungen besitzen. Daher ist es leicht, den zeitlichen Verlauf von Spannung und Strom zahlenmäßig oder graphisch darzustellen. Hierzu ist es zweckmäßig, durch Einführung des Wellenweges

$$\tau = a \cdot t \tag{25}$$

und der numerischen Dämpfungs- und Verzerrungsziffer

$$\Delta = \frac{\delta}{a}; \quad V = \frac{v}{a} \tag{26}$$

Spannung und Strom in der Form zu schreiben

$$\sqrt{\frac{L}{C}}\, I = e^{-\Delta x} J_0\left(i V \sqrt{\tau^2 - x^2}\right) + (\Delta - V) \int_x^\tau e^{-\Delta \tau} J_0\left(i V \sqrt{\tau^2 - x^2}\right) d\tau. \tag{27}$$

$$U = e^{-\Delta x} + V x \int_x^\tau \frac{e^{-\Delta \tau(-i)} \cdot J_1\left(i V \sqrt{\tau^2 - x^2}\right) d\tau}{\sqrt{\tau^2 - x^2}}. \tag{28}$$

Dabei enthalten die rechtsstehenden Ausdrücke keinerlei auf eine spezielle Leitung bezügliche Daten mehr, so daß sie das Ähnlichkeitsgesetz der Wellenfortpflanzung längs Leitungen aussprechen: Alle Leitungen mit gleichem Δ und V sind äquivalent, sofern man an Stelle der wahren Zeit den Wellenweg, an Stelle des Stromes die Spannungsgröße $\sqrt{\frac{L}{C}}\, I$ einführt.

Die Abb. 11 bis 17 veranschaulichen die Gesetze (27) und (28), indem sie den zeitlichen Verlauf von Strom und Spannung an verschiedenen Leitungsorten und für variable Werte von Δ und V schildern. Zunächst zeigen Abb. 11 und 12 den Eingangsstrom einer Leitung unter der Wirkung eines Einheitsstoßes der Spannung. Dabei ist die Leitung als ableitungsfrei ($G = 0$) vorausgesetzt, und der Stromverlauf wurde für zwei verschiedene Werte der numerischen Dämpfung ausgewertet. Man erkennt, daß der Strom sofort auf den Wert $\sqrt{\frac{C}{L}}$ anspringt, um dann langsam gemäß $\Delta = \frac{R}{2}\sqrt{\frac{C}{L}}$ exponentiell abzuklingen. Im Orte x der Leitung fließt kein Strom, solange $\tau < x$; dann springt er bis zur Höhe $\sqrt{\frac{C}{L}}\, e^{-\Delta x}$, um weiterhin langsam gegen Null zu sinken, vorausgesetzt, daß $\Delta x < 2$. Ist dagegen $\Delta x > 2$, so steigt der Strom von seinem Anfangswerte aus noch an und erreicht ein Maximum, welches die eigentliche „Stirnhöhe“ beträchtlich übertrifft. In den Abb. 13, 14 und 15 ist diese Erscheinung für eine ableitungsfreie Leitung dargestellt. Man erkennt, daß mit wachsender numerischer Dämpfung und mit zunehmendem Wellenweg der Schwanz mehr und mehr die Stirn überwiegt. Geht man zu dem Grenzfall einer sehr langen Leitung über, so sinkt schließlich die „Stirn“ unter jeden

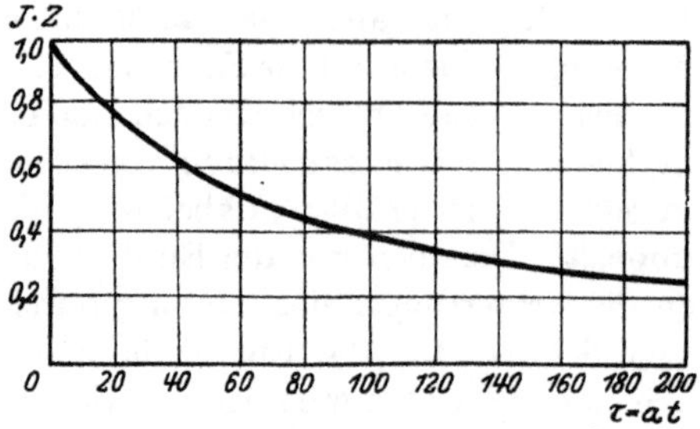

Abb. 11. Eingangsstrom einer Leitung $\left(\frac{1}{2}\frac{R}{Z} = 0{,}0132\right)$.

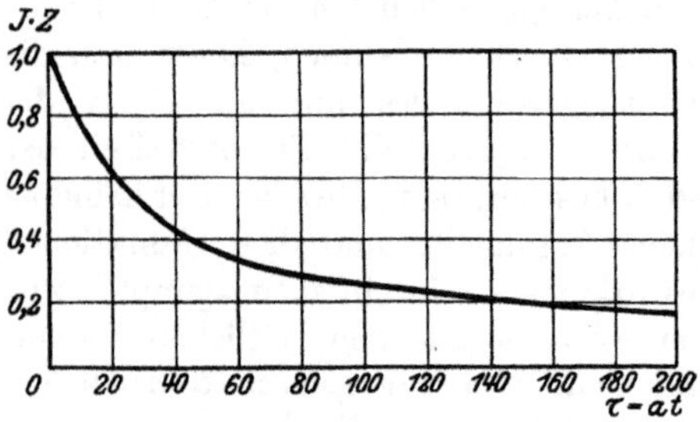

Abb. 12. Eingangsstrom einer Leitung $\left(\frac{1}{2}\frac{R}{Z} = 0{,}02645\right)$.

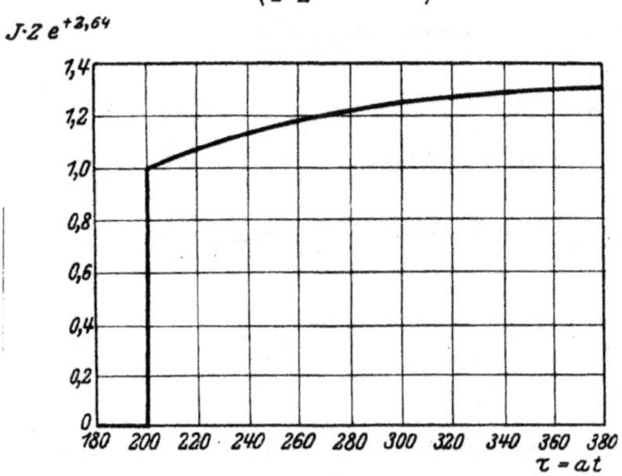

Abb. 13. Stromwelle auf der Leitung $\left(x = 200;\ \frac{1}{2}\frac{R}{Z} = 0{,}0132\right)$.

meßbaren Betrag und die Welle wird identisch mit dem früher behandelten Ausbreitungsvorgang in einem induktionsfreien Kabel. In Abb. 15 und 16 sind des bequemen Vergleichs halber die entsprechenden Kurven für eine Leitung und ein induktionsfreies Kabel nebeneinander dargestellt. Abb. 17 zeigt den Einfluß einer schwachen Verzerrung auf den Wellenschwanz.

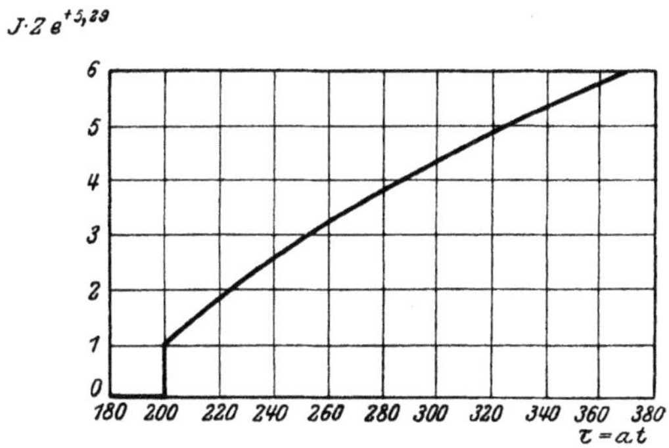

Abb. 14. Stromwelle auf der Leitung $\left(x = 200;\ \frac{1}{2}\frac{R}{Z} = 0{,}02645\right)$.

Die geschilderte Annäherung der Wellenform an die Ausbreitungsform einer Störung im induktionsfreien Kabel ist sehr bemerkenswert: sie zeigt, daß unter sonst gleichen Umständen die Induktivität keinen Einfluß auf die Ausbildung des Wellenschwanzes hat.

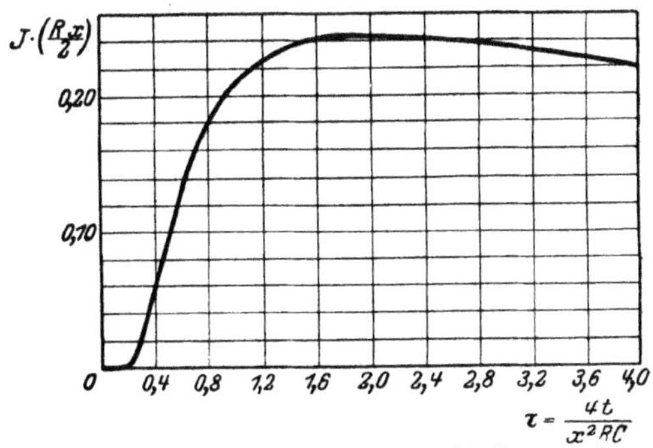

Abb. 15. Strom in der Leitung $\left(\frac{1}{2}\frac{R}{Z} \cdot x = 10\right)$.

In Abb. 18, 19 und 20 ist der zeitliche Anstieg der Spannung für verschiedene Verhältnisse gezeichnet. Nach dem Eintreffen der Wellenstirn nähert sich die Welle nur langsam ihrem Endwert. Abb. 20 zeigt den Spannungsanstieg an einer nahezu verzerrungsfreien Leitung, wobei ersichtlich der Wellenschwanz fast verschwindet.

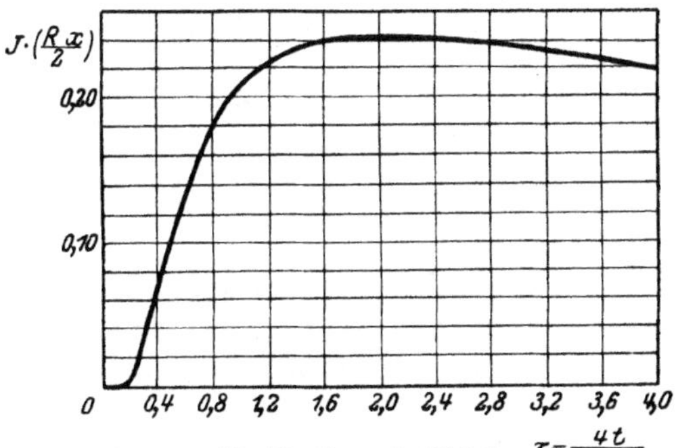

Abb. 16. Strom im Kabel.

50. Fortpflanzung von Sinuswellen. Bisher haben wir Strom- und Spannungswellen untersucht, welche durch einen Einheitsstoß der Spannung erregt werden. Von weit größerem technischen Interesse ist die Erforschung der Vorgänge, welche der plötzliche Eingriff einer am Leitungsanfang wirkenden Sinusspannung verursacht. Um diese Aufgabe zu übersehen, spaltet man zweckmäßig die Wellen (27) und (28) in je zwei Komponenten:

$$\left.\begin{aligned} I\sqrt{\frac{L}{C}} &= e^{-\varDelta x} + \bar{I}(t) \\ U &= e^{-\varDelta x} + \bar{U}(t) \end{aligned}\right\} \quad \text{für} \quad \tau > x\,. \tag{29}$$

Hier geben die überstrichenen Komponenten $\bar{I}(t)$ und $\bar{U}(t)$ gemäß Definition die Differenzen zwischen den Gesamtwellen und den „Stirnwellen“ an; sie schildern den eigentlichen Verzerrungsvorgang. Wirkt daher der Spannungsstoß $f(t)$, so erhält man nach Verstreichen der Laufzeit die Wellen

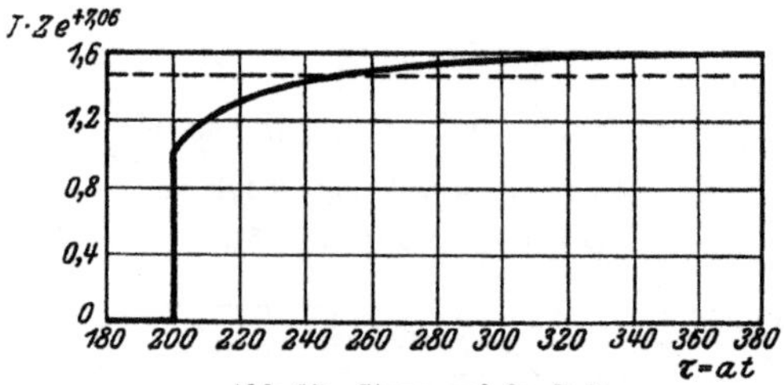

Abb. 17. Strom auf der Leitung $\left(x = 200;\ \frac{1}{2}\frac{R}{Z} + \frac{1}{2}GZ = 0{,}0353 \quad \frac{1}{2}\frac{R}{Z} - \frac{1}{2}GZ = 0{,}01765\right)$.

$$\begin{aligned} I\sqrt{\frac{L}{C}} &= e^{-\varDelta x} f\left(t - \frac{x}{a}\right) \\ &\quad + \int_{\frac{x}{a}}^{0} f(t - t_1)\,\bar{I}'(t_1)\,dt\,, \\ U &= e^{-\varDelta x} f\left(t - \frac{x}{a}\right) \\ &\quad + \int_{\frac{x}{a}}^{0} f(t - t_1)\,\bar{U}'(t_1)\,dt\,, \end{aligned} \tag{30}$$

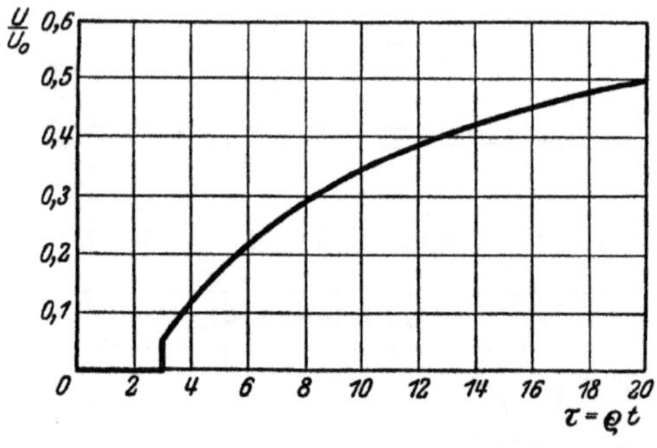

Abb. 18. Spannung auf der Leitung $\left(\frac{1}{2}\frac{R}{Z}\cdot x = 3\right)$.

wobei

$$\bar{I}' = \frac{d\bar{I}}{dt}, \qquad \bar{U}' = \frac{d\bar{U}}{dt}$$

gesetzt ist.

Die hier auftretenden Integrale können auf demselben Wege diskutiert werden, den wir bei der entsprechenden Aufgabe des induktionsfreien Kabels beschritten haben; sie ergeben wesentlich dieselben Wellentypen, die wir dort kennenlernten. Daher ist der Hauptunterschied in den ersten Komponenten der Gleichung (30) gegeben, welche unverzerrt mit der Frontgeschwindigkeit a fortschreitende Wellen darstellen. Wenn daher am Anfang der Leitung eine sinusförmige Spannung $\sin \omega t$ wirkt, so erhält man

$$
\begin{aligned}
I\sqrt{\frac{L}{C}} &= e^{-\Delta x}\sin\omega\left(t-\frac{x}{a}\right)+\int\limits_{\frac{x}{a}}^{t}\sin\omega\,(t-t_1)\,\overline{I}'(t_1)\,dt_1 \quad \text{für} \quad t>\frac{x}{a}, \\
U &= e^{-\Delta x}\sin\omega\left(t-\frac{x}{a}\right)+\int\limits_{\frac{x}{a}}^{0}\sin\omega\,(t-t_1)\,\overline{U}'(t_1)\,dt_1 \quad \text{für} \quad t>\frac{x}{a}.
\end{aligned} \tag{31}
$$

Offenbar sind die ersten Glieder dieser Ausdrücke identisch mit der wohlbekannten Spannungs- und Stromverteilung des eingeschwungenen Zustandes, vorausgesetzt, daß man die Betriebsfrequenz so wählt, daß Dämpfungsziffer und Phasengeschwindigkeit mit den entsprechenden Grenzwerten für unendlich anwachsende Frequenz vertauscht werden dürfen. Andererseits nehmen die Integrale in (30) mit zunehmender Frequenz dauernd ab. Hochfrequente Felder erreichen daher im wesentlichen ihren Endwert unmittelbar nach Verstreichen der Laufzeit, und die verzerrten Wellenschwänze werden unmerklich schwach. Alle diese Ergebnisse folgen erst aus der Berücksichtigung der Induktivität, so daß man ihre grundlegende Bedeutung für alle Wechselstromübertragungen erkennt, wobei ihr die Abnahme der Verzerrung zu danken ist. Wir müssen indes darauf hinweisen, daß für sehr lange Leitungen und hinreichend großer Dämpfung die Integrale in (30) im allgemeinen durchaus zu beachten sind, es sei denn, daß gleichzeitig die Frequenz sehr hoch ansteigt. Z. B. ist in langen Seekabeln die Wechselstromdämpfung so groß, daß gerade die ersten Komponenten in (30) sehr klein werden und man merklich nur die zweiten Komponenten erhält. In diesem

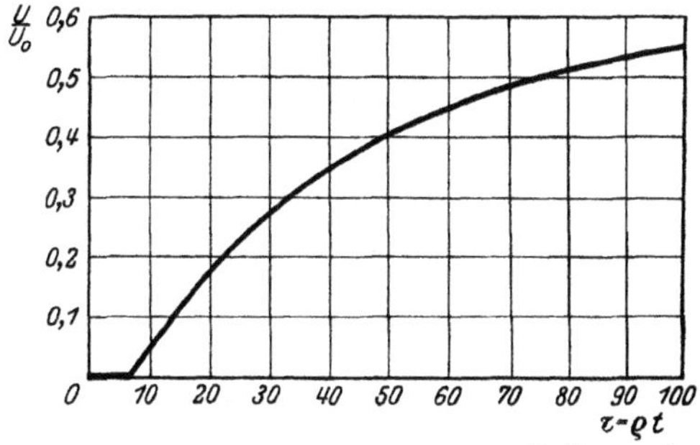

Abb. 19. Spannung auf der Leitung $\left(\frac{1}{2}\frac{R}{Z}\cdot x = 6\right)$.

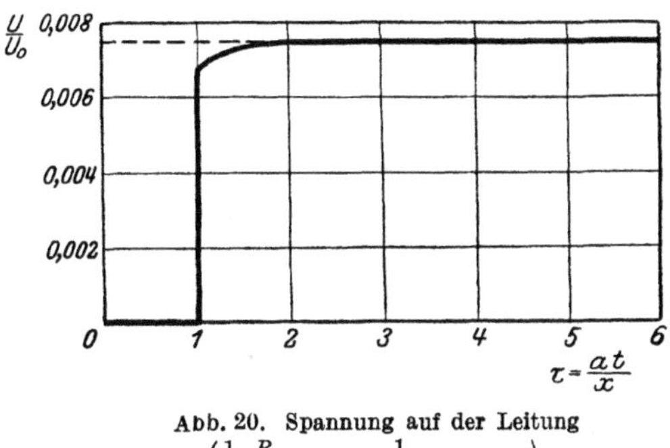

Abb. 20. Spannung auf der Leitung $\left(\frac{1}{2}\frac{R}{Z}\cdot x = 3;\quad \frac{1}{2}GZ\cdot x = 2\right)$.

Falle ist also der Verzerrungsvorgang entscheidend, Wechselströme sind dann für die Kabeltelegraphie ungeeignet.

Diese Verhältnisse lassen sich ein wenig einfacher übersehen, wenn wir auf die entsprechende Diskussion der Wellenausbreitung im induktionsfreien Kabel zurückgreifen. Der Vergleich zeigt, daß bei hinreichend hoher Frequenz das Integral (30) annähernd durch

$$\frac{1}{\omega}\bar{I}'(t)$$

gegeben ist. Daher lautet die gesamte Stromwelle

$$\frac{1}{Z}e^{-\Delta x}\sin\omega\left(t-\frac{x}{a}\right)+\frac{1}{\omega}\bar{I}'(t) \tag{32}$$

und ähnlich die Spannungswelle

$$e^{-\Delta x}\sin\omega\left(t-\frac{x}{a}\right)+\frac{1}{\omega}U'(t)\,. \tag{32a}$$

Wenn nun die gesamte Dämpfung Δx groß ist, erreichen die vorübergehenden Komponenten der Wellen (32), (32a) Werte, welche die durch die ersten Glieder repräsentierten Felder des eingeschwungenen Zustandes erheblich überwiegen.

VIII. Wanderwellen auf Starkstromleitungen.

51. Wanderwellen als Überspannungserreger. In der Theorie der elektrischen Nachrichtenübertragung sind die auf den Übertragsleitungen hin- und hereilenden Wellen nur Mittelglieder für den gewünschten technischen Arbeitsvorgang; sie sind als solche mit dem regulären Betriebe der hierfür bestimmten Kabel und Leitungen untrennbar verknüpft. Demgegenüber kommt den durch Schaltvorgänge ausgelösten freien Wanderwellen auf Starkstromleitungen nur vorübergehend eine selbständige Bedeutung zu: Sie überlagern sich dann den betriebsmäßig auf der Leitung verkehrenden Wellen der normalen Frequenz und können an einzelnen Orten der Leitungen erhebliche Überspannungen hervorrufen, welche die Isolation der Anlage gefährden. Diese Wirkung steigert sich noch beträchtlich beim Eindringen der Wanderwellen in die Wicklungen von Maschinen und Transformatoren, weil dann nach Maßgabe des räumlichen Anwachsens der Wanderwellenspannung dicht nebeneinander befindliche Teile der Wicklungen eine hohe Spannung gegeneinander annehmen können, die in vielen Fällen den Durchschlag der Isolation einleitet. Man versucht die gefährlichsten Wirkungen dieser Wanderwellen abzuschwächen, indem man vor die zu schützenden Anlageteile gewisse Kombinationen von Widerständen, Selbstinduktionen und Kapazitäten einbaut, welche die Form und die Höhe der Überspannungswelle in geeigneter Weise umwandeln sollen. Wir stellen uns deshalb die Aufgabe, die Gesetze der Wanderwellen und ihre Verformung durch im Zuge der Leitungen befindliche Schutzvorrichtungen zu untersuchen.

52. Operatorengleichung der Wanderwellen. Wanderwellen auf Starkstromleitungen unterliegen den allgemein gültigen Gesetzen der Fortpflanzung elektromagnetischer Störungen, wie sie in den Telegraphengleichungen mathematisch formuliert sind. Mit Rücksicht auf die numerischen Verhältnisse ausgeführter Starkstromleitungen kann man indes die Aufgabe vereinfachen. Zunächst sind der Ohmsche Widerstand und die Ableitung meist so klein, daß man in erster Näherung ganz von ihnen absehen darf, also mit einer verlustfreien Leitung rechnet. Sind die von den Wellen durchlaufenen Strecken indes so groß, daß die Dämpfung durch die Leitungsverluste die Höhe der Wellen schon beträchtlich verringert hat, so kann man sich in der Regel mit der Kenntnis eben jener Wellenhöhe begnügen, während die Verschleifung des Wellenschwanzes durch die Leitungsverzerrung kaum Interesse bietet; in zweiter Näherung darf man also die Leitung zumindest als verzerrungsfrei betrachten.

Sind U, I Spannung und Strom der Wanderwelle am Orte x der Leitung, so gelten für einen exponentiell mit e^{pt} anwachsenden Vorgang auf verlustfreier Leitung die Gleichungen

$$-\frac{dU}{dx} = L p I , \tag{1}$$

$$-\frac{dI}{dx} = C p U , \tag{2}$$

darin ist L die Induktivität, C die Kapazität je Längeneinheit der Leitung. Eliminiert man den Strom, so folgt als Operatorengleichung der Spannungswelle

$$\frac{d^2U}{dx^2} = L C p^2 \cdot U = \frac{p^2}{a^2} U . \tag{3}$$

Die Größe $a = \frac{1}{\sqrt{LC}}$ besitzt hiernach die Dimension einer Geschwindigkeit und erweist sich später als Frontgeschwindigkeit der Welle, die für Starkstromleitungen in guter Näherung mit der Fortpflanzungsgeschwindigkeit des gesamten Wellengebildes übereinstimmt.

Die Lösungen der Gleichung der Spannungswelle lassen sich in der allgemeinen Form schreiben

$$U = U_a \cdot e^{-\frac{p}{a}x} + U_e \, e^{+\frac{p}{a}x} . \tag{4}$$

Aus ihnen ergibt sich mittels örtlicher Differentiation nach x gemäß Gleichung (1) die Operatorengleichung des Stromes

$$I = \frac{1}{Lp} \cdot \frac{p}{a} \cdot \left[U_a e^{-\frac{p}{a}x} - U_e e^{+\frac{p}{a}x}\right] \tag{5}$$

oder mit Beachtung der Definition von a

$$I = \sqrt{\frac{C}{L}} \cdot \left[U_a e^{-\frac{p}{a}x} - U_e e^{+\frac{p}{a}x}\right] = \frac{U_a}{Z} e^{-\frac{p}{a}x} - \frac{U_e}{Z} e^{+\frac{p}{a}x}. \tag{5a}$$

Darin ist $Z = \sqrt{\frac{L}{C}}$ eine Konstante der Leitung, welche mit Rücksicht auf die Analogie der Stromgleichung mit dem Ohmschen Gesetz als Wellenwiderstand bezeichnet wird.

Für die verlustbehaftete Leitung ohne Verzerrung gelten analog (1), (2) die Gleichungen

$$-\frac{dU}{dx} = (Lp + R)\, I = L(p + \delta)\, I\,, \tag{6}$$

$$-\frac{dI}{dx} = (Cp + G)\, U = C(p + \delta)\, U\,, \tag{7}$$

wenn

$$\delta = \frac{R}{L} = \frac{G}{C} \equiv \frac{1}{2}\left(\frac{R}{L} + \frac{G}{C}\right) \tag{8}$$

gesetzt wird. Eliminiert man wiederum den Strom, so ergibt sich als Spannungsgleichung

$$\frac{d^2 U}{dx^2} = LC(p + \delta)^2\, U = \frac{(p + \delta)^2}{a^2}\, U\,. \tag{9}$$

Ihre Lösung lautet

$$U = U_a \cdot e^{-\frac{\delta}{a}x} \cdot e^{-\frac{p}{a}x} + U_e e^{+\frac{\delta}{a}x} \cdot e^{+\frac{p}{a}x} \tag{10}$$

und der Strom folgt

$$I = \frac{U_a}{Z} e^{-\frac{\delta}{a}x} \cdot e^{-\frac{p}{a}x} - \frac{U_e}{Z} e^{+\frac{\delta}{a}x} \cdot e^{+\frac{p}{a}x}. \tag{11}$$

Hierin haben a und Z genau die gleiche Bedeutung wie bei der verlustfreien Leitung; sie sind also von p unabhängig. Da das gleiche von den Exponentialfaktoren $e^{\pm\frac{\delta}{a}x}$ gilt, sind hinsichtlich der Operatorengleichung die für die verlustfreien und für die der verzerrungsfreien Leitungen geltenden Wellengesetze als gleichwertig zu betrachten.

53. Wanderwellen auf unbegrenzter Leitung. Ein Einheitsstoß der Spannung wirke auf eine unbegrenzte Leitung; wir fragen nach den von ihr erregten Wanderwellen.

Für die verlustfreie Leitung erhält man nach (4) die Operatorengleichung

$$U = e^{-\frac{p}{a}x}. \tag{12}$$

Ihr entspricht als gleichwertige Integralgleichung

$$\frac{e^{-\frac{p}{a}x}}{p} = \int_0^\infty e^{-pt} \cdot f(t) \cdot dt\,.$$

Man verifiziert durch Einsetzen unmittelbar die Lösung

$$\begin{aligned} U &= f(t) = 0 \quad \text{für} \quad t < \frac{x}{a}\,, \\ U &= f(t) = 1 \quad \text{für} \quad t > \frac{x}{a}\,. \end{aligned} \tag{13}$$

Da der Strom sich aus $I = \frac{U}{Z}$ berechnet, folgt für ihn der gleiche Zeitverlauf

$$\begin{aligned} I &= 0 \quad \text{für} \quad t > \frac{x}{a}\,, \\ I &= \frac{1}{Z} \quad \text{für} \quad t < \frac{x}{a}\,. \end{aligned} \tag{13a}$$

Durch diese Formeln sind Wellen mit steiler Front dargestellt, welche sich mit der Geschwindigkeit a längs der Leitung fortpflanzen. Man erhält also mittels der Operatorengleichung dieses Urbild der Sprungwellen unmittelbar, ohne zuerst die Erscheinungen auf begrenzter Leitung kennen zu müssen.

Für die verzerrungsfreie Leitung mit Verlusten läßt sich die oben durchgeführte Rechnung sogleich übernehmen; man hat nur überall den Dämpfungsfaktor $e^{-\frac{\delta}{a}x}$ hinzuzufügen. Beschränken wir uns hier auf die Spannungswelle, so gilt also

$$\begin{aligned} U &= 0 \qquad\qquad \text{für} \quad t > \frac{x}{a}\,, \\ U &= 1 \cdot e^{-\frac{\delta}{a}x} \quad \text{für} \quad t < \frac{x}{a}\,. \end{aligned} \tag{13b}$$

Man kann dieses Ergebnis der Anschauung näher bringen, indem man sich die „Leitkurve“ $e^{-\frac{\delta}{a}x}$ aufzeichnet und nun in den zwischen ihr und der x-Achse liegenden Streifen eine Welle mit der Geschwindigkeit a einlaufen läßt (Abb. 21). Dabei bleibt also die steile Stirn erhalten, nur ihre Höhe nimmt exponentiell ab.

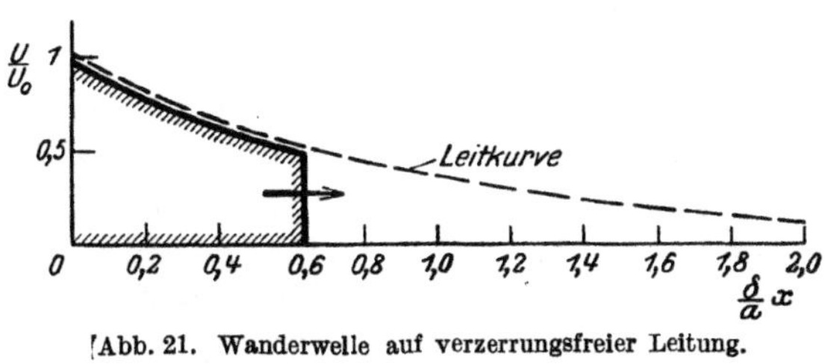

Abb. 21. Wanderwelle auf verzerrungsfreier Leitung.

Ganz analoge Erscheinungen treten ein, wenn statt des Einheitsstoßes der Spannung eine nach vorgegebenem Zeitgesetz variable Spannung die Welle erregt.

Sei nämlich $U_0(t)$ diese Spannung, so folgt die Wanderwellenspannung am Orte x der Leitung mit Beachtung von (13)

$$U = \frac{d}{dt}\int_0^t U_0(\tau) f(t-\tau)\,d\tau\,. \tag{14}$$

Nun ist

$$f(t) = 1 \quad \text{für} \quad t > \frac{x}{a}\,,$$

$$f(t) = 0 \quad \text{für} \quad t < \frac{x}{a}\,.$$

also

$$f(t-\tau) = 1 \quad \text{für} \quad t-\tau > \frac{x}{a}\,; \quad \tau < t - \frac{x}{a}\,,$$

$$f(t-\tau) = 0 \quad \text{für} \quad t-\tau < \frac{x}{a}\,; \quad \tau > t - \frac{x}{a}\,.$$

Daher ist das obenstehende Integral nur bis zur Grenze $t - \frac{x}{a}$ zu erstrecken, und man erhält

$$U = \frac{d}{dt}\cdot\int_0^{t-\frac{x}{a}} U_0(\tau)\,d\tau = U_0\left(t - \frac{x}{a}\right). \tag{15}$$

Ebenso gilt für den Strom

$$I = \frac{U}{Z} = \frac{U_0\left(t-\frac{x}{a}\right)}{Z}\,. \tag{15a}$$

Nach Verstreichen der Laufzeit $\frac{x}{a}$ erscheint also die angelegte Spannung U_0 in voller Höhe am Orte x der Leitung, begleitet von einem ihr proportionalen Strome. Beide Wellen schreiten unverzerrt mit der Frontgeschwindigkeit a vorwärts. Wenn die Leitung Verluste aufweist, erhält man auf genau dem gleichen Wege

$$U = U_0\left(t - \frac{x}{a}\right)\cdot e^{-\delta\frac{x}{a}}\,, \tag{15b}$$

da der Dämpfungsfaktor bei der Integration nach der Zeit gemäß Gleichung (14) als Konstante behandelt werden kann. Auch hier bleibt also die Wellenform von dem Dämpfungsvorgang unberührt, nur die Wellenhöhe nimmt beim Fortschreiten längs der Leitung ab.

54. Reflexionsgesetze. Gegeben sei eine begrenzte Leitung *1* der sehr großen Länge s; Z_1 sei ihr Wellenwiderstand, a_1 die Frontgeschwindigkeit auf ihr laufender Wanderwellen. An sie ist eine zweite unbegrenzte Leitung mit den von Z_1, a_1 abweichenden Konstanten Z_2, a_2 angeschlossen. Es wird nach den Vorgängen am Knotenpunkt beim Auftreffen einer Wanderwelle gefragt, welche durch einen am Anfang der Leitung *1* angreifenden Einheitsstoß der Spannung erregt werden.

Auf der Leitung *2* gelten für einen mit e^{pt} exponentiell anklingenden Vorgang die Gesetze der unbegrenzten Leitung; sei U_{a2} die am Knotenpunkt wirksame Spannung, so hat man als Spannungen und Ströme der Leitung *2* in der Entfernung x_2 vom Knotenpunkt

$$\begin{aligned} U_2 &= U_{a_2} \cdot e^{-\frac{p}{a_2} x_2}, \\ I_2 &= \frac{U_{a_2}}{Z_2} \cdot e^{-\frac{p}{a_2} x_2}. \end{aligned} \tag{16}$$

Auf der Leitung *1* dagegen hat man auch Wellen zu beachten, die vom Knotenpunkt gegen den Leitungsanfang hineilen; dort setzen wir also für eine Entfernung x_1 vom Leitungsanfang

$$\begin{aligned} U_1 &= U_{a_1} e^{-\frac{p}{a_1} \cdot x_1} + U_{e_1} e^{\frac{p}{a_1} x_1}, \\ I_1 &= \frac{U_{a_1}}{Z_1} e^{-\frac{p}{a_1} x_1} - \frac{U_{e_1}}{Z_1} e^{\frac{p}{a_1} x_1}. \end{aligned}$$

Strom- und Spannungsgrößen müssen am Knotenpunkt ($x_1 = 2$, $x_2 = 0$) stetig ineinander übergehen. Demnach folgen die Beziehungen

$$\begin{aligned} U_{a_2} &= U_{a_1} e^{-\frac{p}{a_1} s} + U_{e_1} e^{\frac{p}{a_1} s}, \\ \frac{Z_1}{Z_2} U_{a_2} &= U_{a_1} e^{-\frac{p}{a_1} s} - U_{e_1} e^{\frac{p}{a_1} s}. \end{aligned} \tag{17}$$

Durch Addition und Subtraktion erhält man die Wellen der Leitung *1* ausgedrückt durch die Wellen der Leitung *2*

$$\begin{aligned} U_{a_1} &= \frac{1}{2} U_{a_2} \left(1 + \frac{Z_1}{Z_2}\right) e^{\frac{p}{a_1} s}, \\ U_{e_1} &= \frac{1}{2} U_{a_2} \left(1 - \frac{Z_1}{Z_2}\right) e^{-\frac{p}{a_1} s}. \end{aligned} \tag{17a}$$

Berücksichtigt man weiterhin, daß am Anfang der Leitung *1* ($x_1 = 0$) ein Einheitsstoß der Spannung angelegt wird, so gilt dort als Grenzbedingung

$$U_{a_1} + U_{e_1} = 1$$

oder

$$U_{a_2} \left[\operatorname{Cof} \frac{p}{a_1} s + \frac{Z_1}{Z_2} \operatorname{Sin} \frac{p}{a_1} s\right] = 1 .$$

Für die am Knotenpunkt erregte Spannung gilt also die Operatorengleichung

$$U_{a_2} = \frac{1}{\operatorname{Cof} \frac{p}{a_1} s + \frac{Z_1}{Z_2} \operatorname{Sin} \frac{p}{a_1} s} = \frac{2}{e^{\frac{p}{a_1} s} \left[1 + \frac{Z_1}{Z_2}\right] + e^{-\frac{p}{a_1} s} \left[1 - \frac{Z_1}{Z_2}\right]} \tag{18}$$

und also allgemein für die Spannungswelle der Leitung *2*

$$U_2 = U_{a_2} \cdot e^{-\frac{p}{a_2} x_2} = \frac{2 e^{-\frac{p}{a_2} x_2}}{e^{\frac{p}{a_1} s}\left[1 + \frac{Z_1}{Z_2}\right] + e^{-\frac{p}{a_1} s}\left[1 - \frac{Z_1}{Z_2}\right]}. \qquad (18\text{a})$$

Ähnlich lauten die Operatorengleichungen der Spannungswellen auf Leitung *1*

$$U_{a_1} \cdot e^{-\frac{p}{a_1} x_1} = \left(1 + \frac{Z_1}{Z_2}\right) \frac{e^{\frac{p}{a_1} s} \cdot e^{-\frac{p}{a_1} x_1}}{e^{\frac{p}{a_1} s}\left[1 + \frac{Z_1}{Z_2}\right] + e^{-\frac{p}{a_1} s}\left[1 - \frac{Z_1}{Z_2}\right]}, \qquad (19)$$

$$U_{e_1} \cdot e^{+\frac{p}{a_1} x_1} = \left(1 - \frac{Z_1}{Z_2}\right) \frac{e^{-\frac{p}{a_1} s} \cdot e^{+\frac{p}{a_1} x_1}}{e^{\frac{p}{a_1} s}\left[1 + \frac{Z_1}{Z_2}\right] + e^{-\frac{p}{a_1} s}\left[1 - \frac{Z_1}{Z_2}\right]}. \qquad (19\text{a})$$

Hieraus ergeben sich die Gleichungen der Stromwellen durch Division mit dem jeweils wirksamen Wellenwiderstand, so daß ihr zeitlicher Verlauf sich nur durch konstante Zahlen vom Spannungsverlauf unterscheidet.

Um die Reflexionsgesetze in reiner Form zu erhalten, sei die Leitung *1* als sehr lang vorausgesetzt, so daß die reflektierten Wellen den Leitungsanfang nicht erreichen. Streichen wir hiernach das mit $e^{-\frac{p}{a_1} s}$ behaftete Glied im Nenner der Operatorengleichungen, so vereinfachen sich diese in

$$U_2 = \frac{2 e^{-\frac{p}{a_2} x_2} \cdot e^{-\frac{p}{a_1} s}}{1 + \frac{Z_1}{Z_2}} = \frac{2 e^{-p\left(\frac{x_2}{a_2} + \frac{s}{a_1}\right)}}{1 + \frac{Z_1}{Z_2}}, \qquad (18\text{b})$$

$$U_{a_1} \cdot e^{-\frac{p}{a_1} x_1} = e^{-\frac{p}{a_1} x_1}, \qquad (19\text{b})$$

$$U_{e_1} \cdot e^{+\frac{p}{a_1} x_1} = \frac{Z_2 - Z_1}{Z_2 + Z_1} e^{-\frac{p}{a_1} s} \cdot e^{-\frac{p}{a_1}(s - x)}. \qquad (19\text{c})$$

Die Operatorengleichung für $U_{a_1} e^{-\frac{p}{a_1} x_1}$ ergibt eine auf der Leitung *1* mit der Frontgeschwindigkeit a_1 vorwärtslaufende Welle; sie spiegelt die unmittelbare Wirkung des Einheitsstoßes am Leitungsanfang.

Ähnlich erkennen wir in $U_{e_1} e^{+\frac{p}{a_1} x_1}$ eine reflektierte Welle, welche nach der für das Durchlaufen der Leitungslänge s erforderlichen Zeit $\frac{s}{a_1}$ am Knotenpunkt beider Leitungen entspringt und mit der Geschwindigkeit a_1 rückwärts eilt; maßgebend für ihre Höhe ist der Reflexionsfaktor

$$f_r = \frac{Z_2 - Z_1}{Z_2 + Z_1}. \qquad (20)$$

Für $Z_2 > Z_1$, also den Übergang in eine Leitung von höherem Wellenwiderstande, erhält man einen positiven Reflexionsfaktor, so daß infolge der Reflexion eine relative Überspannung vom Betrage entsteht

$$1 + f_r = \frac{2 Z_2}{Z_2 + Z_1}.$$

Sie bleibt indes stets unterhalb 2 und erreicht diesen Grenzwert erst für $Z_2 \to \infty$, also ein offenes Leitungsende. Ist dagegen $Z_1 > Z_2$, so schlägt das Vorzeichen der reflektierten Welle um, die Gesamtspannung erniedrigt sich und verschwindet völlig für $Z_2 = 0$ (Kurzschluß am Leitungsende).

Die in die Leitung *2* einziehende Welle ist ebenfalls eine Sprungwelle mit rechteckiger Wellenstirn, deren Höhe durch den Brechungsfaktor gegeben ist

$$f_b = 2 \frac{Z_2}{Z_1 + Z_2} = 1 + f_r. \tag{21}$$

Sie bewegt sich natürlich mit der ihrer Leitung eigentümlichen Frontgeschwindigkeit a_2 vorwärts.

55. Schalten über Schutzleitung. Man kann die Reflexion und Brechung am Knotenpunkt zweier Leitungen zur Umformung der in die eigentliche Leitung *2* eindringenden Wellen benutzen, indem man die Leitung *1* passend dimensioniert. Wir wollen die Wirkungsweise einer solchen Schutzleitung aus den allgemeinen Gleichungen des vorigen Abschnittes herleiten, indem wir jetzt die endliche Länge der Schutzleitung berücksichtigen. Dabei beschränken wir uns auf die Knotenpunktsspannung, aus welcher die hauptsächlich interessierende Form der in die Leitung *2* eindringenden Welle nach Gleichung (16) sofort hergeleitet werden kann.

Wir schreiben

$$U_{a_2} = \frac{2}{e^{\frac{p}{a_1}s}\left[1 + \frac{Z_1}{Z_2}\right] + e^{-\frac{p}{a_1}s}\left[1 - \frac{Z_1}{Z_2}\right]} = e^{-\frac{p}{a_1}s} \cdot f_b \cdot \frac{1}{1 + f_r \cdot e^{-2\frac{p}{a_1}s}}, \tag{22}$$

worin die Brechungs- und Reflexionsfaktoren des Knotenpunktes nach Gleichungen (20), (21) eingeführt sind. Den Bruch dürfen wir wegen $|f_r| \leqq 1$ in eine beständig konvergente geometrische Reihe entwickeln:

$$U_{a_2} = e^{-\frac{p}{a_1}} f_b \left[1 - f_r\, e^{-2\frac{p}{a_1}s} + f_r^2\, e^{-4\frac{p}{a_1}s} - + \cdots\right]. \tag{22a}$$

Jeder Posten der Reihe stellt einen Spannungsstoß dar, wobei das n-te Glied nach der Zeit $t_n = \frac{s}{a_1} + 2(n-1)\frac{s}{a_1} = \frac{s}{a_1}(2n-1)$ in der Höhe $f_b \cdot (-1)^{n-1} \cdot f_r^{\,n-1}$ auftritt. Als Gesamtspannung zu dieser Zeit hat man also

$$U_{a_2\,t = t_n} = f_b \cdot \frac{1-(-f_r)^n}{1+f_r} = 1 - (-f_r)^n. \tag{22b}$$

Für die Wirkungsweise der Leitung *1* ist das Vorzeichen des Reflexionsfaktors f_r von entscheidender Bedeutung. Sei zunächst $Z_2 > Z_1$ vorausgesetzt, was dem Aufladen einer Freileitung über ein Kabel entspricht; hierfür wird $f_r > 0$. Man erkennt, daß zuerst ($n = 1$) eine Überspannung $1 + f_r$ auftritt, welche in oszillierenden Sprüngen auf den Endwert 1 abgebaut wird; bei dieser Schaltung wird also in der Leitung *2* ein abklingender Wellenzug erregt, dessen Frequenz durch die vierfache Laufzeit auf der Leitung *1* gegeben ist (Abb. 22).

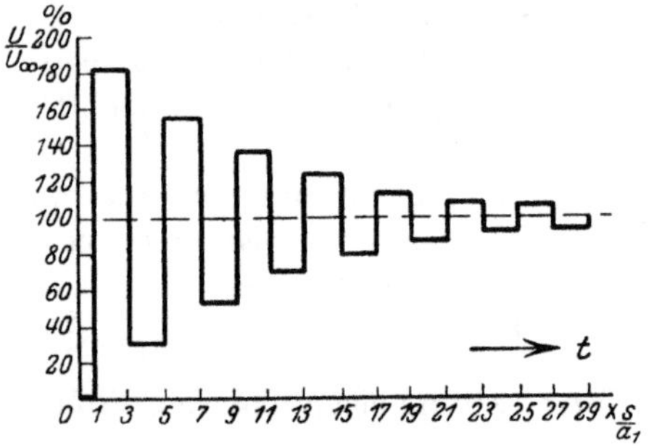

Abb. 22. Schalten einer Freileitung über ein Kabel ($Z_1 = 50\,\Omega$, $Z_2 = 500\,\Omega$).

Schaltet man umgekehrt die Leitung *2* über eine Leitung *1* der Eigenschaft $Z_2 < Z_1$, also beispielsweise ein Kabel über eine Freileitung, so hat man für $f_r < 0$ und demnach

$$U_{a_2 t = t_n} = 1 - |f_r|^n .$$

Hier wird also anfangs nur die kleine Spannung $1 - |f_r| = \frac{2 Z_2}{Z_2 + Z_1}$ von der ankommenden Welle erregt, und diese wächst nach Abb. 23 in monoton zunehmenden Sprüngen bis auf den Endwert 1 an; die in die Leitung *2* eindringende Welle besitzt somit eine stark abgeflachte Wellenstirn. Um also die Wellenfront beim Schalten im günstigen Sinne umzuformen, muß man der Schutzleitung stets einen höheren Wellenwiderstand geben als der Hauptleitung.

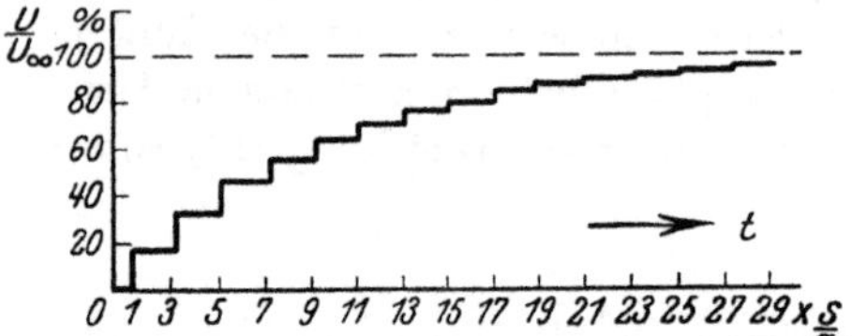

Abb. 23. Schalten eines Kabels über eine Freileitung ($Z_1 = 500\,\Omega$, $Z_2 = 50\,\Omega$).

Von hier aus ergibt sich die wichtige Frage, wie sich eine solche Anordnung gegen Wellen verhält, die aus der Hauptleitung kommen und über die Schutzstrecke in den Generator (oder Transformator) eindringen. Um sie zu beantworten, wollen wir uns überschläglich die Apparatwicklung als eine Leitung von sehr hohem Wellenwiderstand vorstellen. Durch diese Vereinfachung wird die gestellte Frage der folgenden einfachen Behandlung zugänglich:

56. Wirkung von Zwischenleitungen. Am Anfang der sehr langen Leitung *1* wirke ein Einheitsstoß der Spannung; wir fragen nach der Form der in eine unbegrenzte Leitung *2* hineinlaufenden Welle, wenn eine Zwischenleitung der Länge s die beiden Hauptleitungen trennt.

Für die Wellen der Leitung *2* gilt wieder Gleichung (16); ebenso können wir die früher für die Leitung *1* hergeleiteten Beziehungen sogleich zur Beschreibung des Wellenvorganges auf der Zwischenleitung übernehmen, sofern man nur, der veränderten Bezeichnungsweise entsprechend, die Indizes streicht:

$$U_a = \frac{1}{2} U_{a_2} \left(1 + \frac{Z}{Z_2}\right) e^{\frac{p}{a} s},$$

$$U_e = \frac{1}{2} U_{a_2} \left(1 - \frac{Z}{Z_2}\right) e^{-\frac{p}{a} s}.$$

Der in die Zwischenleitung eindringende Strom ist

$$\frac{U_a}{Z} - \frac{U_e}{Z} = \frac{1}{2Z} U_{a_2} \left[\left(1 + \frac{Z}{Z_2}\right) e^{\frac{p}{a} s} - \left(1 - \frac{Z}{Z_2}\right) e^{-\frac{p}{a} s}\right].$$

Die Spannungswellen auf der Leitung *1* schreiben wir

$$U_1 = U_{a_1} e^{-\frac{p}{a_1} x} + U_{e_1} e^{+\frac{p}{a_1} x}.$$

Vernachlässigen wir die reflektierte Welle wegen der als sehr groß vorausgesetzten Länge der Leitung *1*, so wird $U_{a_1} = 1$, während sich U_{e_1} aus den Grenzbedingungen am Knotenpunkt der Leitung *1* und der Zwischenleitung bestimmt. Die erste Grenzbedingung fordert die Stetigkeit der Spannungen

$$U_{a_1} \cdot e^{-\frac{p}{a_1} s_1} + U_{e_1} e^{+\frac{p}{a_1} s_1} \equiv 1 \cdot e^{-\frac{p}{a_1} s_1} + U_{e_1} e^{+\frac{p}{a_1} s_1}$$
$$= \frac{1}{2} U_{a_2} \left[\left(1 + \frac{Z}{Z_2}\right) e^{\frac{p}{a} s} + \left(1 - \frac{Z}{Z_2}\right) e^{-\frac{p}{a} s}\right].$$

Ebenso muß der Strom stetig sein

$$\frac{Z}{Z_1}\left(U_{a_1} e^{-\frac{p}{a_1} s_1} - U_{e_1} e^{+\frac{p}{a_1} s_1}\right) \equiv \frac{Z}{Z_1}\left(e^{-\frac{p}{a_1} s_1} - U_{e_1} e^{+\frac{p}{a_1} s_1}\right)$$
$$= \frac{1}{2} U_{a_2} \left[\left(1 + \frac{Z}{Z_2}\right) e^{\frac{p}{a} s} - \left(1 - \frac{Z}{Z_2}\right) e^{-\frac{p}{a} s}\right].$$

Wir wollen auch hier nur die Form der in die Leitung *2* eindringenden Welle zu ermitteln suchen, welche wesentlich mit dem zeitlichen Verlauf der Knotenpunktsspannung U_{a_2} übereinstimmt:

$$U_{a_2} = \frac{4 \cdot e^{-\frac{p}{a_1} s}}{\left(1 + \frac{Z}{Z_2}\right)\left(1 + \frac{Z_1}{Z}\right) e^{\frac{p}{a} s} + \left(1 + \frac{Z}{Z_2}\right)\left(1 - \frac{Z_1}{Z}\right) e^{-\frac{p}{a} s}}. \qquad (23)$$

Nennen wir f_{b_1}, f_{r_1} die für den Knotenpunkt der Leitung *1* mit der Zwischenleitung gültigen Reflexions- und Brechungsfaktoren, ebenso die Faktoren für den Knotenpunkt der Zwischenleitung und der Leitung *2* f_{b_2} und f_{r_2}, so können wir schreiben

$$U_{a_2} = f_{b_2} \cdot f_{b_1} \cdot \frac{e^{-\frac{p}{a_1} s_1} \cdot e^{-\frac{p}{a} s}}{1 + f_{r_2} \cdot f_{r_1} \cdot e^{-2\frac{p}{a} s}}, \tag{23a}$$

Darin ist also definitionsgemäß

$$f_{b_2} = \frac{2 Z_2}{Z + Z_2}; \quad f_{b_1} = \frac{2 Z}{Z + Z_1}; \quad f_{r_2} = \frac{Z_2 - Z}{Z_2 + Z}; \quad f_{r_1} = \frac{Z - Z_1}{Z + Z_1}.$$

Nun entwickeln wir, genau wie im vorigen Abschnitt,

$$U_{a_2} = f_{b_2} f_{b_1} e^{-p\left(\frac{s_1}{a_1} + \frac{s}{a}\right)} \cdot \left[1 - f_{r_2} f_{r_1} e^{-2\frac{p}{a} s} + (f_{r_2} f_{r_1})^2 e^{-4\frac{p}{a} s} - + \cdots\right]$$

und erkennen die Darstellung einer stufenförmig veränderlichen Funktion, welche nach der Totallaufzeit $t_0 = \frac{s_1}{a_1} + \frac{s}{a}$ mit dem endlichen Sprunge f_{b_2}, f_{b_1} einsetzt und dann immer nach Verlauf der doppelten Laufzeit der Zwischenleitung in geometrischer Progression springt. Für die Zeit $t_n = t_0 + (2n - 2)\frac{s}{a}$ erhält man als Gesamthöhe der Spannung

$$U_{a_2 t = t_n} = f_{b_2} \cdot f_{b_1} \cdot \frac{1 - (-f_{r_2} \cdot f_{r_1})^n}{1 + f_{r_2} \cdot f_{r_1}} = \frac{2 Z_2}{Z_1 + Z_2}\left[1 - (-f_{r_2} \cdot f_{r_1})^n\right]. \tag{24}$$

Hier ist $\frac{2 Z_2}{Z_1 + Z_2}$ mit dem Brechungsfaktor $f_{b_{12}}$ für unmittelbaren Übergang der Sprungwellen aus Leitung *1* in Leitung *2* identisch, so daß wir schreiben können

$$U_{a_2 t = t_n} = f_{b_{12}} \cdot \left[1 - (-f_{r_2} \cdot f_{r_1})^n\right].$$

Ist nun $f_{r_2} \cdot f_{r_1} > 0$, so erfolgt der Aufbau der Welle oszillatorisch (vgl. Gleichung (22b) und Abb. 22); dies fordert für die Wellenwiderstände die Bedingung

$$Z_2 > Z > Z_1 \quad \text{oder} \quad Z_2 < Z < Z_1 .$$

Wenn also die Wellenwiderstände im Zuge der Wanderwelle monoton wachsen oder fallen, werden durch eine auflaufende Wanderwelle hinter der Zwischenleitung Schwingungszüge erregt. Will man diese gefährliche Erscheinung vermeiden, so muß man $f_{r_2} \cdot f_{r_1} < 0$, also

$$Z_2 > Z < Z_1 \quad \text{oder} \quad Z_2 < Z > Z_1$$

machen. Denn dann wird

$$U_{a_2 t = t_n} = f_{b_{12}} \left[1 - (|f_{r_2} \cdot f_{r_1}|)^n\right].$$

Die Welle erhält einen flachen Kopf, der erste Sprung erreicht eine nur mäßige Höhe. Wenn insbesondere eine Apparatwicklung mit sehr hohem Wellenwiderstande gegen Sprungwellen aus einer Freileitung geschützt werden soll, muß man zwischen Freileitung und Wicklung eine Schutzkabelstrecke vorsehen; dagegen können zufällig zwischen Freileitung und Wicklung liegende Wicklungen mäßigen Wellenwiderstandes (Luftdrosseln, Auslöser, Stromwandler) gefährliche Schwingüberspannungen zur Folge haben.

57. Umformung von Sprungwellen durch Spulen und Kondensatoren. Zwischen zwei Leitungen *1* und *2* sei eine Drossel der Induktivität L geschaltet; wir fragen nach der Form der in die Leitung *2* hineinlaufenden Welle, wenn an den Anfang der Leitung *1* (Länge s_1) ein Einheitsstoß der Spannung gelegt wird.

Für die Leitung *2* hat man als Spannungs- und Stromwellen

$$U_2 = U_{a_2} \cdot e^{-\frac{p}{a_2} x_2},$$

$$I_2 = \frac{U_{a_2}}{Z_2} \cdot e^{-\frac{p}{a_2} x_2}.$$

Der Spannungsabfall in der Drossel ist

$$L p I_{2\, x_2 = 0} = U_{a_2} \cdot \frac{Lp}{Z_2}.$$

Demnach lauten die Grenzbedingungen am Ende der Leitung *1*

$$U_{a_1} e^{-\frac{p}{a_1} s} + U_{e_1} e^{+\frac{p}{a_1} s} = U_{a_2}\left(1 + \frac{Lp}{Z_2}\right),$$

$$U_{a_1} e^{-\frac{p}{a_1} s} - U_{e_1} e^{-\frac{p}{a_1} s} = U_{a_2} \cdot \frac{Z_1}{Z_2}.$$

Für die Anfangsspannung der Leitung *2* findet man also mit $U_{a_1} = 1$ (große Länge der Leitung *1*)

$$U_{a_2} = \frac{2 U_{a_1} e^{-\frac{p}{a_1} s}}{1 + \frac{Z_1}{Z_2} + \frac{Lp}{Z_2}} = \frac{2 e^{-\frac{p}{a_1} s}}{1 + \frac{Z_1}{Z_2} + \frac{Lp}{Z_2}}. \tag{25}$$

Diese Operatorengleichung läßt sich sofort mittels des Heavisideschen Entwicklungssatzes lösen

$$U_{a_2} = \frac{2}{1 + \frac{Z_1}{Z_2}} - \frac{2 e^{-\frac{Z_2 + Z_1}{L}\left(t - \frac{s}{a_1}\right)}}{1 + \frac{Z_1}{Z_2}} = f_b\left(1 - e^{-\frac{Z_2 + Z_1}{L}\left(t - \frac{s}{a_1}\right)}\right); \; t > \frac{s}{a_1}. \tag{26}$$

Die steile Sprungwelle wird also in eine Welle mit exponentiell ansteigender Stirn umgeformt, deren Zeitkonstante

$$T = \frac{L}{Z_2 + Z_1}$$

beträgt.

In ganz ähnlicher Weise läßt sich die Wirkung eines Kondensators der Kapazität C übersehen, welche am Knotenpunkt parallel zur Leitung 2 geschaltet ist. Denn der Kondensator nimmt den Strom auf

$$U_{a_2} \cdot C p ,$$

so daß jetzt die Grenzbedingungen am Knotenpunkt lauten

$$U_{a_1} e^{-\frac{p}{a_1} s_1} + U_{e_1} e^{+\frac{p}{a_1} s_1} = U_{a_2} ,$$

$$U_{a_1} e^{-\frac{p}{a_1} s_1} - U_{e_1} e^{+\frac{p}{a_1} s_1} = \left(\frac{Z_1}{Z_2} + Z_1 C p\right) U_{a_2} .$$

Für $U_{a_1} = 1$ folgt hieraus die Knotenpunktspannung

$$U_{a_2} = \frac{2 e^{-\frac{p}{a_1} s_1}}{1 + \frac{Z_1}{Z_2} + Z_1 C p} . \tag{27}$$

Die Lösung dieser Operatorengleichung lautet

$$U_{a_2} = \frac{2}{1 + \frac{Z_1}{Z_2}} \left(1 - e^{-\frac{Z_1 + Z_2}{Z_1 \cdot Z_2} \frac{1}{C} \left(t - \frac{s}{a_1}\right)}\right),$$

$$= f_b \left(1 - e^{-\left(\frac{1}{Z_1} + \frac{1}{Z_2}\right) \frac{1}{C} \left(t - \frac{s}{a_1}\right)}\right); \quad t > \frac{s}{a_1} . \tag{28}$$

Man erhält also qualitativ genau die gleichen Eigenschaften der in die Leitung 2 eindringenden Welle wie bei Verwendung einer Drossel, nur ist die für den zeitlichen Spannungsanstieg maßgebende Zeitkonstante jetzt durch

$$T = \frac{C}{\frac{1}{Z_1} + \frac{1}{Z_2}}$$

gegeben. Während demnach bei der Anordnung mit Reihendrossel der Reihenwellenwiderstand beider Leitungen für die Abflachung der Wellenstirn maßgebend ist, kommt hierfür bei der Anwendung eines Parallelkondensators der Wellenwiderstand der parallel geschalteten Leitungen in Frage. Durch passende Bemessung von Drossel und Kondensator kann man einen genau gleichwertigen Schutz erzielen. Äquivalente Werte von Kapazität und Induktivität stehen in der Beziehung

$$\frac{L}{C} = \frac{Z_2 + Z_1}{\frac{1}{Z_2} + \frac{1}{Z_1}} = Z_2 \cdot Z_1 . \tag{29}$$

58. Umformung durch Schwingungskreise. Wir behandeln das Eindringen von Sprungwellen in die Leitung 2, wenn beide Leitungen nach

Abb. 24 durch eine Reihendrossel L getrennt sind und außerdem noch am Ende der Leitung *1* eine Parallelkapazität C liegt. Die Kondensatorspannung ist dann

$$U_{a_2}\left(1+\frac{Lp}{Z_2}\right)$$

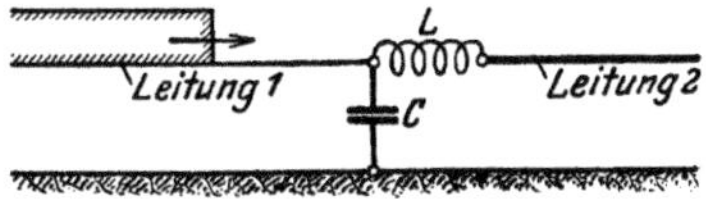

Abb. 24. Schwingungskreis am Zusammenschluß zweier Leitungen.

und der Kondensatorstrom

$$U_{a_2}Cp\left(1+\frac{Lp}{Z_2}\right).$$

Demnach erhalten die Grenzbedingungen am Ende der Leitung *1* die Gestalt

$$U_{a_1}e^{-\frac{p}{a_1}s}+U_{e_1}e^{\frac{p}{a_1}s}=U_{a_2}\left(1+\frac{Lp}{Z_2}\right),$$

$$U_{a_1}e^{-\frac{p}{a_1}s}-U_{e_1}e^{\frac{p}{a_1}s}=U_{a_2}\left[\frac{Z_1}{Z_2}+Z_1Cp\left(1+\frac{Lp}{Z_2}\right)\right].$$

Für $U_{\alpha_1}=1$ (Einheitsstoß der Spannung) folgt als Operatorengleichung der Spannung am Anfang der Leitung *2*

$$U_{a_2}=\frac{2e^{-\frac{p}{a_1}s}}{\frac{Z_1}{Z_2}+(1+Z_1Cp)\left(1+\frac{Lp}{Z_2}\right)}. \tag{30}$$

Um den **Heavisideschen** Entwicklungssatz anzuwenden, setzen wir den Nenner der Operatorengleichung gleich Null und erhalten für die singulären Werte p die charakteristische Gleichung

$$LC\cdot\frac{Z_1}{Z_2}\cdot p^2+\left(Z_1C+\frac{L}{Z_2}\right)p+\left(1+\frac{Z_1}{Z_2}\right)=0$$

oder

$$p^2+\left(\frac{Z_2}{L}+\frac{1}{Z_1C}\right)p+\frac{\frac{Z_2}{Z_1}+1}{LC}=0.$$

Die singulären Werte p sind also

$$p_{1,2}=-\frac{1}{2}\left(\frac{Z_2}{L}+\frac{1}{Z_1C}\right)\pm\sqrt{\frac{1}{4}\left(\frac{Z_2}{L}+\frac{1}{Z_1C}\right)^2-\frac{Z_2+Z_1}{Z_1LC}}.$$

Schwingungen treten auf, falls

$$\frac{1}{LC}\geqq\frac{1}{4}\left(\frac{Z_2}{L}-\frac{1}{Z_1C}\right)^2;\qquad \frac{L}{C}\geqq\frac{1}{4}\left(Z_2-\frac{L}{Z_1C}\right)^2$$

oder

$$Z_1Z_2\frac{C}{L}+\frac{1}{Z_1Z_2}\frac{L}{C}\geqq 2+4\frac{Z_1}{Z_2}.$$

Diese Bedingung ist für gleichwertige Kapazität und Selbstinduktion nach Gleichung (29) stets erfüllt. Halten wir weiterhin an dieser Voraussetzung fest, so findet man

$$p_{1,2}=-\frac{1}{CZ_1}\pm i\frac{1}{\sqrt{LC}}=-\frac{Z_1}{L}\pm i\frac{1}{\sqrt{LC}}. \tag{31}$$

Der mit p multiplizierte, differentiierte Nenner ist

$$p\frac{dN}{dp} = p\left[Z_1 C\left(1+\frac{Lp}{Z_2}\right) + (1+Z_1 C p)\frac{L}{Z_2}\right]$$
$$= p^2\, 2\frac{Z_1}{Z_2}LC + \left(Z_1 C + \frac{L}{Z_2}\right)p = 2\frac{L}{Z_2}p\left(1+\frac{L}{Z_2}p\right).$$

Daher wird

$$\left(p\frac{dN}{dp}\right)_{p=p_1} = +\frac{i}{Z_2}\sqrt{\frac{L}{C}}\cdot 2\cdot\left(-1+i\sqrt{\frac{Z_1}{Z_2}}\right) = -2i\sqrt{\frac{Z_1}{Z_2}} - 2\frac{Z_1}{Z_2},$$
$$\left(p\frac{dN}{dp}\right)_{p=p_2} = -\frac{i}{Z_2\sqrt{L}}\sqrt{\frac{L}{C}}\,2\left(-1-i\sqrt{\frac{Z_1}{Z_2}}\right) = +2i\sqrt{\frac{Z_1}{Z_2}} - 2\frac{Z_1}{Z_2}$$

und die gesuchte Spannung für $t > \frac{s}{a_1}$

$$\left.\begin{aligned} U_{a_2} &= 2\frac{Z_2}{Z_1+Z_2} + 2e^{-\frac{1}{CZ_1}\left(t-\frac{s}{a_1}\right)}\left[\frac{e^{i\frac{t-\frac{s}{a_1}}{\sqrt{LC}}}}{-2i\sqrt{\frac{Z_1}{Z_2}}-2\frac{Z_1}{Z_2}} + \frac{e^{-i\frac{t-\frac{s}{a_1}}{\sqrt{LC}}}}{+2i\sqrt{\frac{Z_1}{Z_2}}-2\frac{Z_1}{Z_2}}\right] \\ &= f_b\left[1-\frac{e^{-\frac{1}{CZ_1}\left(t-\frac{s}{a_1}\right)}\cdot\cos\left(\frac{t-\frac{s}{a_1}}{\sqrt{LC}}-\varphi\right)}{\cos\varphi}\right]; \qquad \operatorname{tg}\varphi = \sqrt{\frac{Z_2}{Z_1}}. \end{aligned}\right\} \quad (32)$$

Im Zeitpunkt $t_0 = \frac{1}{a_1}$ erreicht die ankommende Welle den Knotenpunkt; die Spannung der abgehenden Leitung ist dann noch gleich Null. Dann beginnt der Spannungsanstieg in einer schwach gedämpften Schwingung. Das Maximum liegt daher jedenfalls oberhalb f_b, so daß man zwar eine Verschleifung der Wellenstirn erzielt, dafür aber eine mehr oder minder große Überspannung in Kauf nehmen muß.

Wenn umgekehrt die ankommende Welle zuerst die Drosselspule durchläuft, während der Kondensator am Anfang der Leitung *2* eingeschaltet ist, ergeben sich ganz ähnliche Verhältnisse; denn durch die Drossel tritt der Strom

$$\frac{U_{a_2}}{Z_2} + U_{a_2}Cp = U_{a_2}\left(\frac{1}{Z_2}+Cp\right),$$

so daß die Spannung am Ende der Leitung *1* ist

$$U_{a_2} + Lp\,U_{a_2}\left(\frac{1}{Z_2}+Cp\right) = U_{a_2}\left[1+Lp\left(\frac{1}{Z_2}+Cp\right)\right].$$

Nunmehr lauten die Grenzbedingungen am Ende der Leitung *1*

$$U_{a_1}e^{-\frac{p}{a_1}s} + U_{e_1}e^{+\frac{p}{a_1}s} = U_{a_2}\left[1+Lp\left(\frac{1}{Z_2}+Cp\right)\right],$$
$$U_{a_1}e^{-\frac{p}{a_1}s} - U_{e_1}e^{+\frac{p}{a_1}s} = U_{a_2}\cdot Z_1\left(\frac{1}{Z_2}+Cp\right).$$

Hieraus folgt für einen Einheitsstoß der Spannung am Anfang der sehr langen Leitung *1* ($U_{a_1} = 1$) die Anfangsspannung der Leitung *2* gemäß der Operatorengleichung

$$U_{a_2} = \frac{2e^{-\frac{p}{a_1}s}}{1+(Lp+Z_1)\left(\frac{1}{Z_2}+Cp\right)} = \frac{Z_2}{Z_1}\cdot\frac{2e^{-\frac{p}{a_1}s}}{\frac{Z_2}{Z_1}+\left(1+\frac{Lp}{Z_1}\right)(1+Z_2Cp)}. \quad (33)$$

Diese Beziehung ist aber bis auf den Faktor $\frac{Z_2}{Z_1}$ mit (30) identisch, sofern man die Indizes 1 und 2 miteinander vertauscht. Für den Fall $\frac{L}{C} = Z_1 Z_2$ können wir daher sogleich den Spannungsverlauf angeben

$$U_{a_2} = \frac{Z_2}{Z_1}\cdot\frac{2Z_1}{Z_1+Z_2}\left[1-\frac{e^{-\frac{1}{CZ_2}}\cdot\cos\left(\frac{t-\frac{s}{a_1}-\varphi}{\sqrt{LC}}\right)}{\cos\varphi}\right]; \qquad \operatorname{tg}\varphi = \sqrt{\frac{Z_1}{Z_2}}.$$

Da $\frac{Z_2}{Z_1}\cdot\frac{2Z_1}{Z_1+Z_2} = \frac{2Z_2}{Z_1+Z_2}$ mit dem Brechungsfaktor für Wellenübertritt aus Leitung *1* in Leitung *2* übereinstimmt, erkennt man, daß durch die veränderte Anordnung des Schwingungskreises nur der Ablauf des Schwingungsvorganges beeinflußt wird, während die absolute Höhe der Sprungwelle hiervon unberührt bleibt.

59. Einschalten eines Kurzschlusses. Als Beispiel für den Verlauf der Sprungwellen auf einer Leitung mit Verlusten behandeln wir das Einschalten einer kurzgeschlossenen Schleife der Länge s; wir wollen den zeitlichen Anstieg des Kurzschlußstromes bestimmen. Die Spannungsgleichung lautet

$$U_x = U_a\cdot e^{-\frac{\delta}{a}x}\cdot e^{-\frac{p}{a}x} + U_e\cdot e^{+\frac{\delta}{a}x}\cdot e^{+\frac{p}{a}x}.$$

Der Kurzschluß am Schleifenende verlangt

$$U_x = 0 \text{ für } x = s; \qquad U_e = -U_a\cdot e^{-2\frac{\delta}{a}s}\cdot e^{-2\frac{p}{a}s}.$$

Wird nun am Anfang der Schleife ein Einheitsstoß der Spannung angelegt, so gilt

$$U_a + U_e = U_a\left(1-e^{-2\frac{\delta}{a}s}\cdot e^{-2\frac{p}{a}s}\right) = 1,$$

so daß man für U_a die Operatorengleichung findet

$$U_a = \frac{1}{1-e^{-2\frac{\delta}{a}s}\cdot e^{-2\frac{p}{a}s}}. \quad (34)$$

Der in die Schleife eindringende Strom ist

$$I = \frac{U_a}{Z} - \frac{U_e}{Z} = \frac{1}{Z}\cdot\frac{1+e^{-2\frac{\delta}{a}s}\cdot e^{-2\frac{p}{a}s}}{1-e^{-2\frac{\delta}{a}s}\cdot e^{-2\frac{p}{a}s}}. \quad (35)$$

Wir entwickeln den Nenner in eine beständig konvergente geometrische Reihe

$$I = \frac{1}{Z}\left(1 + e^{-2\frac{\delta}{a}s} \cdot e^{-2\frac{p}{a}s}\right)\left(1 + e^{-2\frac{\delta}{a}s} \cdot e^{-2\frac{p}{a}s} + e^{-4\frac{\delta}{a}s} \cdot e^{-4\frac{p}{a}s} + \cdots\right)$$

$$= \frac{2}{Z}\left[1 + e^{-2\frac{\delta}{a}s} \cdot e^{-2\frac{p}{a}s} + e^{-4\frac{\delta}{a}s} \cdot e^{-4\frac{p}{a}s} + \cdots\right) - \frac{1}{Z}\,.$$

In der Reihe erkennt man die Darstellung einer sprunghaft in Intervallen $\Delta t = 2\frac{s}{a}$ ansteigenden Funktion; für Zeit $t_n = n\,\Delta t$ hat der Strom den Wert erreicht (Abb. 25)

$$I_{t=t_n} = \frac{2}{Z}\,\frac{1-\left(e^{-2\frac{\delta}{a}s}\right)^{n+1}}{1-e^{-2\frac{\delta}{a}s}} - \frac{1}{Z} = \frac{\operatorname{Cotg}\frac{\delta}{a}s}{Z}\left[1 - \frac{e^{-\frac{\delta}{a}s}}{\operatorname{Cof}\frac{\delta}{a}s}\cdot\left(e^{-2\frac{\delta}{a}s}\right)^{n}\right]. \quad (36)$$

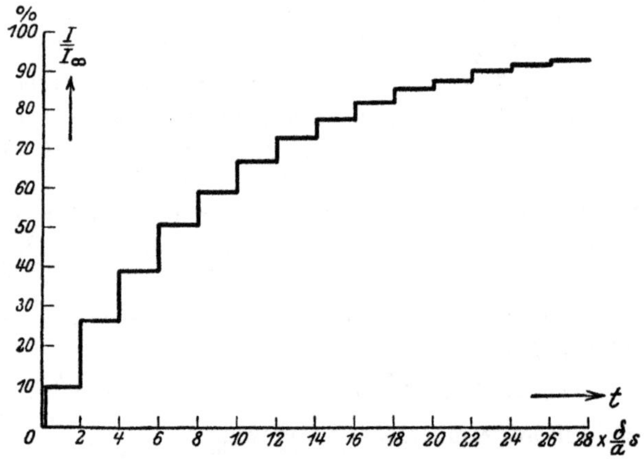

Abb. 25. **Entstehung eines Kurzschlußstromes.**

Der Strom befolgt also, wenn man nur seine Größe in den Zeiten t_n beachtet, dasselbe Gesetz, das man für den Anstieg des Stromes in einer widerstandsbehafteten Drosselspule kennt: Es nähert sich in geometrisch abnehmenden Staffeln seinem Grenzwerte. Geht man indes auf die Zwischenzeiten ein, so erkennt man einen wesentlichen Unterschied als Kennzeichen des Wanderwellenvorganges: An Stelle der stetigen Stromänderung sind die unstetigen Stromsprünge getreten.

IX. Wellen längs künstlicher Leitungen.

60. Die Kettenleiter. Wir untersuchen die Ausbreitung von Strom- und Spannungswellen längs künstlicher Leitungen. Diese bestehen aus kettenartig miteinander verbundenen Gliedern, wobei jedes Glied aus einer konzentrierten Reihenimpedanz Z_1 und einer ebenfalls konzentrierten Nebenschlußimpedanz Z_2 nach Art der Abb. 26 besteht. Wir setzen voraus, daß die anregende Spannung in der Mitte des ersten Gliedes angreift. Diese Annahme ist zwar nicht unbedingt notwendig, sie empfiehlt sich indes sowohl in Hinsicht auf die praktisch übliche Ausführung als auch auf gewisse Rechenvorteile bei der mathematischen Behandlung. Natürlich kann man auch andere Endschaltungen mit diesem Ansatz erfassen, wobei man nur die physikalischen Grenzbedingungen durch Einführung einer geeigneten Anfangsimpedanz ein wenig abzuändern hat. Daher schränkt obige Annahme nicht die Allgemeinheit ein.

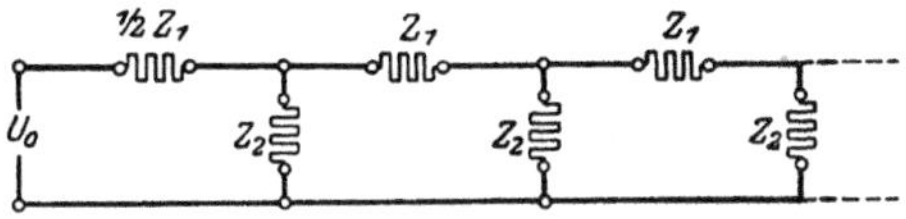

Abb. 26. Aufbau eines Kettenleiters.

Die Untersuchung der Eigenschaften künstlicher Leitungen ist für eine Reihe technisch-physikalischer Aufgaben von großer Bedeutung: Zunächst benutzt man häufig künstliche Leitungen als Modell einer natürlichen Leitung; hierbei muß man wissen, inwieweit die verglichenen Systeme in ihren kennzeichnenden Eigenschaften übereinstimmen. Aus der Lösung der Aufgabe für die künstliche Leitung kann man sodann die entsprechenden Fragen für die natürliche Leitung beantworten, indem man für feste (endliche) Werte der Gesamtgröße von Kapazität, Ableitung, Induktivität und Widerstand die Zahl der Glieder unbegrenzt wachsen läßt. Insbesondere besitzt die künstliche Leitung sehr ähnliche Eigenschaften wie eine gleichmäßig beschwerte natürliche Leitung; daher geben ihre Gesetze in guter Näherung auch die Erscheinungen auf einer solchen „beschwerten Leitung" (z. B. Pupinleitung) wieder. Endlich benutzt man in steigendem Maße künstliche Leitungen allgemeiner Art für Sonderzwecke; z. B. ergibt sich durch geeignete Schaltkombination der Glieder die Siebkette.

61. Operatorengleichung der Kettenleiter. Wir wollen die Operatorengleichung und die symbolische Darstellung der Wellenfortpflanzung längs künstlicher Leitungen aufstellen. Es bezeichne I_n den Strom im n-ten Gliede, I_{n-1} den Strom des $(n-1)$-ten Gliedes usw. Für den Spannungsabfall längs des n-ten Gliedes ergibt dann das zweite Kirchhoffsche Gesetz:

$$(Z_1 + 2 Z_2) I_n - Z_2 (I_{n-1} + I_{n+1}) = 0\,. \tag{1}$$

Darin haben die Impedanzen die übliche allgemeine Bedeutung für exponentiell variable Ströme und Spannungen.

Die Differenzengleichung (1) besitzt eine formal ähnliche Lösung wie die entsprechende Differentialgleichung. Der Ansatz

$$I_n = I_a e^{-n\Gamma} + I_b e^{n\Gamma}\,, \tag{2}$$

wo I_a und I_b willkürliche Summationskonstanten bedeuten, ergibt durch Einsetzen in die Ausgangsgleichung

$$\{(Z_1 + 2Z_2) - 2Z_2 \operatorname{Cof} \Gamma\}\{I_a e^{-n\Gamma} + I_b e^{n\Gamma}\} = 0,$$

daher muß Γ der „charakteristischen Gleichung" gehorchen:

$$\operatorname{Cof} \Gamma = \frac{Z_1 + 2Z_2}{2Z_2} = 1 + 2\varrho; \qquad \varrho = \frac{Z_1}{4Z_2}. \tag{3}$$

Man erkennt aus Gleichung (2), daß Γ die Ausbreitungsziffer der künstlichen Leitung darstellt, welche das genaue Analogon zur Ausbreitungsziffer γ der homogenen Leitung gemäß Gleichung (8) des Kapitels VII bildet. Diese Fundamentalgröße Γ ist nun durch Gleichung (3) als Funktion der Impedanzen Z_1 und Z_2 gegeben; dabei kann man diese Formel entweder symbolisch deuten, indem man Z_1 und Z_2 für die Betriebsfrequenz in komplexer Form einsetzt, oder man berechnet sie für einen exponentiell ansteigenden Vorgang und erhält dann die Operatorengleichung.

Um nun Γ explizite zu finden, kann man sich der bekannten Umkehrungsformel der Hyperbelfunktionen bedienen und folgert

$$e^{\Gamma} = (1 + 2\varrho) + \sqrt{(1 + 2\varrho)^2 - 1} \equiv (\sqrt{1 + \varrho} + \sqrt{\varrho})^2 = (\sqrt{1 + \varrho} - \sqrt{\varrho})^{-2}. \tag{4}$$

Wir kehren jetzt zu Gleichung (2) zurück. Es möge angenommen werden, daß entweder die Leitung unendlich viel Glieder besitze, oder — was auf dasselbe hinausläuft — daß durch ein geeignetes Endglied die reflektierte Welle unterdrückt werde. Unter der schon oben genannten Voraussetzung einer in der Mitte des Anfangsgliedes angreifenden Spannung nimmt dann Gleichung (2) die Form an

$$I_n = I_a \cdot e^{-n\Gamma}. \tag{2a}$$

Insbesondere ergibt sich für das erste und zweite Glied

$$I_0 = I_a; \quad I_1 = I_a e^{-\Gamma}.$$

Andererseits liefert das Kirchhoffsche Gesetz für das erste Glied

$$U_0 = \left(\frac{1}{2} Z_1 + Z_2\right) I_0 - Z_2 I_1,$$

so daß

$$I_a \left\{\frac{1}{2} Z_1 + Z_2 (1 - e^{-\Gamma})\right\} = U_0. \tag{5}$$

Daher folgt

$$I_0 \equiv I_a = \frac{1}{Z} U_0, \tag{5a}$$

worin Z als Eigenimpedanz der künstlichen Leitung bezeichnet wird. Für sie gilt nach (5) und (5a) die Definition

$$\frac{1}{Z} = \frac{1}{Z_2} \cdot \frac{1}{(1 - e^{-\Gamma}) + 2\varrho} = \frac{1}{2Z_2} \cdot \frac{1}{\sqrt{\varrho + \varrho^2}} = \frac{1}{\sqrt{Z_1 Z_2}} \cdot \frac{1}{\sqrt{1 + \varrho}}. \tag{6}$$

Hiermit kann die fortschreitende Stromwelle geschrieben werden

$$I_n = \frac{U_0}{\sqrt{Z_1 Z_2}} \cdot \frac{[\sqrt{1+\varrho} - \sqrt{\varrho}\,]^{2n}}{\sqrt{1+\varrho}}. \tag{7}$$

Diese Formel läßt sich allerdings nicht so anschaulich physikalisch deuten wie die Gleichung der homogenen Leitungswelle

$$I_n = \frac{U_0}{Z} e^{-n\Gamma},$$

aber sie wird sich für die Operatorenrechnung als überlegen erweisen. Bevor wir indes hierzu übergehen und damit die Einschwingvorgänge auf künstlichen Leitungen schildern, ist es zweckmäßig, zunächst die besonderen Eigentümlichkeiten solcher Systeme im eingeschwungenen Zustand herzuleiten.

62. Der Kettenleiter im eingeschwungenen Zustand. Wir greifen auf Gleichung (3) zurück

$$\mathfrak{Cof}\,\Gamma = 1 + 2\varrho$$

und spezialisieren jetzt auf die sogenannte Spulenleitung, indem wir die Reihenimpedanz als Spule der Induktivität L, die Nebenschlußimpedanz als Kondensator der Kapazität C annehmen. Damit wird also symbolisch

$$Z_1 = i\omega L; \quad Z_2 = \frac{1}{i\omega C}; \quad \varrho = -\frac{\omega^2 LC}{4}$$

und

$$\mathfrak{Cof}\,\Gamma = 1 - \frac{1}{2}\omega^2 LC. \tag{8}$$

Setzt man

$$\Gamma = i\cdot\Theta; \quad i = \sqrt{-1},$$

so entsteht

$$\cos\Theta = 1 - \frac{1}{2}\omega^2 LC \tag{8a}$$

und das Verhältnis der Ströme aufeinander folgender Glieder ist $e^{-i\Theta}$. Für reelle Θ gleichen sich daher die Stromamplituden, und die Stromwelle wird nicht gedämpft.

Man erkennt nun aus Gleichung (8), daß Θ nur reell ist, solange der rechterhand stehende Ausdruck zwischen $+1$ und -1 liegt; entsprechend muß ω zwischen 0 und $\frac{2}{\sqrt{LC}}$ liegen. Demnach läßt die Spulenleitung im eingeschwungenen Zustand Sinusströme aller Frequenzen dämpfungsfrei durch, welche im Intervall $0 < f < \frac{1}{\pi\sqrt{LC}}$ liegen.

Wenn wir in der betrachteten Anordnung Kapazität und Induktivität vertauschen, also setzen

$$Z_1 = \frac{1}{i\omega C}; \quad Z_2 = i\omega L; \quad \varrho = -\frac{1}{4\omega^2 LC},$$

entsteht analog (8)

$$\mathfrak{Cof}\,\Gamma = 1 - \frac{1}{2\,\omega^2 LC}, \tag{9}$$

$$\cos\Theta = 1 - \frac{1}{2\,\omega^2 LC}. \tag{9a}$$

Durch die schon oben angewandte Schlußweise folgt hieraus, daß die Kette alle Wellen ungeschwächt passieren läßt, deren Frequenzen oberhalb $\frac{1}{4\pi\sqrt{LC}}$ liegen, während alle Wellen mit unterhalb dieser Grenze gelegenen Betriebsfrequenzen gedämpft werden. Bekanntlich wird ein derartiges System als Kondensatorkette bezeichnet.

Indem man verwickeltere Systeme von Impedanzen anwendet, gelangt man zu Kettenleitern, welche nur Wellen innerhalb gewisser Frequenzbänder den Durchtritt gestatten. Es würde zu weit führen, die Theorie dieser eigentlichen Siebketten im einzelnen zu entwickeln; wir verweisen auf die ausgedehnte Sonderliteratur. Hier möge nur darauf hingewiesen werden, daß eine völlig dämpfungsfreie Wellenausbreitung natürlich nur stattfinden kann, solange innerhalb der Kettenglieder keine Verluste auftreten. Tatsächlich besitzen indes alle Apparate gewisse Verluste, so daß demgemäß der Kettenleiter Wellen aller Frequenz dämpft; aber durch sorgfältige Konstruktion kann man diese Dämpfung innerhalb der Durchlässigkeitsbereiche sehr klein halten.

63. Übergangsfunktion der Kettenleiter. Nach diesen Vorbereitungen wollen wir jetzt die Übergangsfunktion einiger wichtigen Kettenleiter entwickeln. Indem wir in (7) $U_0 = 1$ setzen, folgt unmittelbar

$$I_n = \frac{1}{\sqrt{(1+\varrho)\,Z_1 Z_2}}\left[\sqrt{1+\varrho} - \sqrt{\varrho}\right]^{-2n}. \tag{7a}$$

Wir beginnen mit dem Fall der Spulenkette, welche wegen ihrer Einfachheit und wegen ihrer technischen Bedeutung das größte Interesse besitzt. Der allgemeine Fall, in welchem neben Selbstinduktion und Kapazität noch beliebiger Widerstand und Ableitung berücksichtigt wird, ist rechnerisch schwierig und soll hier nicht behandelt werden[1]. Vielmehr wollen wir uns auf den wichtigen Sonderfall einer „quasiverzerrungsfreien“ Leitung beschränken, welche durch

$$\left.\begin{aligned} Z_1 &= pL + R = L(p+\lambda)\,,\\ \frac{1}{Z_2} &= pC + G = C(p+\lambda) \end{aligned}\right\} \tag{10}$$

[1] Vgl. den Aufsatz Transient Oscillations. J. Am. Electr. Engs. 1919, S. 354.

mit einheitlichem λ definiert ist. Damit entsteht

$$Z_1 Z_2 = \frac{L}{C},$$

$$\frac{Z_1}{Z_2} = LC(p+\lambda)^2,$$

$$\varrho = \frac{2C}{4}(p+\lambda)^2.$$

Nach Gleichung (7a) ist also I_n eine Funktion lediglich von $(p+\lambda)$:

$$I_n = \frac{1}{Z_n(p+\lambda)} \equiv \left(1+\frac{\lambda}{p}\right) \cdot \frac{p}{(p+\lambda)\, Z_n(p+\lambda)}. \tag{11}$$

Nun setzen wir

$$\overline{I}_n = \frac{1}{Z(p)}. \tag{12}$$

Aus dem Verschiebungssatz folgt dann

$$I_n = (1 + \lambda \int_0^t dt)\, \overline{I}_n\, e^{-\lambda t}, \tag{13}$$

so daß die Aufgabe auf die Lösung der Operatorengleichung für $\overline{I}_n$ zurückgeführt ist. Mit Einführung der kritischen Kreisfrequenz

$$\omega_k = \frac{2}{\sqrt{LC}}$$

entsteht

$$\overline{I}_n = \sqrt{\frac{C}{L}} \frac{1}{\sqrt{1+\left(\frac{p}{\omega_k}\right)^2}} \left[\sqrt{1+\left(\frac{p}{\omega_k}\right)^2} - \frac{p}{\omega_k}\right]^{-2n}$$

$$\equiv \sqrt{\frac{C}{L}} \frac{\omega_k}{\sqrt{p^2+\omega_k^2}} \left[\frac{\sqrt{p^2+\omega_k^2}-p}{\omega_k}\right]^{-2n}. \tag{14}$$

Mit der Abkürzung $\sqrt{\frac{L}{C}} = Z$ erkennt man durch Multiplikation der Stammfunktion mit dem Operator und Formel (o) unserer Integraltafel, daß

$$\overline{I}_n = \frac{1}{Z} \cdot \int_0^{\omega_k t} J_{2n}(\tau)\, d\tau, \tag{15}$$

wobei J_{2n} die Besselsche Funktion der Ordnung $2n$ und des Argumentes τ bedeutet. Die Beziehung (15) gibt also den Strom im n-ten Gliede einer verlustfreien Spulenkette an, wenn am Kettenanfang der Einheitsstoß der Spannung wirkt. Für den Fall der quasi-verzerrungsfreien Kette mit Verlusten folgt daher mit (13)

$$I_n = e^{-\lambda t} \frac{1}{Z} \int_0^{\omega_k t} J_{2n}(\tau)\, d\tau + \frac{\lambda}{Z} \int_0^t d\tau\, e^{-\lambda \tau} \int_0^{\omega_k t} J_{2n}(\tau_1)\, d\tau_1. \tag{16}$$

Integriert man das zweite Glied partiell und beachtet $\overline{I}_n(0) = 0$, so vereinfacht sich dieser Ausdruck in

$$I_n = \frac{1}{Z}\int_0^{\omega_k t} e^{-\lambda \frac{\tau}{\omega_k}} J_{2n}(\tau)\, d\tau\,. \tag{16a}$$

Bevor wir die gefundenen Formeln diskutieren, wollen wir das Zeitgesetz der verlustfreien Kette mittels einer Potenzreihenentwicklung herleiten. Hierzu schreiben wir (14)

$$\overline{I}_n = \frac{1}{Z}\left(\frac{\omega_k}{p}\right)^{2n+1} \frac{1}{\sqrt{1+\left(\frac{\omega_k}{p}\right)^2}} \frac{1}{\left[1+\sqrt{1+\left(\frac{\omega_k}{p}\right)^2}\right]^{2n}}\,. \tag{14a}$$

Hier entwickeln wir nach negativen Potenzen von p

$$\overline{I}_n = \frac{1}{Z\cdot 2^{2n}}\left\{\left(\frac{\omega_k}{p}\right)^{2n+1} - \frac{2n+2}{2^2\cdot 1!}\left(\frac{\omega_k}{p}\right)^{2n+3} + \frac{(2n+3)(2n+4)}{2^4\cdot 2!}\left(\frac{\omega_k}{p}\right)^{2n+5} - + \cdots\right\}.$$

Gemäß den Grundregeln der Operatorenrechnung ersetzen wir $\frac{1}{p^n}$ durch $\frac{t^n}{n!}$ und finden

$$\overline{I}_n = \frac{2}{Z}\left\{\frac{1}{(2n+1)!}\left(\frac{\omega_k t}{2}\right)^{2n+1} - \frac{2n+2}{1!\,(2n+3)!}\left(\frac{\omega_k t}{2}\right)^{2n+3} + \frac{(2n+3)(2n+4)}{2!\,(2n+5)!}\left(\frac{\omega_k t}{2}\right)^{2n+5} - + \cdots\right\}.$$

Dies ist, wie man sich leicht überzeugt, gerade die Potenzreihe für die in Gleichung (15) auftretende Besselsche Funktion.

Ein anderer Kettenleiter von großer technischer Bedeutung ist das künstliche Kabel. Die Reihenimpedanz eines solchen Systems besteht aus einem Ohmschen Widerstand R, während als Nebenschlußimpedanz ein Kondensator der Kapazität C dient. Demnach gilt

$$Z_1 = R; \quad \frac{1}{Z_2} = pC\,, \tag{17}$$

und also

$$Z_1 Z_2 = \frac{R}{pC}; \qquad \frac{Z_1}{Z_2} = pRC; \qquad \varrho = \frac{pRC}{4}\,. \tag{17a}$$

Wir entwickeln jetzt Gleichung (7a) nach negativen Potenzen von ϱ und erhalten

$$I_n = \frac{1}{2^{2n}\sqrt{\varrho\, Z_1 Z_2}}\left\{\frac{1}{\varrho^n} - \frac{2n+2}{2^2\cdot 1!}\,\frac{1}{\varrho^{n+1}} + \frac{(2n+3)(2n+4)}{2^4\cdot 2!}\,\frac{1}{\varrho^{n+2}} - \cdots\right\}. \tag{18}$$

Da nun $\sqrt{\varrho Z_1 Z_2} = \frac{R}{2}$, so wird

$$I_n = \frac{2}{2^n R}\left\{\left(\frac{2}{RCp}\right)^n - \frac{2n+2}{2\cdot 1!}\left(\frac{2}{RCp}\right)^{n+1} + \frac{(2n+3)(2n+4)}{2^2\cdot 2!}\left(\frac{2}{RCp}\right)^{n+2} - + \cdots\right\}.$$

Ersetzt man jetzt $\frac{1}{p^n}$ durch $\frac{t^n}{n!}$, so folgt schließlich

$$I_n = \frac{2}{2^n R}\left\{\frac{1}{n!}\left(\frac{2t}{RC}\right)^n - \frac{(2n+2)}{2\cdot 1!\,(n+1)!}\left(\frac{2t}{RC}\right)^{n+1} + \frac{(2n+3)(2n+4)}{2^2\cdot 2!\,(n+2)!}\left(\frac{2t}{RC}\right)^{n+2} - + \cdots\right\}. \quad (19)$$

Diese Reihe ist für große n und t numerisch nur schlecht auswertbar; man identifiziert sie aber leicht mit der Besselschen Funktion n-ter Ordnung vom Argumente $\frac{2t}{RC}$, multipliziert mit einer Exponentialfunktion

$$I_n = \frac{2}{R} e^{-\frac{2t}{RC}} J_n\left(\frac{2t}{RC}\right). \quad (19\text{a})$$

Natürlich kann man das Resultat an Hand der Formel (o) unserer Integraltafel auch direkt verifizieren.

Es überschreitet den hier beabsichtigten Zweck, in gleicher Weise andere Kettenleiter zu untersuchen. Eine Ergänzung in dieser Richtung bildet ein Aufsatz von Carson im Bell System Technical Journal, Juli 1923. Hier wollen wir lediglich die Spulenkette noch etwas eingehender untersuchen, was namentlich wegen ihrer nahe mit der Pupinleitung übereinstimmenden Eigenschaften gerechtfertigt erscheint.

Für die verlustfreie Spulenkette hatten wir weiter oben abgeleitet

$$\overline{I}_n = \frac{1}{Z}\int_0^{\omega_k t} J_{2n}(\tau)\,d\tau$$

und für eine quasi-verzerrungsfreie Kette

$$I_n = \frac{1}{Z}\int_0^{\omega_k t} e^{-\mu\tau} J_{2n}(\tau)\,d\tau,$$

wobei gesetzt ist

$$\mu = \frac{\lambda}{\omega_k} = \frac{R}{L\omega_k} = \frac{R}{2aL}.$$

Die Berechnung und das Verständnis dieser Gleichungen erfordert die Kenntnis einiger Grundeigenschaften der Besselschen Funktionen, die im folgenden zusammengestellt sind.

64. Einiges über Besselsche Funktionen. Die Besselschen Funktionen erster Art $J_n(x)$ und $(-i)^n J_n(ix)$ sind für ganze positive n (einschließlich $n = 0$) durch die absolut konvergenten Reihen definiert

$$J_n(x) = \frac{x^n}{2^n n!}\left\{1 - \frac{x^2}{2(2n+2)} + \frac{x^4}{2\cdot4\cdot(2n+2)(2n+4)} - \frac{x^6}{2\cdot4\cdot6\cdot(2n+2)(2n+4)(2n+6)} + \cdots\right\}$$

und

$$(-i)^n J_n(ix) = \frac{x^n}{2^n n!}\left\{1 + \frac{x^2}{2(2n+2)} + \frac{x^4}{2\cdot4\cdot(2n+2)(2n+4)} + \frac{x^6}{2\cdot4\cdot6\cdot(2n+2)(2n+4)(2n+6)} + \cdots\right\}.$$

Wir setzen voraus, daß hierin x eine reelle Zahl bedeute.

Sei $x \gg n$, so benutzt man zweckmäßig die asymptotischen Entwicklungen

$$J_n(x) = \sqrt{\frac{2}{\pi x}}\left\{P_n \cos\left(x - \frac{2n+1}{4}\pi\right) - Q_n \sin\left(x - \frac{2n+1}{4}\pi\right)\right\},$$

$$(-i)^n J_n(ix) = \frac{e^x}{\sqrt{2\pi x}}\left\{1 - \frac{4n^2-1}{1!(8x)} + \frac{(4n^2-1)(4n^2-9)}{2!(8x)^2} - \frac{(4n^2-1)(4n^2-9)(4n^2-25)}{3!(8x)^3}\right\}$$

mit

$$P_n = 1 - \frac{(4n^2-1)(4n^2-9)}{2!(8x)^3} + \frac{(4n^2-1)(4n^2-9)(4n^2-25)(4n^2-49)}{3!(8x)^3} - + \cdots,$$

$$Q_n = \frac{4n^2-1}{8x} - \frac{(4n^2-1)(4n^2-9)(4n^2-25)}{3!(8x)^3} + - \cdots.$$

Hiernach wächst also $(-i)^n J_n(ix)$ mit x unbegrenzt an und nähert sich schließlich der Funktion

$$\frac{e^x}{\sqrt{2\pi x}}.$$

Dagegen besitzt $J_n(x)$ Schwingungscharakter und strebt für wachsendes x gegen

$$\sqrt{\frac{2}{\pi x}}\cos\left(x - \frac{2n+1}{4}\pi\right).$$

Für alle n gilt

$$\int_0^\infty J_n(x)\,dx = 1.$$

Die Eigenschaften von $J_n(x)$ lassen sich qualitativ folgendermaßen schildern:

Für $0 \leqq x < n$ ist die Funktion sehr klein und positiv; sie verschwindet bei $x = 0$ (mit Ausnahme von $n = 0$). In der Umgebung von $x = n$ beginnt die Funktion anzusteigen und erreicht dicht oberhalb $x = n$ ein Maximum. Dann beginnt sie zu pendeln gemäß der oben genannten cos-Entwicklung. Der Ausnahmefall $n = 1$ zeichnet sich nur durch $J_0(0) = 1$ aus, während im übrigen auch diese Funktion gleiches Verhalten zeigt.

Etwas genauere Formeln für den asymptotischen Charakter dieser Besselschen Funktion hat Zobel[1] gegeben:

$$J_n(x) = B_n(x) \cos \Omega_n(x) \quad \text{für} \quad x > n,$$

wobei gilt

$$B_n(x) = \sqrt{\frac{2}{\pi x}} \frac{1}{\left(1 - \frac{m^2}{x^2} + \frac{3}{2}\frac{m^2}{x^4}\frac{1}{\left(1 - \frac{m^2}{x^2}\right)^2}\right)^{\frac{1}{4}}},$$

$$\Omega_n(x) = x\left[\sqrt{1 + \frac{m^2}{x^2}} + \frac{m}{x}\arcsin\frac{m}{x} - \frac{m^2}{4x^2}\frac{1}{\left(1 - \frac{m^2}{x^2}\right)^{\frac{3}{2}}}\right] - \frac{2n+1}{4}\pi$$

und

$$\Omega_n'(x) \equiv \frac{d\,\Omega_n(x)}{dx} = \sqrt{1 - \frac{m^2}{x^2} + \frac{3}{2}\frac{m^2}{x^4}\frac{1}{\left(1 - \frac{m^2}{x^2}\right)^2}}$$

mit der Abkürzung

$$m^2 = n^2 - \frac{1}{4}.$$

Diese Näherungsausdrücke gelten nur für $x > n$; sie werden um so genauer, je größer x und n werden, sind jedoch für alle $n \geqq 1$ praktisch brauchbar. Die veränderliche Frequenz der Schwingung ist in gleicher Genauigkeit

$$\frac{1}{2\pi}\Omega_n'(x) = \frac{1}{2\pi}\cdot\sqrt{1 - \frac{m^2}{x^2} + \frac{3}{2}\frac{m^2}{x^4}\frac{1}{\left(1 - \frac{m^2}{x^2}\right)^2}}.$$

Als Frequenz ist hier der reziproke Wert der zwischen zwei aufeinander folgenden Nullstellen liegenden Zeit definiert. In der Umgebung eines solchen Punktes verhält sich also die Funktion wie eine mit der Frequenz $\frac{\omega}{2\pi} = \frac{\Omega_n'(x)}{2\pi}$ pulsierende Sinuskurve.

Wir geben nun noch einige Näherungsformeln, die unter Verzicht auf die oben innegehaltene Genauigkeit für $x > n$ und $n > 2$ eine rasche Übersicht gestatten. In diesem Bereich ist nämlich

$$J_n(x) = h_n \cdot \sqrt{\frac{2}{\pi x}} \cos(q_n x - \Theta_n),$$

$$J_n'(x) = -q_n \cdot h_n \cdot \sqrt{\frac{2}{\pi x}} \sin(q_n x - \Theta_n)$$

[1] Bell System Technical Journal, Juli 1923.

und

$$\int_0^x J_n(x)\,dx = 1 + \frac{h_n}{q_n}\sqrt{\frac{2}{\pi x}}\sin(q_n x - \Theta_n)\,,$$

wobei zur Abkürzung gesetzt ist

$$h_n = \left(\frac{1}{1-\frac{n^2}{x^2}}\right)^{\frac{1}{4}} = \sim 1 + \frac{n^2}{4x^2}\,,$$

$$q_n = \sqrt{1-\frac{n^2}{x^2}}\,,$$

$$\Theta_n = \frac{2n+1}{4}\pi - n\arcsin\left(\frac{n}{x}\right).$$

65. Wellen in der Spulenkette. Die Übergangsfunktion der verlustfreien Spulenkette, also der Strom unter der Einwirkung eines Einheitsstoßes der Spannung, kann jetzt in den Abb. 27, 28 und 29 für das 0-te, 3-te und 5-te Glied kurvenmäßig dargestellt werden. Diese Schaubilder vermitteln zusammen mit der strengen oder genäherten Formel einen hinreichenden Einblick in den Aufbau des Ausgleichsvorganges und seine Abhängigkeit von der Zahl der Glieder und den Kettenleiterkonstanten. Man beachte insbesondere, daß der Strom während der Zeit $0 < t < \frac{2n}{\omega_k}$ $(= n\sqrt{L_1 C_2})$ sehr klein ist. Die Spulenkette verhält sich also makroskopisch wie eine Leitung, längs deren sich Wellen mit einer „Frontgeschwindigkeit" von $\frac{\omega_k}{2} = \frac{1}{\sqrt{LC}}$ Gliedern pro Zeiteinheit fortpflanzen. Diese Geschwindigkeit entspricht aber keiner physikalisch realen endlichen Laufzeit der Welle, da der Strom, mikroskopisch betrachtet, schon für alle $t > 0$ einen endlichen Wert besitzt.

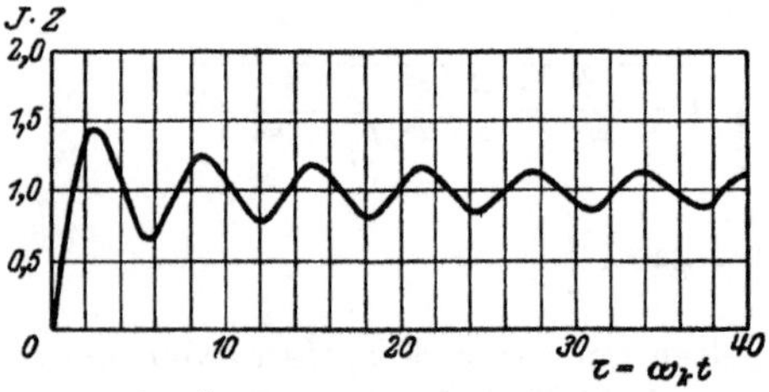

Abb. 27. Übergangsfunktion der Spulenkette für das Anfangsglied.

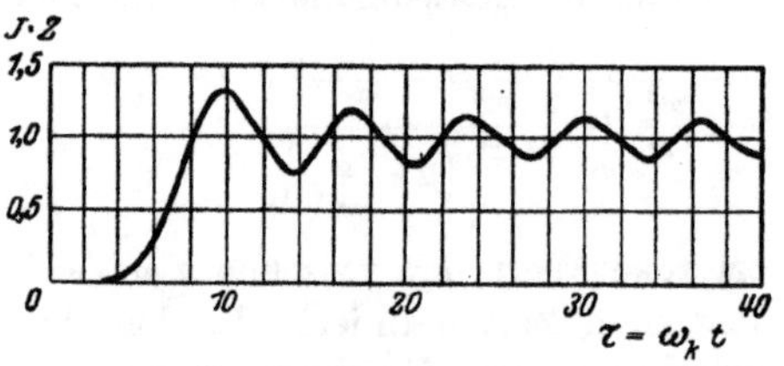

Abb. 28. Übergangsfunktion für das dritte Glied einer Spulenkette.

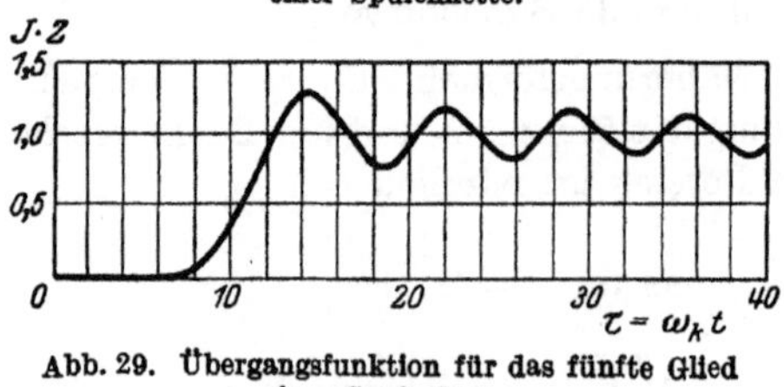

Abb. 29. Übergangsfunktion für das fünfte Glied einer Spulenkette.

Nach Verstreichen dieser scheinbaren Laufzeit $t = \frac{n}{\sqrt{LC}}$ schwingt der Strom um den Wert $\frac{1}{Z}$ mit stets zunehmender Frequenz und abnehmender Amplitude. Diese Amplitude folgt näherungsweise der Beziehung

$$\frac{1}{Z}\cdot\frac{1}{\sqrt{1-\left(\frac{2n}{\omega_k t}\right)^2}}\sqrt{\frac{2}{\pi\,\omega_k t}},$$

während die variable Frequenz in

$$\frac{\omega_k}{2n}\sqrt{1-\left(\frac{2n}{\omega_k t}\right)^2}$$

gegeben ist. Die Schwingungen streben also schließlich in sämtlichen Gliedern gegen die Grenzfrequenz (kritische Frequenz), aber dieser Zustand wird um so später erreicht, je höher die Ordnungszahl n des betrachteten Gliedes ist. In den Abb. 30, 31 und 32 ist die Übergangsfunktion

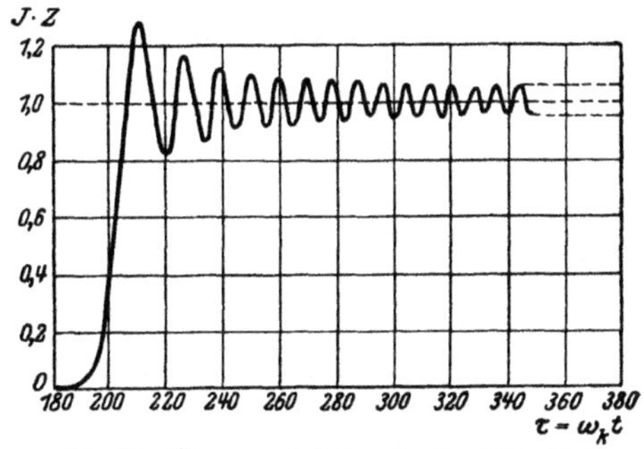

Abb. 30. Übergangsfunktion für das 100. Glied einer Spulenkette.

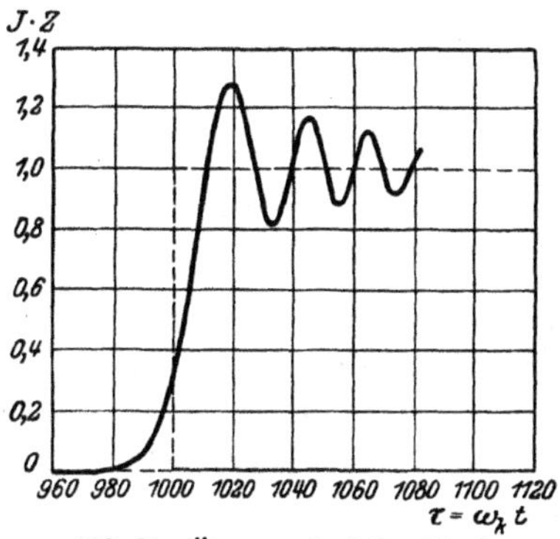

Abb. 31. Übergangsfunktion für das 500. Glied einer Spulenkette.

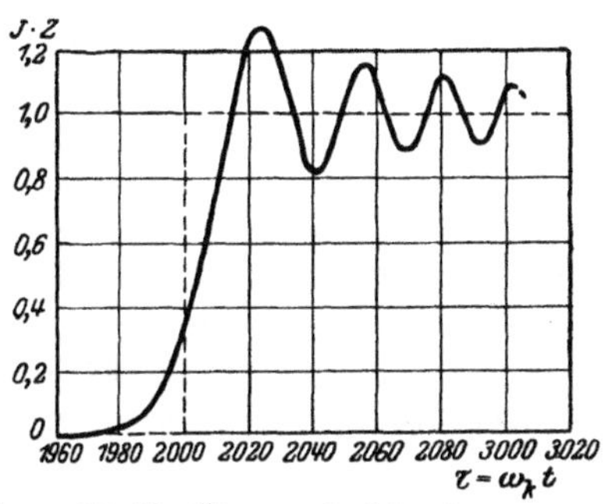

Abb. 32. Übergangsfunktion für das 1000. Glied einer Spulenkette.

für das 100-ste, 500-ste und 1000-ste Glied einer Spulenkette gezeichnet. Die Untersuchung so hoher Gliedzahlen besitzt für den Vergleich mit der Pupinleitung besonderes Interesse; denn obwohl man an sich verlustfreie Leitungen nicht realisieren kann, zeigen sich doch an einem solchen Modell die Eigenschaften des Ausbreitungsvorganges in reinster Form. Um den Vergleich mit den Verhältnissen in einer idealen homogenen Leitung zu ermöglichen, sind in das gleiche Schaubild die Kurven des Stromverlaufes für Leitungswellen eingetragen. Er ist unstetig, da er für alle $n < at$ identisch verschwindet und erst zu diesem Zeitpunkt plötzlich auf seinen Endwert $\sqrt{\frac{C}{L}} = \frac{1}{Z}$ springt. In der Spulenleitung dagegen existiert keine wohldefinierte Signalgeschwindigkeit und keine Wellenstirn; dem entstehenden Gleichstrom sind zudem Schwingungen überlagert. Hierbei hat man aber zu beachten, daß man nach obigem bei makroskopischer Betrachtung eine scheinbare Ausbreitungsgeschwindigkeit vom Betrage $\frac{1}{\sqrt{LC}}$ pro Glied definieren kann, und daher kann auch von einer wirklichen Wellenfront gesprochen werden; nur ist diese flacher als bei der homogenen Leitung, und die Steilheit nimmt mit zunehmender Gliedzahl ab. Beispielsweise hat die Wellenstirn im 500-sten Glied nur noch ca. 60% der im 100-sten Glied wirksamen Steilheit.

Die überlagerten Schwingungen sind sehr bemerkenswert. Ihre Frequenz nimmt mit zunehmender Ordnungszahl n ab, erst mit wachsender Zeit strebt sie überall gegen die kritische Frequenz. Für Zeiten $t \gg \frac{n}{a}$ verklingt die Schwingungsamplitude gemäß $\frac{1}{\sqrt{\pi a t}}$, so daß der Strom in allen Gliedern gleich $\sqrt{\frac{C}{L}}$ wird. Die Stromwelle in einer Pupinleitung strebt also asymptotisch gegen den entsprechenden Vorgang auf der homogenen Leitung und pendelt um den Endwert mit abnehmender Amplitude und wachsender Frequenz. Hierbei gilt ein einfaches Ähnlichkeitsgesetz, wenn man die Wellenspannungen $J \cdot Z$ über den Latenzwegen $2\,at = \frac{2t}{\sqrt{LC}}$ aufträgt, wobei universell für alle Pupinleitungen die gleichen Kurven resultieren.

Von großer praktischer Bedeutung neben dem behandelten Fall des Einheitsspannungsstoßes ist die Erregung der Welle durch eine Wechselspannung. Für die verlustfreie Leitung hat man hierbei im wesentlichen die Eigenschaften der Integrale zu untersuchen

$$\int_0^{\omega_k t} \sin \frac{\omega}{\omega_k} \tau \, J_n(\tau)\, d\tau\,,$$

$$\int_0^{\omega_k t} \cos \frac{\omega}{\omega_k} \tau \, J_n(\tau)\, d\tau\,.$$

Wie oben bedeutet hier ω_k die kritische Frequenz der Leitung. Wegen der betrachteten mathematischen Schwierigkeiten führen wir diese Aufgabe hier nicht durch, jedoch verweisen wir auf einen Aufsatz[1], der diese Fragen eingehend behandelt.

---

[1] Trans. A.I.E.E. 1919 oder Bell System Technical Journal, Juli 1923.

X. Die endliche, belastete Leitung.

66. Grenzbedingungen der endlichen Leitung. Bisher haben wir die Wellenfortpflanzung längs unbegrenzter, natürlicher oder künstlicher Leitungen untersucht. Es ergab sich, daß die Übergangsfunktion diese wichtigen Systeme durch relativ einfache und wohlbekannte Transzendenten ausgedrückt werden kann, welche die Erscheinungen der Wellenausbreitung vollständig zu übersehen gestatten. Indes sind hiermit nur die allerersten Fragen der Leitungstheorie beantwortet; denn man arbeitet ja stets mit Leitungen endlicher Länge, welche am Ende durch eine frei wählbare Impedanz Z_e belastet sind. Gleichzeitig muß man berücksichtigen, daß die Generator-EMK nicht unmittelbar auf die Leitung einwirkt, sondern der Strom vor dem Eintritt in die Leitung den inneren Spannungsabfall über die Generatorimpedanz Z_a zu überwinden hat. Wir müssen daher die Wellenausbreitung auf derart verallgemeinerten Leitungssystemen studieren.

Es sei $Z = Z(p)$ der Wellenwiderstand der Leitung und $\gamma(p)$ die Ausbreitungsziffer, beide Größen für einen exponentiell ansteigenden Vorgang entsprechend den Vorschriften der Operatorenrechnung ermittelt. Als allgemeine Lösung für die Leitungswellen hat man dann Ströme und Spannungen von der Form zu erwarten

$$\begin{aligned} U &= U_a \cdot e^{-\gamma x} + U_b \cdot e^{\gamma x}, \\ I &= \frac{U_a}{Z} \cdot e^{-\gamma x} - \frac{U_b}{Z} \cdot e^{\gamma x}. \end{aligned} \tag{1}$$

U_a und U_b sind zunächst willkürliche Integrationskonstanten. Sie bestimmen sich aus den Grenzbedingungen, welche die oben genannten besonderen Eigenschaften des Leitungsendes (Belastung) und des Leitungsanfanges (Generator) analytisch ausdrücken. So erhält man für das Leitungsende ($x = s$)

$$Z_{e_{x=s}} \cdot I_{x=s} = U_{x=s}$$

oder wegen (1)

$$\frac{Z_e}{Z} e^{-\gamma s} U_a - \frac{Z_e}{Z} e^{\gamma s} U_b = U_a e^{\gamma s} + U_b e^{-\gamma s}.$$

Hiernach kann die reflektierte Welle als Vielfaches der einfallenden Welle ausgedrückt werden:

$$U_b = \frac{1 - \varrho_e}{1 + \varrho_e} \cdot e^{-2\gamma s} U_a; \qquad \varrho_e = \frac{Z_e}{Z}. \tag{2}$$

Die dabei auftretende dimensionslose Zahl ϱ_e kann als numerische Belastung bezeichnet werden.

Für den Leitungsanfang erhalten wir, wenn E die Generator-EMK bezeichnet, die Grenzbedingung

$$U_{x=0} = E - Z_a \cdot I_{x=0}.$$

Mit (1) folgt

$$U_a + U_b = E - \frac{Z_a}{Z} U_a + \frac{Z_a}{Z} U_b$$

oder

$$(1 + \varrho_a) U_a + (1 - \varrho_a) U_b = E\,; \qquad \varrho_a = \frac{Z_a}{Z}\,. \tag{3}$$

Analog zu ϱ_e kann man ϱ_a als numerischen Generatorwiderstand deuten. Durch Zusammenfassung von (2) und (3) folgt

$$U_a = E \cdot \frac{1 + \varrho_e}{(1 + \varrho_a)(1 + \varrho_e) - (1 - \varrho_a)(1 - \varrho_e)\, e^{-2\gamma s}},$$

$$U_b = E \cdot \frac{-(1 - \varrho_e)\, e^{-2\gamma s}}{(1 + \varrho_a)(1 + \varrho_e) - (1 - \varrho_a)(1 - \varrho_e)\, e^{-2\gamma s}},$$

und also

$$I_x = \frac{E}{Z + Z_a} \cdot \frac{e^{-\gamma x} + \frac{1 - \varrho_e}{1 + \varrho_e} e^{-\gamma(2s - x)}}{1 - \frac{1 - \varrho_a}{1 + \varrho_a} \cdot \frac{1 - \varrho_e}{1 + \varrho_e} \cdot e^{-2\gamma s}}\,. \tag{4}$$

Fassen wir hierin E als Einheitsstoß auf, so gibt die abgeleitete Beziehung sogleich die Operatorengleichung der Übergangsfunktion H an:

$$H = \frac{\lambda}{Z} \cdot \frac{e^{-\gamma x} + \mu_2\, e^{-\gamma(2s - x)}}{1 - \mu_1 \cdot \mu_2 \cdot e^{-2\gamma s}} = \frac{1}{Z_x(p)}\,. \tag{5}$$

Hierin ist zur Abkürzung gesetzt

$$\lambda = \frac{Z}{Z + Z_a},$$

$$\mu_a = \frac{1 - \varrho_a}{1 + \varrho_a} = \frac{Z - Z_a}{Z + Z_a},$$

$$\mu_e = \frac{1 - \varrho_e}{1 + \varrho_e} = \frac{Z - Z_e}{Z + Z_e},$$

und es sind Z, γ, Z_a, Z_e und die aus ihnen zusammengesetzten Ausdrücke im allgemeinen Funktionen von p.

67. Reflexion an den Leitungsenden. Der Operatorengleichung (5) entspricht die gleichwertige Integralgleichung

$$\frac{1}{p\, Z_x(p)} = \int_0^\infty e^{-pt} H_x(t)\, dt\,. \tag{6}$$

Wir entwickeln jetzt $\frac{1}{Z_p(x)}$ nach dem Schema

$$\left.\begin{aligned} \frac{1}{Z_x(p)} = \lambda \cdot \frac{e^{-\gamma x}}{Z} + \lambda\, \mu_e \frac{e^{-\gamma(2s - x)}}{Z} + \lambda\, \mu_a \mu_e \frac{e^{-\gamma(2s + x)}}{Z} \\ + \lambda\, \mu_a \mu_e^2 \cdot \frac{e^{-\gamma(4s - x)}}{Z} + \lambda\, \mu_a^2 \mu_e^2 \cdot \frac{e^{-\gamma(4s + x)}}{Z} + \cdots \end{aligned}\right\} \tag{7}$$

Man beachte nun, daß $\frac{e^{-\gamma x}}{Z}$ mit der Operatorengleichung der unbegrenzten Leitung beim Auftreten eines Einheitsstoßes identisch ist, deren Übergangsfunktion mit $h(t)$ bezeichnet sei. Wir erkennen dann in $\frac{e^{-\gamma(2s-x)}}{Z}$ die unter den gleichen Bedingungen gültige Operatorengleichung des Punktes $(2s-x)$, dessen Übergangsfunktion also sinngemäß als $h_{2s-x}(t)$ zu schreiben ist; entsprechende Überlegungen gelten für sämtliche Glieder der Entwicklung (7).

Diese Bemerkung liefert uns sogleich die formale Lösung der gestellten Aufgabe: Wir erhalten den Ausbreitungsvorgang als ein Spiel hin- und rücklaufender Wellen, die abwechselnd am Leitungsanfang und -ende reflektiert werden. Um dies einzusehen, definiere man eine Folge von Funktionen v durch die Operatorengleichungen

$$\left.\begin{aligned} v_0 &= \lambda(p) = \lambda \\ v_1 &= \lambda\cdot\mu_e \\ v_2 &= \lambda\cdot\mu_a\cdot\mu_e \\ v_3 &= \lambda\cdot\mu_a\cdot\mu_e^2 \\ &\vdots \quad\quad \vdots \end{aligned}\right\} \tag{8}$$

mit deren Hilfe aus dem Additionssatz, Kapitel III, sogleich folgt

$$\begin{aligned} H_x(t) = \frac{d}{dt}\int_0^t d\tau\,\{v_0(t-\tau)\,h_x(\tau) + v_1(t-\tau)\,h_{2s-x}(\tau) \\ + v_2(t-\tau)\,h_{2s+x}(\tau) + \cdots\}. \end{aligned} \tag{9}$$

Wenn man also die Übergangsfunktion der unbegrenzten Leitung kennt und außerdem die Operatorengleichungen (8) lösen kann, so ergibt sich der gesuchte Ausgleichsvorgang der endlichen belasteten Leitung mittels Quadraturen. Freilich wird man dabei im allgemeinen weitläufige Rechnungen durchzuführen haben, die nur durch die Bedeutung der gerade in Rede stehenden Frage zu rechtfertigen sind.

Wir wollen, ohne hier näher auf solche Einzelfragen einzugehen, aus der gewonnenen Endformel (9) einige allgemeine Sätze herleiten. Zunächst zeigt das erste Glied der Lösungsreihe den Strom im Punkte x der unbegrenzt gedachten Leitung, welcher von einem am Leitungsanfang über die Generatorimpedanz wirkenden Einheitsspannungsstoß erzeugt wird; $v_0 = v_0(t)$ gibt die entsprechende Spannung an den Klemmen der eigentlichen Leitung an. Das zweite Glied zeigt eine am Leitungsende reflektierte Welle, welche ihre Entstehung, wie ihre Proportionalität mit μ_e lehrt, der dort vorhandenen Inhomogenität der Impedanz verdankt; denn sie verschwindet bei vollständiger Endanpassung $Z_e = Z$. Ebenso erkennt man im dritten Gliede eine am

Leitungsanfang reflektierte Welle usw., so daß man tatsächlich in der angeschriebenen Reihe den wohlbekannten Mechanismus der Wellenausbreitung wiederfindet.

Unsere allgemeine Lösung nimmt eine besondere einfache Gestalt in dem Sonderfalle $Z_a = k_a \cdot Z$, $Z_e = k_e \cdot Z$ an, wenn k_a und k_e reelle Zahlen sind. Es ist dann

$$\left.\begin{aligned} v_0 &= \frac{1}{1+k_a}, \\ v_1 &= \frac{1}{1+k_a}\cdot\frac{1-k_e}{1+k_e}, \\ v_2 &= \frac{1}{1+k_a}\cdot\frac{1-k_e}{1+k_e}\cdot\frac{1-k_a}{1+k_a}, \\ &\vdots \qquad\qquad \vdots \end{aligned}\right\} \tag{10}$$

und demnach

$$H_x(t) = \frac{1}{1+k_a}\left[h_x(t) + \frac{1-k_e}{1+k_e} h_{2s-x}(t) + \frac{1-k_a}{1+k_a}\cdot\frac{1-k_e}{1+k_e} h_{2s+x}(t) + \cdots\right]. \tag{11}$$

Gilt insbesondere $k_a = 0$, $k_e = 1$, so erhalten wir eine Leitung, die durch eine ihrem Wellenwiderstand gleiche Endimpedanz geschlossene ist und auf deren Anfang ein von einem unendlich starken Generator erzeugter Einheitsstoß der Spannung einwirkt. Hierfür reduziert sich (11) auf

$$H_x(t) = h_x(t),$$

wie es nach der Definition der Funktion $h_x(t)$ sein muß.

Sei jetzt $k_a = 0$ und $k_e = \infty$, so beschreibt (11) das Verhalten einer leerlaufenden Leitung unter sonst gleichen Anfangsbedingungen:

$$H_x(t) = h_x(t) - h_{2s-x}(t) - h_{2s+x}(t) + h_{4s-x}(t) + \cdots. \tag{12}$$

Endlich findet man für gleichzeitig verschwindendes k_a und k_e den Stromverlauf in einer kurzgeschlossenen Leitung:

$$H_x(t) = h_x(t) + h_{2s-x}(t) + h_{2s+x}(t) + h_{4s-x}(t) + \cdots. \tag{13}$$

68. Ersatzschaltungen zur Darstellung der reflektierten Wellenzüge. Auch die Operatorengleichungen (8) führen ohne explizite Ausrechnung zu interessanten Folgerungen. Denn für einen Stromkreis, welcher die Impedanzen Z_a und Z in Reihenschaltung enthält, resultiert als Teilspannung an Z für eine Gesamt-EMK vom Betrage 1

$$v_0 = \frac{Z}{Z+Z_a} = \lambda.$$

in Übereinstimmung mit der analytischen Definition (8). Es wirke jetzt diese Teilspannung auf einen zweiten Kreis, in welchem die Impedanzen $Z - Z_e$ und $2\,Z_e$ hintereinander geschaltet sind, so daß also die Gesamtimpedanz $Z + Z_e$ gleicht. Die Teilspannung an der Impedanz $Z - Z_e$

ist dann

$$v_1 = v_0 \cdot \frac{Z - Z_e}{Z - Z_2 + 2Z_e} = \frac{Z}{Z + Z_a} \cdot \frac{Z - Z_e}{Z + Z_e} = \lambda \mu_e$$

ebenfalls identisch mit (8). Denkt man sich weiterhin v_1 auf die Reihenschaltung der Impedanzen $2\,Z_1$ und $Z - Z_1$ wirkend, so stellt sich längs $Z - Z_1$ der Spannungsabfall ein

$$v_2 = \lambda \mu_a \mu_e .$$

Setzt man dieses Verfahren fort, so kann man also die Funktionen (8) als zeitlichen Verlauf gewisser Spannungskomponenten in einfach konstruierbaren Ersatzstromkreisen der Anschauung näherbringen.

Wir wollen jetzt die bisher sehr allgemein gehaltenen Überlegungen auf ein möglichst einfaches Beispiel anwenden. Bei verwickelteren Aufgaben nämlich wird das Wesentliche der mathematischen Methode durch weitläufige Formeln verschleiert; der allgemeinste Fall kann nur noch durch numerische Rechnung beherrscht werden. In der Tat gehört die Entwicklung der Wellengesetze für komplizierte Belastungssysteme, wenn man zahlenmäßig verwertbare Resultate erzielen will, zu den schwierigsten Aufgaben der mathematischen Physik; andererseits gibt gerade hier die formale Lösung (9) ohne Rechnung die Grundzüge der zu erwartenden Erscheinungen an.

69. Einschalten einer kapazitiv belasteten Freileitung. Als Beispiel untersuchen wir eine verlustfreie Leitung der Länge s, welche durch eine Kapazität C_0 belastet ist. Wir fragen nach dem Stromverlauf an irgendeinem Leitungsorte $x < s$, wenn zur Zeit $t = 0$ am Leitungsanfang ein Einheitsstoß der Spannung einsetzt.

Wir setzen $\sqrt{\frac{L}{C}} = Z$, $\sqrt{LC} = \frac{1}{a}$; die Übergangsfunktion der unbegrenzt gedachten Leitung ist dann nach den oben ausgeführten Rechnungen (Z = Wellenwiderstand, a = Frontgeschwindigkeit)

$$h_x = 0 \quad \text{für} \quad t < \frac{x}{a},$$

$$h_x = \frac{1}{Z} \quad \text{für} \quad t > \frac{x}{a}.$$

Die Endimpedanzen sind für unser Beispiel

$$Z_a = 0; \quad Z_e = \frac{1}{p\,C_0}.$$

Mit Rücksicht auf (5) wird daher

$$\lambda = 1, \; \mu_a = 1, \; \mu_e = \frac{Z - \frac{1}{p\,C_0}}{Z + \frac{1}{p\,C_0}} = \frac{Z\,C_0\,p - 1}{Z\,C_0\,p + 1}.$$

Demnach lauten nach (8) die Operatorengleichungen

$$v_0 = 1,$$
$$v_1 = v_2 = \frac{Z C_0 p - 1}{Z C_0 p + 1},$$
$$v_3 = v_4 = \left(\frac{Z C_0 p - 1}{Z C_0 p + 1}\right)^2,$$
$$v_5 = v_6 = \left(\frac{Z C_0 p - 1}{Z C_0 p + 1}\right)^3,$$
$$\vdots \qquad\qquad \vdots$$

Man hat also die Operatorengleichung zu lösen

$$V_n = \left(\frac{Z C_0 p - 1}{Z C_0 p + 1}\right)^n, \tag{14}$$

wobei V_n wahlweise v_{2n-1} oder v_{2n} bedeutet. Zunächst läßt sich mittels Ähnlicheitstransformation der Parameter $Z C_0$ eliminieren, indem wir schreiben

$$V_n(t) = \Phi_n\left(\frac{t}{Z C_0}\right)$$

und Φ_n aus

$$\Phi_n = \left(\frac{p-1}{p+1}\right)^n \tag{14a}$$

zu bestimmen suchen. Wir zielen hier auf eine für die Zahlenrechnung möglichst geeignete Form und behandeln zuerst die Hilfsgleichung

$$\sigma_n = \left(\frac{p-2}{p}\right)^n = \left(p^n - 2\frac{n}{1!}p^{n-1} - 2^2\frac{n(n-1)}{2!}p^{n-1} + \cdots + (-1)^n 2^n\right)\frac{1}{p^n}. \tag{15}$$

Die Lösung ergibt sich explizit, indem man $\frac{1}{p^n}$ durch $\frac{t^n}{n!}$ ersetzt und die Grundbedeutung des Operators $p^n = \frac{d^n}{dt^n}$ beachtet:

$$\sigma_n(t) = \left(\frac{d^n}{dt^n} - 2\frac{n}{1!}\frac{d^{n-1}}{dt^{n-1}} + \cdots + (-1)^n 2^n\right)\frac{t^n}{n!}$$
$$= 1 - \frac{n}{1!}\frac{2t}{1!} + \frac{n(n-1)}{2!}\frac{(2t)^2}{2!} + \cdots + (-1)^n\frac{(2t)^n}{n!}. \tag{15a}$$

Schreibt man

$$\sigma_n = \left(\frac{p-2}{p}\right)^n = \frac{1}{\Sigma(p)},$$

so folgt

$$\Phi_n = \left(\frac{p-1}{p+1}\right)^n = \frac{p+1}{p}\,\frac{p}{p+1}\,\frac{1}{\Sigma(p+1)}$$
$$= \left(1 + \frac{1}{p}\right)\frac{p}{p+1}\,\frac{1}{\Sigma(p+1)}.$$

Mit Rücksicht auf den Verschiebungssatz ist also

$$\Phi_n(t) = \left(1 + \int_0^t dt\right)\sigma_n(t)\,e^{-t}. \tag{16}$$

Nachdem oben σ_n gefunden ist, gibt diese Beziehung die Funktion $\Phi_n(t)$ an, und damit ist auch V_n bekannt; demnach ist das System $v_1, v_2, \ldots$ vollständig bestimmt; übrigens kann man das Ergebnis leicht mittels Partialbruchentwicklung verifizieren (Ziffer **16**).

Nunmehr liefert Gleichung (9) nach Einsetzen der vorstehend angegebenen Ausdrücke das Gesetz des zeitlichen Stromverlaufes

$$H_x(t) = \frac{1}{Z}\left\{v_0\left(t - \frac{x}{a}\right) + v_1\left(t - \frac{2s - x}{a}\right) + v_2\left(t - \frac{2s + x}{a}\right) + \cdots\right\}, \quad (17)$$

wobei die Funktionen v_k für negative Argumente identisch verschwinden.

Für $x = 0$ erhält man den in die Leitung einziehenden Strom

$$H_0(t) = \frac{1}{Z}\left\{v_0(t) + v_1\left(t - \frac{2s}{a}\right) + v_2\left(t - \frac{2s}{a}\right) + v_3\left(t - \frac{4s}{a}\right) + v_4\left(t - \frac{4s}{a}\right) + \cdots\right\}$$

$$= \frac{1}{Z}\left\{1 + 2V_1\left(t - \frac{2s}{a}\right) + 2V_3\left(t - \frac{4s}{a}\right) + 2V_5\left(t - \frac{6s}{a}\right) + \cdots\right\}. \quad (17a)$$

Abb. 33 zeigt den hiernach berechneten Stromverlauf für das Beispiel $\sqrt{(Ls)(Cs)} \cdot \sqrt{\frac{C_0}{sC}} = 10$. Im Schaltmoment $t = 0$ springt der Strom auf den Wert $\frac{1}{Z}$, den er in $0 < t < \frac{2s}{a}$ beibehält. Zur Zeit $t = \frac{2s}{a}$ erreicht die erste reflektierte Welle den Leitungsanfang und der Strom nimmt plötzlich um $\frac{2}{Z}$ zu, fällt indes langsam bis zur Zeit $t = \frac{4s}{a}$ ab; in diesem Augenblick wächst er abermals um $\frac{2}{Z}$ sprunghaft an. Dieser Vorgang wiederholt sich in regelmäßigen Zeitintervallen $\frac{2s}{a}$, wobei der Strom jeweils zwischen zwei Sprüngen abfällt. In das gleiche Schaubild ist die Übergangsfunktion eines Schwingungskreises eingetragen, welcher aus einer Induktivität sL und einer Kapazität C_0 besteht; diese Vergleichsfunktion ergibt natürlich eine stetige Kurve. Die in die Leitung einziehende Stromwelle pendelt also, wie man aus dem Schaubilde erkennt, um den Strom des genannten Schwingungskreises in unstetigen Sprüngen; diese „mittlere Übergangsfunktion" des verlustfreien Schwingungskreises ist dabei durch

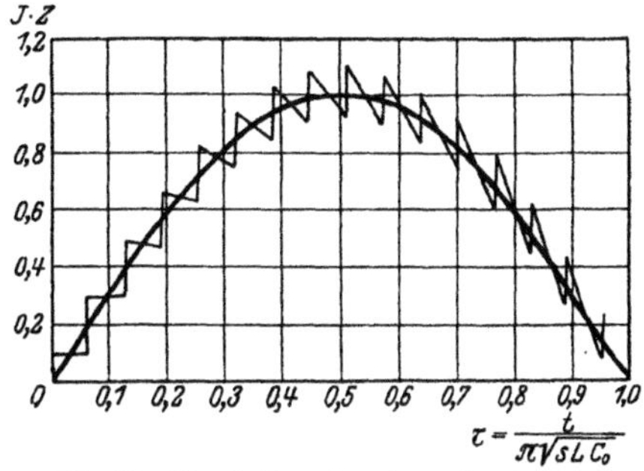

Abb. 33. Einschalten einer kapazitiv belasteten Freileitung.

$$\sqrt{\frac{C}{L}} \cdot \sin \frac{t}{\sqrt{sCL_0}}$$

gegeben.

70. Volterrasche Integralgleichungen. Wir wenden uns jetzt einer anderen Methode zur Berechnung von Ausgleichsvorgängen zu, welche allgemein auf verwickelte Netzsysteme anwendbar ist und sich auch für die hier behandelten Fragen der belasteten Leitung als nützlich erweist. Diese Methode beruht auf der Anwendung der Volterraschen Integralgleichung. Es wird sich zeigen, daß neben der hierdurch gewonnenen mathematischen Prägnanz eine für numerische Rechnungen sehr geeignete Lösungsform gefunden werden kann.

Eine Integralgleichung ist eine Beziehung, in welcher die unbekannte Funktion unter einem Integralzeichen in die Gleichung eingeht. Die Gleichung ist gelöst, wenn man die unbekannte Funktion gefunden hat.

Wir benötigen für das Folgende nur einige grundlegende Kenntnisse über die einfachsten Klassen solcher Integralgleichungen. Schon in Kapitel III sind wir auf die Laplacesche Gleichung gestoßen

$$F(p) = \int_0^\infty e^{-pt} f(t)\, dt\,. \tag{18}$$

Sie verdient vom Standpunkt der reinen Analysis kein besonderes Interesse, weil ihre formale Auflösung sogleich angegeben werden kann und dann mit der Theorie des Fourierschen Doppelintegrales identisch wird. Ihre fruchtbarste Anwendung findet sie in der Operatorenrechnung, die sich hiernach letzthin die Aufgabe stellt, die formalen Integrallösungen der Mathematik in praktisch brauchbare Formeln zu kleiden.

Die nächst der Laplaceschen Gleichung einfachsten Integralgleichungen sind die Volterraschen Integralgleichungen, von denen wir weiterhin Gebrauch machen werden. Eine Volterrasche Gleichung fordert für die unbekannte Funktion $\Phi(x)$

$$\Phi(x) = f(x) + \int_0^x K(x-y)\, \Phi(y)\, dy\,. \tag{19}$$

Ihre Auflösung gewinnt man formal leicht durch die Neumannsche Reihe mittels sukzessiver Näherungen. Hierzu machen wir den Ansatz

$$\Phi(x) = \Phi_0(x) + \Phi_1(x) + \Phi_2(x) + \cdots \tag{20}$$

und bestimmen die einzelnen Glieder der Entwicklung nach

$$\left.\begin{aligned} \Phi_0(x) &= f(x)\,, \\ \Phi_1(x) &= \int_0^x K(x-y)\, \Phi_0(y)\, dy\,, \\ \Phi_2(x) &= \int_0^x K(x-y)\, \Phi_1(y)\, dy\,, \\ &\vdots \qquad\qquad \vdots \end{aligned}\right\} \tag{20a}$$

Man überzeugt sich durch Einsetzen in die Ausgleichsgleichung, daß diese Lösung formal allen Bedingungen genügt; auch läßt sich leicht zeigen, daß sie für beschränkte K unbedingt konvergent ist. Dennoch ist sie für praktische Zwecke unbrauchbar, weil sie zu langsam konvergiert und keine Diskussion des Resultats erlaubt.

Eine Potenzreihenlösung kann, falls sie existiert, mittels wiederholter Differentiation gebildet werden. Denn es gilt

$$\left.\begin{aligned}\Phi(0) &= f(0)\,,\\ \Phi'(x) &= f'(x) + \Phi(0)\,K(x) + \int_0^x K(y)\,\Phi'(x-y)\,dy\,,\\ \Phi'(0) &= f'(0) + \Phi(0)\,K(0)\,,\\ &\vdots \qquad\qquad \vdots\end{aligned}\right\} \tag{21}$$

so daß man nacheinander alle Ableitungen von $\Phi(x)$ an der Stelle $x=0$ berechnen kann. Nach dem Taylorschen Satze hat man also

$$\Phi(x) = \Phi(0) + \frac{x}{1!}\,\Phi'(0) + \frac{x^2}{2!}\,\Phi''(0) + \cdots. \tag{21a}$$

Indes ist auch diese Lösung im allgemeinen nur für kleine x brauchbar.

Hiernach ist man auf numerische Auflösungsverfahren angewiesen. Von den verschiedenen sich darbietenden Möglichkeiten scheint die schrittweise numerische Berechnung am raschesten zum Ziele zu führen; dies bestätigt auch eine ausführliche Untersuchung von G. Prasad, welche er auf dem Mathematikerkongreß Toronto 1924 über den gleichen Gegenstand vortrug. Wir transformieren hierzu in der Ausgangsgleichung $x - y = \eta$, also $dy = -d\eta$ und erhalten

$$\Phi(x) = f(x) + \int_0^x K(\eta)\,\Phi(x-\eta)\,d\eta\,, \tag{22}$$

worin, um es zu wiederholen, f und K bekannt sind. Wir teilen jetzt den Bereich $0 < \xi < x$ in kleine Intervalle d und schreiben zur Abkürzung

$$\begin{aligned}\Phi(nd) &= \Phi_n\,,\\ f(nd) &= f_n\,,\\ K(nd) &= K_n\,.\end{aligned}$$

Aus der Integralgleichung selbst hat man sogleich den Anfangswert der gesuchten Funktion

$$\Phi(0) \equiv \Phi_0 = f_0 \tag{23}$$

und für $x = d$

$$\Phi(d) \equiv \Phi_1 = f_1 + \int_0^d K(\eta)\cdot\Phi(d-\eta)\,d\eta\,.$$

Für hinreichend kleine d ist nun nach dem Mittelwertsatz der Integralrechnung

$$\int_0^d K(\eta)\,\Phi(d-\eta)\,d\eta = d\cdot\frac{\Phi_1 K_0 + \Phi_0 K_1}{2},$$

so daß

$$\Phi_1 = f_1 + d\cdot\frac{\Phi_1 K_0 + \Phi_0 K_1}{2}. \tag{24}$$

Dies ist eine lineare Gleichung für Φ_1:

$$\Phi_1 = \frac{1}{1-K_0\cdot\frac{d}{2}}\left[f_1 + \Phi_0 K_1 \frac{d}{2}\right]. \tag{24a}$$

Hat man hieraus Φ_1 berechnet, so folgt auf ähnlichem Wege eine Gleichung für Φ_2

$$\Phi_2 = f_2 + d\left[\frac{\Phi_0 K_2}{2} + \frac{\Phi_1 K_1}{1} + \frac{\Phi_2 K_0}{2}\right], \tag{24b}$$

woher Φ_2 bekannt ist. So fortschreitend erhält man für Φ_3

$$\Phi_3 = f_3 + d\left[\frac{\Phi_0 K_3}{2} + \frac{\Phi_1 K_2}{1} + \frac{\Phi_2 K_1}{1} + \frac{\Phi_3 K_0}{2}\right]. \tag{24c}$$

Man erkennt, daß man $\Phi(x)$ sukzessiv nach der Rekursionsformel erhält

$$\Phi_n = \frac{f_n + d\left[\frac{\Phi_0 K_n}{2} + \frac{\Phi_1 K_{n-1}}{1} + \frac{\Phi_2 K_{n-2}}{1} + \cdots + \frac{\Phi_{n-1} K_1}{2}\right]}{1-\frac{1}{2}K_0 d}. \tag{24d}$$

Die Integralberechnung wurde hier, wie auch in den unten ausgeführten Beispielen, mittels der Simpsonschen Regel bewerkstelligt. Natürlich kann man hierfür genauere Verfahren anwenden. Für alle praktischen Genauigkeitsansprüche genügt indes diese einfache Methode vollauf, und man erhöht die Genauigkeit notwendigen Falles am besten durch Verkleinerung der Integrationsschritte d.

71. Ausgleichserscheinungen in Vierpolen. Ein Vierpol besteht aus einem beliebigen Netz mit zwei „Anfangsklemmen" und zwei „Endklemmen" nach Abb. 34, das keine inneren Energiequellen enthalten möge. Zuerst denken wir uns die Endklemmen $e-e$ kurzgeschlossen und zwischen die Anfangsklemmen $a-a$ die Spannung 1 angelegt. Der resultierende Strom an den Anfangsklemmen sei $S_{aa}(t) = S_{aa}$, ähnlich der Endstrom $S_{ea}(t) = S_{ea}$; S_{aa} kann als Eigen-Übergangsfunktion, S_{ea} als Gegen-Übergangsfunktion bezeichnet werden.

Abb. 34. Vierpol.

Seien umgekehrt die Anfangsklemmen $a-a$ kurzgeschlossen und ein Einheitsstoß der Spannung an die Endklemmen gelegt, so strömt diesen der Strom $S_{ee}(t) = S_{ee}$ zu und zwischen den Anfangsklemmen fließt der Strom $S_{ae}(t) = S_{ae}$. Infolge des Ausschlusses innerer Energiequellen gilt der Reziprozitätssatz $S_{ea} = S_{ae}$. Durch Angabe der drei Funktionen S_{aa}, S_{ee}, $S_{ae} = S_{ea}$ ist dann das Vierpolsystem vollständig bestimmt. Es wirke jetzt eine Spannung $U_a = U_a(t)$ zwischen den Anfangsklemmen, ebenso eine Spannung $U_e = U_e(t)$ zwischen den Endklemmen. Der Anfangsstrom I_a beträgt dann

$$I_a(t) = \frac{d}{dt}\int_0^t U_a(\tau)\, S_{aa}(t-\tau)\, d\tau + \frac{d}{dt}\int_0^t U_e(\tau)\, S_{ae}(t-\tau)\, d\tau\,, \tag{25}$$

während gleichzeitig zwischen den Endklemmen der Strom auftritt

$$I_e(t) = \frac{d}{dt}\int_0^t U_a(\tau)\, S_{ea}(t-\tau)\, d\tau + \frac{d}{dt}\int_0^t U_e(\tau)\, S_{ee}(t-\tau)\, d\tau\,. \tag{26}$$

Wir betrachten die Reihenschaltung zweier Vierpole, deren Übergangsfunktionen mit S_{aa}, S_{ea}, S_{ae}, S_{ee} für den ersten, T_{aa}, T_{ea}, T_{ae} und T_{ee} für den zweiten Vierpol bekannt seien. Wir fragen nach der Übergangsfunktion des kombinierten Vierpoles, wenn die Reihenschaltung durch Verbindung der Endklemmen des ersten Vierpoles mit den Anfangsklemmen des zweiten nach Abb. 35 hergestellt wird.

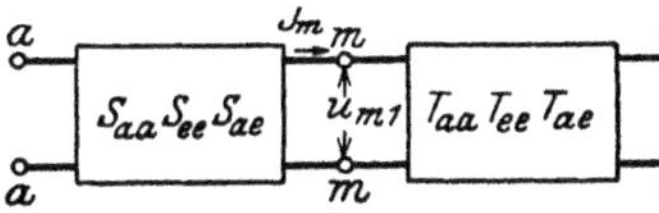

Abb. 35. Reihenschaltung zweier Vierpole.

Es wirke ein Einheitsstoß der Spannung auf die Anfangsklemmen des kombinierten Systems bei gleichzeitigem Kurzschluß der Endklemmen. An der Kuppelstelle beider Vierpole tritt hierbei die Kupplungsspannung Um_1 auf, und der Kupplungsstrom ist Im_1. Dieser bestimmt sich für bekanntes Um_1 entweder aus der Gleichung des ersten Vierpoles (Endstrom)

$$I_{m_1} = S_{ea}(t)\frac{d}{dt}\int_0^t U_{m_1}(\tau)\, S_{ee}(t-\tau)\, d\tau \tag{27}$$

oder als Anfangsstrom des zweiten Vierpoles

$$I_{m_1} = \frac{d}{dt}\int_0^t U_{m_1}(\tau)\, T_{aa}(t-\tau)\, d\tau\,. \tag{28}$$

Der Vergleich ergibt

$$\frac{d}{dt}\int_0^t U_{m_1}(\tau)\,[S_{ee}(t-\tau) + T_{aa}(t-\tau)]\, d\tau = S_{ea}(t)\,. \tag{29}$$

Auf genau dem gleichen Wege findet man für die an der Kupplung auftretende Spannung U_{m_2}, falls der Einheitsstoß der Spannung auf die Endklemmen des Vierpoles 2 wirkt und die Anfangsklemmen des ersten Vierpoles kurzgeschlossen sind,

$$\frac{d}{dt}\int_0^t U_{m_2}(\tau)\,[S_{ee}(t-\tau) + T_{aa}(t-\tau)]\,d\tau = T_{ae}(t)\,. \tag{30}$$

Mittels (29), (30) bestimmen sich also U_{m_1} und U_{m_2} für bekannte Übergangsfunktionen der Einzelvierpole durch Auflösung je einer Volterraschen Integralgleichung.

Wenn W_{aa}, W_{ee}, W_{ae} die Übergangsfunktionen des resultierenden Vierpoles bezeichnen, hat man für bekannten zeitlichen Verlauf der Kupplungsspannungen U_{m_1} und U_{m_2} sogleich die Berechnungsformeln

$$\left.\begin{aligned} W_{aa} &= S_{aa}(t) - \frac{d}{dt}\int_0^t U_{m_1}(\tau)\,S_{ae}(t-\tau)\,d\tau\,, \\ W_{ee} &= T_{ee}(t) - \frac{d}{dt}\int_0^t U_{m_2}(\tau)\,S_{ea}(t-\tau)\,d\tau \end{aligned}\right\} \tag{31}$$

und

$$\left.\begin{aligned} W_{ae} = W_{ea} &= \frac{d}{dt}\int_0^t U_{m_1}(\tau)\,T_{ea}(t-\tau)\,d\tau \\ &= \frac{d}{dt}\int_0^t U_{m_2}(\tau)\,S_{ae}(t-\tau)\,d\tau\,. \end{aligned}\right\} \tag{31a}$$

Hiermit ist die Aufgabe, die Übergangsfunktion des resultierenden Gebildes aus den Übergangsfunktionen der Schaltkomponenten zu finden, ebenfalls auf die Lösung der oben genannten Volterraschen Integralgleichung zurückgeführt.

72. Schalten einer Leitung über Widerstand. Ein einfaches Beispiel möge die Methode erläutern. Wir behandeln das Einschalten einer unbegrenzt langen Leitung mit verteilten Widerständen R, Kapazitäten C und Induktivitäten L über einen Eingangswiderstand R_0; gesucht wird der Verlauf der Klemmenspannung U der Leitung.

In die Leitung tritt der Strom ein

$$U\cdot\sqrt{\frac{Cp}{Lp+R}}\,.$$

Er gleicht dem Widerstandsstrom $\frac{1}{R_0}(1 - U)$, so daß durch Vergleich

$$U = \frac{\sqrt{\frac{Lp + R}{Cp}}}{R_0 + \sqrt{\frac{Lp + R}{Cp}}}. \tag{32}$$

Diese Operatorengleichung der gesuchten Spannung könnten wir natürlich unmittelbar in Angriff nehmen, obgleich man hierbei weitläufige Zahlenrechnungen in Kauf nehmen muß; es soll indes die Aufgabe mittels der soeben entwickelten Methode direkt formuliert werden.

Die Übergangsfunktion der Leitung (Vierpol 2) ist bekannt:

$$A(t) = \frac{1}{Z} e^{-\varrho t} J_0(i \varrho t); \quad Z = \sqrt{\frac{L}{C}}; \quad \varrho = \frac{R}{2L}.$$

Demnach nimmt die Leitung den Strom auf

$$\frac{d}{dt}\int_0^t U(\tau)\, A(t-\tau)\, d\tau .$$

Da er gleich dem Widerstandsstrom $\frac{1}{R_0}(1 - U)$ sein muß, hat man also

$$U(t) = 1 - R_0 \frac{d}{dt}\int_0^t U(\tau)\, A(t-\tau)\, d\tau .$$

Führt man die Differentiation aus, so kommt

$$U(t) = 1 - R_0 A(0) \cdot U(t) - R_0 \int_0^t U(\tau)\, A'(t-\tau)\, d\tau .$$

Nun ist $A(0) = \frac{1}{Z}$ und

$$A'(t) = \varrho\, e^{-\varrho t} [i J_1(i \varrho t) - J_0(i \varrho t)] \frac{1}{Z}.$$

Außerdem möge $R_0 = Z$ gewählt werden; hiermit folgt

$$U(t) = \frac{1}{2} + \frac{\varrho}{2}\int_0^t U(t-\tau)\,[J_0(i \varrho \tau) - i J_1(i\varrho\tau)]\, e^{-\varrho\tau}\, d\tau ,$$

wobei das Integral nach dem im vorigen Abschnitt gezeigten Verfahren transformiert wurde. Endlich setzen wir der Einfachheit halber $\varrho = 1$ und finden als Integralgleichung unserer Aufgabe

$$\left.\begin{aligned} U(t) &= \frac{1}{2} + \frac{1}{2}\int_0^t U(t-\tau)\,[J_0(i\tau) - i J_1(i\tau)]\, e^{-\tau}\, d\tau \\ &= \frac{1}{2} - \frac{1}{2}\int_0^t U(t-\tau) \cdot \frac{d\{e^{-\tau} J_0(i\tau)\}}{d\tau}\, d\tau . \end{aligned}\right\} \tag{33}$$

Bevor wir zu ihrer numerischen Lösung übergehen, wollen wir das Ergebnis abzuschätzen suchen; gerade eine solche Möglichkeit bildet einen besonderen Vorteil der Fassung der Aufgabe als Integralgleichung.

Die Funktion $\frac{d}{dt} e^{-t} J_0(it)$ ist für $t = 0$ gleich (-1) und strebt mit wachsendem t rasch gegen Null; $U(t)$ hat nach der Operatorengleichung (32) den Anfangswert $\frac{1}{2}$ und den Endwert 1; beide Funktionen verlaufen monoton. Aus dem Mittelwertsatz schließen wir deshalb

$$U(t) = \frac{1}{2} - \frac{1}{2} U(t) \cdot \int_0^{\alpha t} \frac{d}{dt} [e^{-t} J_0(it)]\, dt; \qquad \alpha \leqq 1. \tag{34}$$

Hier kann sogleich integriert werden

$$U(t) = \frac{1}{2} - \frac{1}{2} U(t) \cdot [e^{-\alpha t} J_0(i\alpha t) - 1], \tag{34a}$$

also folgt

$$U(t) = \frac{1}{1 + e^{-\alpha t} J_0(i\alpha t)}. \tag{35}$$

Diese Beziehung liefert für alle $\alpha \leqq 1$ die richtigen Anfangs- und Endwerte der Spannung; es gilt daher angenähert

$$U(t) = \sim \frac{1}{1 + e^{-t} J_0(it)}. \tag{35a}$$

Wir kennen hiermit den qualitativen Verlauf der Spannung und insbesondere ihr asymptotisches Anwachsen gegen den Grenzwert 1; denn wegen $\lim_{t \to \infty} e^{-t} J_0(it) = \frac{1}{\sqrt{2\pi t}}$ wird

$$\lim_{t \to \infty} U(t) = \sim \frac{1}{1 + \frac{1}{\sqrt{2\pi t}}}; \qquad t \geqq 8. \tag{35b}$$

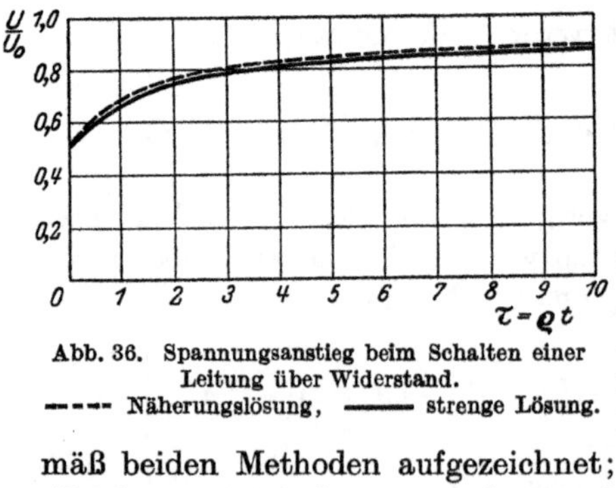

Abb. 36. Spannungsanstieg beim Schalten einer Leitung über Widerstand.
- - - - Näherungslösung, ——— strenge Lösung.

Freilich sind Näherungen der hier benutzten Art nicht stets möglich und auch nicht immer ausreichend genau. Daher vergleichen wir das Resultat mit dem Ergebnis der schrittweisen numerischen Auflösung der Integralgleichung nach dem im vorigen Abschnitt beschriebenen Verfahren. In Abb. 36 ist der zeitliche Verlauf der Spannung gemäß beiden Methoden aufgezeichnet; die gestrichelte Kurve ist nach Gleichung (35a) für $\alpha = 1$ konstruiert, die ausgezogene Linie entspricht der strengen numerischen Lösung.

73. Integralgleichungen der Einschwingvorgänge in endlichen Leitungen. Wir wollen die oben entwickelte Methode auf die Wellenfortpflanzung längs endlicher Leitungen erweitern. Es seien $S_{aa}(t)$, $S_{ae}(t)$ und $S_{ee}(t)$ die Übergangsfunktionen der am Ende kurzgeschlossenen Leitung. Nach (13) gilt explizit

$$S_{aa}(t) = h_0(t) + 2\,h_{2s}(t) + 2\,h_{4s}(t) + \cdots,$$
$$S_{ae}(t) = 2[h_s(t) + h_{3s}(t) + h_{5s}(t) + \cdots].$$

Aus Symmetriegründen gilt weiterhin $S_{aa} = S_{ee}$.

Zur Zeit $t = 0$ wirke jetzt über die Generatorimpedanz Z_a die EMK $E(t)$ auf die Leitung, welche am Ende ($x = s$) durch die Impedanz Z_e belastet sei; am Leitungsanfang tritt hierbei eine Spannung U_a auf, ebenso am Ende die Spannung U_e. Die Leitung nimmt also den Strom auf

$$I_a(t) = \frac{d}{dt}\int_0^t S_{aa}(t-\tau)\,U_a(\tau)\,d\tau - \frac{d}{dt}\int_0^t S_{ae}(t-\tau)\,U_e(\tau)\,d\tau. \qquad (36)$$

Ähnlich folgt der Endstrom

$$I_e(t) = -\frac{d}{dt}\int_0^t S_{ae}(t-\tau)\,U_a(\tau)\,d\tau + \frac{d}{dt}\int_0^t S_{ee}(t-\tau)\,U_e(\tau)\,d\tau. \qquad (37)$$

Nun ist dieser Endstrom dem Belastungsstrom gleichzusetzen; bezeichnet also $h_2(t)$ die Übergangsfunktion der Belastungsimpedanz, so hat man zufolge dieser Grenzbedingung

$$I_e(t) = \frac{d}{dt}\int_0^t h_e(t-\tau)\,U_e(\tau)\,d\tau. \qquad (38)$$

Andererseits fließt der Eingangsstrom unter der Wirkung der Spannungsdifferenz $E(t) - U_a$ durch die Generatorimpedanz Z_a, so daß mit $h_a(t)$ als Übergangsfunktion der Generatorimpedanz die Stromgleichung entsteht

$$I_a(t) = \frac{d}{dt}\int_0^t h_a(t-\tau)\,\{E(\tau) - U_a(\tau)\}\,d\tau. \qquad (39)$$

Aus (36), (39) einerseits, (37), (38) andererseits lassen sich die Ströme leicht eliminieren, so daß wir erhalten

$$\left.\begin{aligned}\int_0^t [S_{aa}(t-\tau) + a_a(t-\tau)]\,U_a(\tau)\,d\tau - \int_0^t S_{ae}(t-\tau)\,U_e(\tau)\,d\tau \\ = \int_0^t a_a(t-\tau)\,E(\tau)\,d\tau\end{aligned}\right\} \qquad (40)$$

und

$$\int_0^t S_{ae}(t-\tau)\,U_a(\tau)\,d\tau + \int_0^t [S_{ee}(t-\tau) - a_e(t-\tau)]\,U_e(\tau)\,d\tau = 0\,. \tag{40a}$$

Dies sind zwei simultane Volterrasche Integralgleichungen für U_a und U_e, welche für bekannte Übergangsfunktionen und bekannte Form der aufgedrückten Spannung hierdurch vollständig bestimmt sind.

Die numerische Lösung des allgemeinen Falles entsprechend den Gleichungen (40) und (40a) ist für verwickelte Gestalten von Z_a und Z_e natürlich weitläufig; sie rechtfertigt sich deshalb nur bei erheblicher technischer Bedeutung der behandelten Frage. Dennoch ist die numerische Lösung im allgemeinen immer noch klassischen Lösungsformen vorzuziehen, weil sie nicht bei formalen Resultaten stehenbleibt.

Im folgenden wollen wir die allgemeinen Methoden der beiden letzten Abschnitte auf zwei Beispiele anwenden; im ersten soll eine Näherung benutzt werden, während wir im zweiten das numerische Verfahren anwenden.

74. Schalten eines kapazitiv belasteten Kabels; quantitative Vergleichsrechnungen. Ein induktionsfreies Kabel mit dem Widerstand R und der Kapazität C je Längeneinheit ist am Ende ($x = s$) durch einen Kondensator der Kapazität C_0 belastet. Gesucht wird die Kondensatorspannung für einen Einheitsstoß der Spannung am Kabelanfang.

Zuerst berechnen wir die Übergangsfunktion des kurzgeschlossen gedachten Kabels auf Grund der Ergebnisse der Ziffer **30**. Mit Beachtung von (13) ergibt sich:

$$\left.\begin{aligned} S_{aa}(t) = S_{ee}(t) &= \sqrt{\frac{C}{\pi R t}}\left\{1 + 2e^{-\frac{4\beta}{t}} + 2e^{-\frac{16\beta}{t}} + 2e^{-\frac{36\beta}{t}} + \cdots\right\},\\ S_{ae}(t) = S_{ea}(t) &= 2\sqrt{\frac{C}{\pi R t}}\left\{e^{-\frac{\beta}{t}} + e^{-\frac{9\beta}{t}} + e^{-\frac{25\beta}{t}} + \cdots\right\}, \end{aligned}\right\} \tag{41}$$

wobei $\beta = \frac{s^2 RC}{4}$ gesetzt ist. Hiermit gewinnt man für den Endstrom die Formulierung

$$S_{ae}(t) - \frac{d}{dt}\int_0^t U(\tau)\cdot S_{ee}(t-\tau)\,d\tau\,.$$

Er muß mit dem Ladestrom $C_0\frac{dU}{dt}$ des Kondensators übereinstimmen. Demnach ist

$$C_0\cdot U(t) = \int_0^t S_{ae}(\tau)\,d\tau - \int_0^t U(\tau)\,S_{ee}(t-\tau)\,d\tau \tag{42}$$

die Integralgleichung dieser Aufgabe. Um nun ohne Diskussion aller Feinheiten die in (41) ausgesprochenen Gesetzmäßigkeiten qualitativ übersehen zu können, beschränken wir uns auf den Fall eines langen

Kabels. Die ersten Glieder der Entwicklung (41) sind dann groß gegen die nachfolgenden, und es wächst $S_{ae}(t)$ sehr langsam an, während $S_{ee}(t)$ sich zeitlich rasch ändert. Indem man daher in (42) $U(t-\tau)$ mit $U(t)$ vertauscht, erhält man

$$C_0 U(t) = \int_0^t S_{ae}(\tau)\,d\tau - U(t)\cdot\int_0^t S_{ee}(\tau)\,d\tau \tag{42a}$$

und also

$$U(t) = \frac{1}{C_0}\cdot\frac{\int_0^t S_{ae}(\tau)\,d\tau}{1+\frac{1}{C_0}\int_0^t S_{ee}(\tau)\,d\tau}. \tag{43}$$

Diese Beziehung gibt den Verlauf der Kondensatorspannung für lange Kabel recht gut wieder. Man erkennt, daß U zur Zeit $t=0$ verschwindet, mit zunehmender Zeit indes gegen Eins strebt. Insbesondere hat man für große Zeiten das asymptotische Gesetz

$$U(t) = \frac{\int_0^t S_{ae}(\tau)\,d\tau}{\int_0^t S_{ee}(\tau)\,d\tau}. \tag{43a}$$

Es stimmt mit der entsprechenden Spannungskurve des am Ende offenen Kabels überein, wie man durch den Grenzübergang $C_0 \to 0$ leicht verifiziert.

Eine derartige qualitative Beschreibung von Schaltvorgängen genügt in der Tat häufig. Wir wollen hier, um die Brauchbarkeit solcher Methoden auch quantitativ beurteilen zu können, noch ein Beispiel behandeln, für welches der Verlauf der Schaltvorgänge genau bekannt ist: Gesucht werde der Spannungsanstieg im Punkt x einer homogenen Leitung mit den Grundkonstanten L, C, R beim Eingriff eines Einheitsstoßes der Spannung am Leitungsanfang. Wenn $h_x(t)$ die Übergangsfunktion für den Punkt x der Leitung bedeutet, ist der Strom am gleichen Orte eben durch h_x gegeben, wobei diese Funktion durch Gleichung (16, Kap. VII) explizit dargestellt ist. Wenn $U(t)$ die Spannung am gleichen Punkt ist, gewinnt man andererseits für den Strom den Ausdruck

$$\frac{d}{dt}\int_0^t U(\tau)\,h_0(t-\tau)\,d\tau\,,$$

so daß der Vergleich beider Werte liefert

$$h_x(t) = \frac{d}{dt}\int_0^t U(\tau)\,a_0(t-\tau)\,d\tau\,. \tag{44}$$

Mit den Abkürzungen $T = \varrho t - A$; $\varrho = \frac{R}{2L}$; $A = \frac{x R}{2}\sqrt{\frac{C}{L}}$ ist nun

$$h_x = \sqrt{\frac{C}{L}}\, e^{-(T+A)} J_0(i\sqrt{T(T+2A)}) \qquad T > 0$$

und die Integralgleichung läßt sich schreiben

$$\frac{d}{dT}\int_0^T U(T-\tau)\, e^{-\tau} J_0(i\tau)\, d\tau = e^{-(T+A)} J_0\left(i\sqrt{T(T+A)}\right). \quad \textbf{(44a)}$$

Dagegen fanden wir früher die geschlossene Lösung

$$U(T) = e^{-A} + A\cdot e^{-A}\int_0^T \frac{e^{-\tau} i J_1(i\sqrt{\tau(\tau+2A)})}{\sqrt{\tau(\tau+2A)}}\, d\tau\,.$$

Aus der Integralgleichung lassen sich sogleich obere und untere Grenzen für $U(T)$ herleiten; denn es gilt

$$U(T) \leqq e^{-A}\frac{J_0(i\sqrt{T(T+A)})}{J_0(iT)} = U_a(T)$$

und

$$U(T) \geqq \frac{\int_0^T e^{-\tau} J_0(i\tau)\, U_a(\tau)\, d\tau}{\int_0^T e^{-\tau} J_0(i\tau)\, d\tau} = U_b(T)\,.$$

Beide Formeln führen zu den richtigen Anfangs- und Endwerten für U, nämlich e^{-A} für $t = 0$ und 1 für $t \to \infty$. Da weiterhin

$$U_a \leqq U \leqq U_b\,,$$

so erhält man eine bessere Näherung in $\frac{1}{2}(U_a + U_b)$; auch sie besitzt die richtigen Grenzwerte. Aus der folgenden Zahlentafel ist der quantitative Genauigkeitsgrad einer solchen Überschlagsrechnung für den Fall $A = 3$ zu entnehmen, wobei man die Brauchbarkeit unserer Methode erkennt:

T	U_a	U_b	$\frac{1}{2}(U_a + U_b)$	U strenge Lösung
0	0,05	0,05	0,05	0,05
2	0,25	0,12	0,18	0,17
4	0,39	0,19	0,29	0,26
6	0,50	0,23	0,36	0,32
8	0,57	0,27	0,42	0,37
10	0,64	0,31	0,47	0,41
12	0,69	0,34	0,51	0,44
15	0,74	0,38	0,56	0,48
18	0,78	0,41	0,60	0,52

75. Schalten einer induktiv-Ohmisch belasteten Leitung. Ein Einheitsstoß der Spannung wirkt auf eine Leitung der Länge s, deren Grundgrößen L, R, C seien. Am Ende ($x = s$) ist die Leitung durch eine Drossel L_0 parallel mit einem Widerstande R_0 belastet. Gesucht wird der zeitliche Verlauf des Belastungsstromes.

Für die Endspannung $U(t)$ ergibt sich der Endstrom der Leitung

$$S_{ae}(t) - \frac{d}{dt}\int_0^t U(\tau)\, S_{ee}(t-\tau)\, d\tau .$$

Er gleicht dem von der Belastung aufgenommenen Strome

$$\frac{1}{R_0} U(t) + \frac{1}{L_0}\int_0^t U(\tau)\, dt .$$

Demnach gehorcht U der Integralgleichung

$$\left[\frac{1}{R_0} + S_{ee}(0)\right] U(t) = S_{ae}(t) - \int_0^t U(\tau)\left[\frac{1}{L_0} + S'_{ee}(t-\tau)\right] d\tau . \tag{45}$$

Hier sind die Kurzschluß-Übergangsfunktionen S_{ee} und S_{ae} durch die **Ziffer 46** gegeben, und $S_{ee}(0)$ ist gleich $\sqrt{\frac{C}{L}}$; um daher (45) numerisch zu integrieren, bedarf es nun nur noch bestimmter Zahlenwerte für die Konstanten. Wir wählen

$$R_0 = \sqrt{\frac{L}{C}} = 1935\,\Omega ,$$

$$L_0 = 0{,}4 \text{ Henry} ,$$

$$\frac{R}{2L} = \varrho = 292 \sec^{-1} ,$$

$$a = \frac{1}{\sqrt{LC}} = 1{,}105 \cdot 10^4 ,$$

$$s = 100 .$$

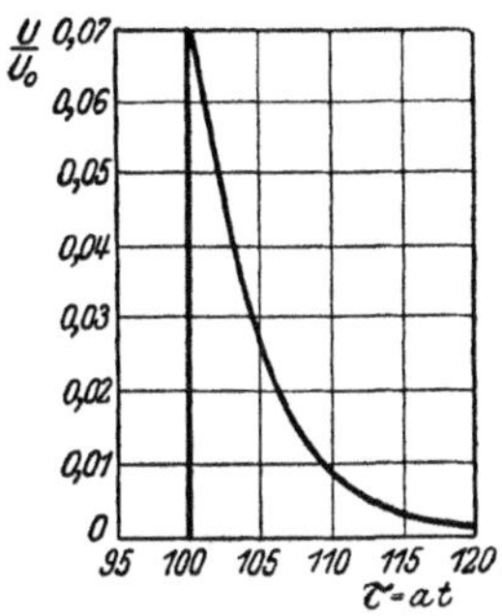

Abb. 37. Spannungsverlauf am Ende einer induktiv-Ohmisch belasteten Leitung.

Hiermit liefert die numerische Integration einen Spannungsverlauf entsprechend Abb. 37. Die Spannung verschwindet identisch, solange $at < 100$, also die Laufzeit der Welle nicht erreicht ist. Dann springt sie auf $e^{-\varrho t} = e^{-100\frac{\varrho}{a}}$ an und beginnt sodann infolge der Saugwirkung der Drosselspule rasch abzusinken. Die Wellenreflexion am Leitungsende ist wegen $R_0 = Z$ unbedeutend und daher auf dem Schaubilde nicht sichtbar. Der Widerstandsstrom ist natürlich bis auf den Maßstabsfaktor $\frac{1}{R_0}$ durch die Spannungskurve gegeben.

76. Entwicklung nach Eigenschwingungen der endlichen Leitung. Wir haben bisher von dem Heavisideschen Entwicklungssatz keinen Gebrauch gemacht, weil diese Methode am wenigsten entwicklungsfähig ist und der meisten Einschränkungen bedarf. Außerdem verschleiert sie, obwohl sie der klassischen Lösungsform am nächsten kommt, die physikalische Seite der Ausgleichsvorgänge, da sie nicht unmittelbar von den mit Lichtgeschwindigkeit auf der Leitung verkehrenden Wellen ausgeht. Man kann sie überdies praktisch nur auf den Fall des induktionsfreien Kabels mit Nutzen anwenden.

Das Wesen der Partialbruch-Entwicklung nach den Eigenschwingungen des Systems besteht, wie hier wiederholt sei, in dem Aufsuchen der Pole $p_1, p_2, \ldots, p_k, \ldots, p_k$ der Operatorengleichung

$$A = \frac{1}{Z(p)},$$

denn mittels dieser Polwerte lautet die Lösung

$$A(t) = \frac{1}{Z(0)} + \sum_{1}^{n} \frac{e^{p_k t}}{p_k Z'(p_k)}, \tag{46}$$

wobei der Fall mehrfacher Pole auszuschließen ist.

Wir wenden diese Formel auf das Einschalten einer am Ende kurzgeschlossenen Leitung der Länge s an, welche durch einen Einheitsstoß der Spannung am Leitungsanfange erregt wird. Indem wir zu Gleichung (5) zurückkehren und dort $\lambda = \mu_a = \mu_e = 1$ setzen, folgt als Operatorengleichung

$$A_x = \frac{1}{Z} \frac{\mathfrak{Cof}\, \gamma(x-s)}{\mathfrak{Sin}\, \gamma s} = (Cp + G) \frac{\mathfrak{Cof}\, \gamma(x-s)}{\gamma\, \mathfrak{Sin}\, \gamma s}, \tag{47}$$

wobei im allgemeinen Falle

$$\gamma = \sqrt{(Lp + R)(Cp + G)}. \tag{48}$$

Die Eigenwerte γ_k, in welchen $A_x(p)$ Pole aufweist, bestimmen sich als Wurzeln der transzendenten Gleichung

$$\mathfrak{Sin}\, \gamma s = 0 \tag{49}$$

mit Ausnahme von $\gamma = 0$. Die Zahl der Wurzeln ist unbegrenzt; sei γ_m die m-te Wurzel, so ist

$$\gamma_m = i\frac{m\pi}{s}, \quad m = 1, 2, \ldots, \infty.$$

Die entsprechenden Eigenwerte p_m finden sich durch Auflösung der Gleichung (47) nach p, wobei man $\gamma = \gamma_m$ einzusetzen hat. Die Funktion $A_x(t)$ bestimmt sich dann mit Beachtung von (46) explizit

$$A_x(t) = \left\{(Cp + G)\frac{\mathfrak{Cof}\, \gamma(x-s)}{\mathfrak{Sin}\, \gamma s}\right\}_{p=0} + \sum \left(C + \frac{G}{p_m}\right) \frac{\mathfrak{Cof}\, \gamma_m x}{s\gamma_m \dfrac{d\gamma_m}{d p_m}} e^{p_m t}. \tag{50}$$

Für das induktionsfreie Kabel ohne Ableitung ($G = 0,\ L = 0$) ergibt sich wegen $\gamma = \sqrt{RCp}$

$$p_m = \gamma_m^2 \frac{1}{RC} = -\frac{m^2\pi^2}{s^2RC}$$

und

$$\gamma_m \frac{d\gamma_m}{dp_m} = \frac{RC}{2}.$$

Demnach wird

$$A_x(t) = \frac{1}{sR} + \frac{2}{sR}\sum_{m=1}^{\infty} \cos\frac{m\pi}{s}x \cdot e^{-\frac{m^2\pi^2}{s^2RC}t}. \tag{50a}$$

Diese Formel eignet sich wegen ihrer raschen Konvergenz recht gut zur Schilderung der Einschwingvorgänge; sie ist für den genannten Sonderfall des induktionsfreien Kabels vielleicht die einfachste Lösungsform. Allein diese großen Vorzüge sind an zwei Bedingungen geknüpft: An die Vernachlässigung der Selbstinduktion des Kabels und an die Wahl besonders einfacher Grenzbedingungen, nämlich des kurzgeschlossenen Leitungsendes. Wir werden sehen, daß gerade diese Bedingungen für die Brauchbarkeit des Heavisideschen Entwicklungssatzes wesentlich sind.

Für eine Leitung mit den Konstanten $L,\ R,\ C,\ G$ besteht zwischen γ und p die Beziehung

$$\gamma^2 = \frac{1}{a^2}[(p+\varrho)^2 - \sigma^2]$$

mit den Abkürzungen

$$\varrho = \frac{1}{2}\left[\frac{R}{L} + \frac{G}{C}\right],$$

$$\sigma = \frac{1}{2}\left[\frac{R}{L} - \frac{G}{C}\right],$$

$$a = \frac{1}{\sqrt{LC}}.$$

Demnach ist

$$p_m = -\varrho \pm a\sqrt{\gamma_m^2 + \frac{\sigma^2}{a^2}} = -\varrho \pm ia\sqrt{\left(\frac{m\pi}{s}\right)^2 - \frac{\sigma^2}{a^2}}\,, \gamma_m = 1, 2, \ldots$$

und

$$\gamma_m \frac{d\gamma_m}{dp_m} = \frac{1}{a^2}(p_m + \varrho) = \pm ia\sqrt{\left(\frac{m\pi}{s}\right)^2 - \frac{\sigma^2}{a^2}}.$$

Vernachlässigt man der Einfachheit halber die Ableitung G, so liefert (46)

$$A_x(t) = \frac{1}{sR} + \frac{2aC}{s}\sum \frac{\cos\frac{m\pi}{s}x}{\sqrt{\left(\frac{m\pi}{s}\right)^2 - \frac{\varrho^2}{a^2}}} \sin\left(at\sqrt{\left(\frac{m\pi}{s}\right)^2 - \frac{\varrho^2}{a^2}}\right)e^{-pt}. \tag{51}$$

Schreiben wir

$$\sqrt{\left(\frac{m\pi}{s}\right)^2 - \frac{\varrho^2}{a^2}} = \mu_m \frac{m\pi}{s},$$

so kann man (51) umformen:

$$A_x(t) = \frac{1}{sR} + \frac{aC}{s} \sum \frac{e^{-pt}}{\mu_m \cdot \frac{m\pi}{s}} \left\{ \sin \frac{m\pi}{s} (\mu_m a t - x) \right. \tag{51a}$$
$$\left. + \sin \frac{m\pi}{s} (\mu_m a t + x) \right\}.$$

Man sieht häufig diese Form der Lösung als Wellendarstellung an, indem man die eingehenden Reihenglieder als hin- und rücklaufende Wellen deuten kann. In Wahrheit haben wir indes in (51a) eine Summe von Eigenschwingungen vor uns, deren jede zur Zeit $t = 0$ angestoßen wird; die Wellenauffassung besteht daher zwar formal zu recht, hat aber mit den früher betrachteten Leitungswellen von definierter Frontgeschwindigkeit nichts gemein.

Die Reihe (51a) ist nur bedingt konvergent und daher für die Diskussion der Ausbreitungsvorgänge wenig geeignet. Nur in dem Sonderfall $L = 0$ geht sie in die obengenannte zweckmäßige Form über, welche das Einschalten des induktionsfreien Kabels beschreibt.

In den hier behandelten Beispielen haben wir die einfachsten Grenzbedingungen, den Kurzschluß am Leitungsende gewählt, weil man dann die Wurzeln p_k leicht bestimmen kann. Wenn dagegen die Leitung mit willkürlich vorgegebenen Impedanzen belastet ist, ändert sich der Rechnungsgang, und es ist dann — von einigen sehr einfachen Fällen abgesehen — nicht möglich, diese Eigenwerte anzugeben. Die Entwicklung nach Eigenschwingungen ist also zwar formal überaus leicht angebbar, aber die numerische Behandlung der so erhaltenen Gleichungen stößt im allgemeinen auf praktisch unüberwindliche Schwingungen; aus diesem Grunde wird diese Lösungsform fortan ausgeschieden. Daß übrigens die Entwicklung nach Eigenschwingungen der Aufgabe nicht angepaßt ist, erkennt man durch Betrachtung der ersten Periode des Schaltvorganges: Wir wissen, daß innerhalb der Laufzeit der Welle über die Leitung hin die Gestalt der Welle von der Belastung am fernen Ende unabhängig ist. In der Eigenschwingungslösung bestimmen indes diese Grenzbedingungen bereits jedes einzelne Glied der Entwicklung, so daß sich bei der Summation die Einflüsse der Belastung innerhalb der Laufzeit gegenseitig aufheben müssen. Obwohl also die Eigenschwingungslösung mathematisch streng gilt, kann sie vom physikalischen Standpunkt nicht befriedigen.

XI. Einführung in die Theorie der veränderlichen Stromkreise.

77. Ausgleichsvorgänge gemäß inneren Systemänderungen. In den vorangehenden Kapiteln haben wir stets zeitlich invariante Stromkreise vorausgesetzt. Indessen wünscht man bei vielen wichtigen Fragen der Technik nicht nur die Ausgleichsvorgänge beim plötzlichen Eingriff eines Spannungsstoßes auf einen festen Stromkreis zu kennen, sondern auch die Wirkungen der plötzlichen Änderung einer Stromkreis„konstanten" oder die Einführung eines veränderlichen Stromelementes. Wir wollen im folgenden zeigen, daß diese Fragestellung mittels einer einfachen Erweiterung der bisher entwickelten Methoden beherrscht werden kann.

Die einfachsten und gleichzeitig wichtigsten Fälle dieser Art betreffen die Wirkungen eines plötzlichen Kurzschlusses oder der plötzlichen Stromöffnung in einem leistungführenden System. Diese speziellen Aufgaben mögen als Einführung den allgemeinen Fragen vorangestellt werden.

78. Der plötzliche Kurzschluß. Wir betrachten das System nach Abb. 38, welches der Allgemeinheit wegen aus zwei Teilen A und B bestehen möge. Es werde durch eine EMK $E(t)$ gespeist, welche zwischen den Punkten a und b eine Spannung $U(t)$ erzeugt. Diese Spannung ist nach bekannten Methoden berechenbar, wenn $E(t)$ und die Konstanten des Systems angegeben sind.

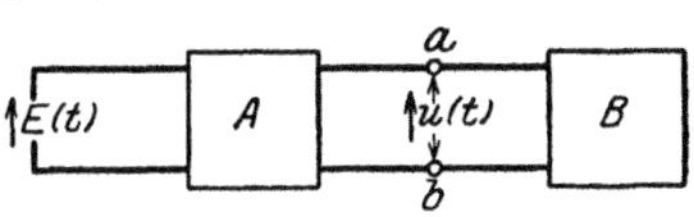

Abb. 38. Ersatzbild eines Kurzschlusses.

Es trete nun plötzlich zwischen den Punkten a und b ein Kurzschluß auf. Wir fragen nach seiner Wirkung auf die Stromverteilung im System. Hier gilt der Satz:

Die Wirkung des Kurzschlusses ist gleichwertig dem plötzlichen Eingriff der Spannung

$$U'(t) = -U(t) \tag{1}$$

am Kurzschlußorte auf das sonst spannungslose System.

Für bestehenden Kurzschluß ($t \geqq 0$) lassen sich demnach die Ströme in zwei Komponenten aufspalten. Die Ströme des gesunden Systems, welche von $E(t)$ erzeugt werden; sie regeln sich nach bekannten Gesetzen. Ihnen überlagern sich die Kurzschlußströme, welche von $U'(t)$ herrühren; sie lassen sich ebenfalls mittels bekannter Verfahren ermitteln, da $U(t)$ seinerseits mit der Verteilung der Ströme des gesunden Systems festliegt.

Durch diese Aufspaltung ist die Berechnung eines plötzlichen Kurzschlusses auf die Ermittlung der Ströme eines festen Systems beim plötzlichen Eingriff eines Spannungsstoßes zurückgeführt. Diese Aufgabe ist in den vorangehenden Kapiteln behandelt worden, so daß keine neuen Hilfsmittel erforderlich sind.

79. Plötzliche Stromunterbrechung. In ähnlicher Weise läßt sich die Wirkung einer plötzlichen Stromunterbrechung untersuchen, wobei allerdings die tatsächliche Durchrechnung mathematisch etwas weitläufiger ist. Wir behandeln das Netz nach Abb. 39, wobei die elektromotorische Kraft $E(t)$ im Zweige ab des konstant gedachten Netzes den Strom $I(t)$ erzeuge. Gesucht ist die Wirkung einer plötzlichen Unterbrechung dieses Zweiges. Wir schicken der Lösung der Aufgabe folgenden Satz voran:

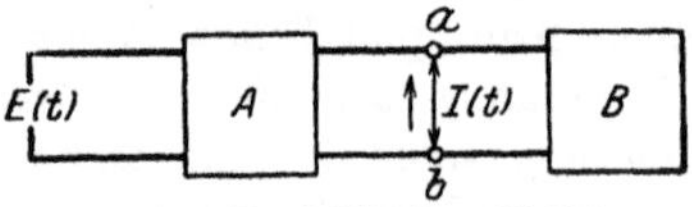

Abb. 39. Ersatzbild für plötzliche Stromunterbrechung.

Die Wirkung der Stromunterbrechung des Zweiges ab zur Zeit $t = 0$ ist gleichwertig dem plötzlichen Eingriff einer Spannung $U(t)$, welche im Zweige ab den Strom $-I(t)$ erzeugt, der dem Strom des geschlossenen Zweiges entgegengesetzt gleich ist.

Obwohl dieser Satz inhaltlich dem Ersatzbild für plötzlichen Kurzschluß analog ist, bestimmt er doch die Spannung $U(t)$ noch nicht explizit. Denn es sei die Übergangsfunktion des Netzes vom Zweige ab aus betrachtet gleich $A_{ab}(t)$. Aus obigem Satz folgt dann

$$\frac{d}{dt}\int_0^t U(\tau)\, A_{ab}(t-\tau)\, d\tau = -I(t)\,, \quad t > 0 \tag{2}$$

eine Volterrasche Integralgleichung für die gesuchte Spannung. Hat man hieraus $U(t)$ ermittelt, so können die Ströme in irgendeinem Teil des Netzes wie üblich berechnet werden. Sie bestehen aus zwei Anteilen: Dem von der elektromagnetischen Kraft $E(t)$ im intakten Netz erzeugten Strom superponiert sich der von $U(t)$ nach der Unterbrechung des Zweiges ab im Netz hervorgerufene Strom.

Durch diese Aufspaltung ist der Fall der Stromunterbrechung auf die Bestimmung der Stromverteilung in einem konstanten Netz unter der Wirkung einer plötzlich einsetzenden EMK zurückgeführt, so daß auch hier keine neue Aufgabe zu lösen ist.

80. Veränderliche Leitungselemente. In den vorangehenden Fällen des plötzlichen Kurzschlusses oder der plötzlichen Stromunterbrechung handelt es sich um unstetige Veränderungen des Netzzustandes. Der allgemeine Fall, der die beschriebenen in der Grenze mit enthält, wird durch ein Netz mit zeitlich beliebig variablem Leitungselement dargestellt. Wir nennen ein derartiges Netz variabel, halten indes weiter an der Voraussetzung der Linearität fest, d. h. die Größe der Leitungselemente hängt nicht von Strom oder Spannung explizit ab. Derartige Systeme sind etwa das Körner-Mikrophon, welches einen veränderlichen Widerstand enthält, der von einer äußeren Energiequelle gesteuert wird, oder das Kondensatormikrophon, welches aus einem Kondensator veränderlicher Kapazität besteht; endlich ein Induktionsgenerator, bei dem das variable Element die Gegeninduktion zwischen Ständer und Läufer ist, welche durch die Läuferdrehung geändert wird. Der Sonderfall eines veränderlichen Widerstandes möge in die allgemeine Theorie solcher Systeme einführen.

81. Mikrophontheorie. Wir behandeln ein Netz, welches von der EMK $E(t)$ im Zweige *1* gespeist wird und im Zweige n einen veränderlichen Widerstand $r = r(t)$ enthält; diese Schreibweise deutet an, daß der Widerstand eine Zeitfunktion ist. Es möge $I_n(t)$ den Strom des Zweiges n bedeuten und angenommen werden, daß vor Beginn der Zeitzählung ($t = 0$) das System im Gleichgewicht gewesen sei.

Das genannte System kann als ein konstantes Netz aufgefaßt werden, indem man das veränderliche Leitungselement $r(t)$ eliminiert und eine elektromotorische Zusatzkraft $-r(t) I_n(t)$ einsetzt. Diese EMK ist also entgegengesetzt gleich dem Spannungsabfall längs des veränderlichen Leitungselementes.

Hiernach wird der Strom im veränderlichen Netzzweig durch die Integralgleichung bestimmt

$$I_n(t) = \frac{d}{dt}\int_0^t E(t) A_{1n}(t-\tau)\, d\tau - \frac{d}{dt}\int_0^t r(\tau) I_n(\tau) A_{nn}(t-\tau)\, d\tau . \qquad (3)$$

Der erste Anteil nennt den Strom $I_0(t)$, welcher den veränderlichen Netzzweig bei Abwesenheit des veränderlichen Elementes durchströmen würde. Indem wir daher in (3) zur Vereinfachung den Index n unterdrücken, erhalten wir für den Strom im veränderlichen Netzzweig die Integralgleichung

$$I(t) = I_0(t) - \frac{d}{dt}\int_0^t r(\tau) I(\tau) A(t-\tau)\, d\tau \qquad (4)$$

und für die Spannung längs des veränderlichen Widerstandes

$$U(t) = r(t) \cdot I(t) . \qquad (5)$$

Nachdem hieraus $I(t)$ und $U(t)$ ermittelt sind, kann man die Stromverteilung im Netz als Überlagerung zweier Anteile berechnen; der erste entsteht durch die Einwirkung der EMK $E(t)$ im Zweige *1*, der zweite ähnlich als Folge der Spannung $U(t)$ im Zweige n des konstanten Netzes. Durch diese Rechnungsart wird also das veränderliche Element eliminiert.

Ein einfaches Beispiel möge das Verfahren erläutern. In einen Kreis vom Widerstande 1 und von der Induktivität $\frac{1}{a}$, in welchem ein Gleichstrom I_0 fließt, wird zur Zeit $t = 0$ plötzlich ein Widerstand r eingeschaltet. Gesucht ist der Stromverlauf $I(t)$. Hierfür hat man

$$\begin{aligned} A(t) &= \text{Übergangsfunktion des konstanten Netzes} \\ &= 1 - e^{-at} \\ r(t) &= r \end{aligned}$$

und die Integralgleichung der Aufgabe lautet

$$I(t) = I_0 - r \frac{d}{dt} \int_0^t (1 - e^{-ay}) I(t - y)\, dy \tag{6}$$

oder nach Integration

$$I(t) = I_0 - r a \int_0^t I(t - y)\, e^{-ay}\, dy\,. \tag{6a}$$

Wenn die Lösung nach dem Schema der unten angegebenen Formel (7) entwickelt wird, erhält man mit $a t = x$ ohne Schwierigkeiten

$$\begin{aligned} I(t) = I_0 \{1 - r(1 - e_1(x)\, e^{-x}) &+ r^2 (1 - e_2(x)\, e^{-x}) \\ &- r^3 (1 - e_3(x)\, e^{-x}) + \cdots\}, \end{aligned}$$

wobei die Funktion $e_n(x)$ mittels

$$e_n(x) = 1 + \frac{x}{1!} + \frac{x^2}{2!} + \frac{x^3}{3!} + \cdots + \frac{x^{n-1}}{(n-1)!}$$

als Summe der ersten n Glieder der Exponentialreihe definiert ist. Für alle endlichen r kann die Reihe geschlossen summiert werden mittels der Identität

$$1 - e_n(x)\, e^{-x} = \int_0^x e^{-x} \frac{x^{n-1}}{(n-1)!}\, dx\,.$$

Die Einführung dieser Gleichung ergibt

$$\begin{aligned} I(t) &= I_0 \left(1 - \tau \int_0^x e^{-(1+r)x}\, dx\right) \\ &= I_0 \frac{1 + r\, e^{-(1+r)x}}{1 + r}, \end{aligned}$$

wie man natürlich auch unmittelbar leicht hätte schließen können.

Die Volterrasche Gleichung (4) kann formal auf dem folgenden Wege gelöst werden: Wir setzen eine lösende Reihe an

$$I(t) = I_0(t) - I_1(t) + I_2(t) - I_n(t) + \cdots \tag{7}$$

und bestimmen die einzelnen Reihenglieder durch die Folge

$$\left.\begin{array}{l} I_1(t) = \frac{d}{dt}\int\limits_0^t r(\tau)\, I_0(\tau)\, A(t-\tau)\, d\tau \\ \cdots\cdots\cdots\cdots\cdots \\ I_{k+1}(t) = \frac{d}{dt}\int\limits_0^t r(\tau)\, I_k(\tau)\, A(t-\tau)\, d\tau \end{array}\right\} \qquad (8)$$

Man zeigt durch Einsetzen, daß diese Reihe der Integralgleichung wirklich genügt; weiterhin läßt sich auch der Nachweis ihrer absoluten Konvergenz leicht führen.

Während diese Reihenlösung im allgemeinen für Zahlenrechnungen wenig geeignet ist, kann man sie mit Vorteil zur Diskussion des Stromverlaufes in den wichtigen Fällen benutzen, daß $E(t)$ und $r(t)$ harmonisch mit der Zeit veränderlich sind. Wird dann nämlich die Frequenz der EMK mit F bezeichnet und diejenige der Widerstandsänderung mit f, so erkennt man leicht, daß der Strom des konstanten Netzes schließlich in einen Wechselstrom der Frequenz F übergeht[1]. Denn das bestimmte Integral für $I_0(t)$ ist zerlegbar in den eingeschwungenen Strom der Frequenz F und einen schließlich verschwindenden Ausgleichsstrom.

Die fiktive EMK, welche als Erzeuger des Stroms $I_1(t)$ betrachtet werden kann, ist $r_0(t) I_0(t)$; dieser Ausdruck strebt gegen das Produkt zweier ungleichfrequenter Harmonischer und kann daher in zwei Komponenten mit den Kombinationsfrequenzen $F+f$ und $F-f$ aufgespalten werden. Indem man diese Überlegung fortsetzt, erkennt man leicht, daß jeder Teilstrom der Folge $I_1, \ldots, I_n$ ein Wechselstrom ist, welcher aber aus Kombinationsschwingungen nach folgendem Schema besteht:

Stromkomponente	Kombinationsschwingungen
I_0	F
I_1	$F+f,\ F-f$
I_2	$F+2f,\ F,\ F-2f$
I_3	$F+3f,\ F+f,\ F-f,\ F-3f$
I_4	$F+4f,\ F+2f,\ F,\ F-2f,\ F-4f$

Man hat hierbei zu beachten, daß die Stromkomponenten, mathematisch gesprochen, Mehrfachintegrale von steigender Ordnungszahl

[1] Man beachte, daß der Anfang $t=0$ unserer Zeitzählung willkürlich gewählt ist und daß man die Widerstandsänderung zu einer Zeit beginnen lassen kann, zu welcher $I_0(t)$ als eingeschwungen angesehen werden darf. Indem man sich also auf hinreichend große Zeiten beschränkt, kann der ganze Vorgang als eingeschwungen angesehen werden.

enthalten, so daß z. B. $I_n(t)$ aus einem n-fachen Integral über $I_0(t)$ zu berechnen ist. Entsprechend erfordern diese Komponenten mit wachsender Ordnungszahl zunehmende Einschwingzeiten, so daß man nicht etwa aus der Zeitkonstante des unveränderlichen Netzes auf die Gesamteinschwingzeit schließen darf.

Aus der angegebenen Tafel entnimmt man für den eingeschwungenen Strom durch passende Umordnung der Reihenglieder die Darstellung

$$\sum_{n=-\infty}^{+\infty} A_n \cos(\Omega + n\omega)\,t + B_n \sin(\Omega + n\omega)\,t\,;$$
$$\Omega = 2\pi F\,, \quad \omega = 2\pi f\,.$$

Es ist bemerkenswert, daß diese Reihe nur dann in die wohlbekannte Fourier-Reihe übergeht, wenn entweder $F = 0$ ist oder ein ganzes Vielfaches von f beträgt. Die Kenntnis des eingeschwungenen Zustandes besitzt beträchtliche praktische Bedeutung und wird weiter unten genauer diskutiert werden.

Wir schließen aus den erhaltenen Formeln auf einen grundlegenden Unterschied im Verhalten konstanter und veränderlicher Netzsysteme: Bei jenen besitzen erzwungener Strom und erzwungene Spannung im eingeschwungenen Zustande die gleichen Frequenzen, während bei diesen eine unbegrenzte Reihe von Kombinationsschwingungen entsteht.

In dem früheren Beispiel ist das veränderliche Leitungselement ein Widerstand $r(t)$. Ist dagegen eine Induktivität $\lambda(t)$ variabel, so ist die Spannung entsprechend

$$\frac{d}{dt}\lambda(t)\,I(t)\,.$$

Der Fall veränderlicher Kapazität kann behandelt werden, indem man $\frac{1}{C} = S$ und $S = S + \sigma(t)$ setzt; dann wird der Spannungsabfall längs des variablen Elementes

$$v(t) = \sigma(t)\int_0^t I(\tau)\,d\tau\,.$$

Ähnlich verursacht eine veränderliche Gegeninduktion zwischen den Zweigen m und n die Spannungen

$$\frac{d}{dt}\mu(t)\,I_n(t)$$

in m, und in n

$$\frac{d}{dt}\mu(t)\,I_m(t)\,.$$

82. Der Induktionsgenerator. Dieses System kann in einer hinreichend allgemeinen Form folgendermaßen beschrieben werden: Gegeben sind ein unveränderlicher Primär- und ein ebenfalls unveränderlicher Sekundärkreis, deren Gegeninduktivität $M = f(t)$ nach einem vorgeschriebenen Gesetz von außen her verändert werden kann. Gesucht wird der Primär- und Sekundärstrom, wenn zur Zeit $t = 0$ an den Primärkreis plötzlich die EMK $E(t)$ angelegt wird. In der Schreibweise der Operatorenrechnung sind also die Gleichungen zu lösen

$$\begin{aligned} Z_{11} I_1 - p M \cdot f(t) I_2 &= E(t), \\ -p M \cdot f(t) I_1 + Z_{22} I_2 &= 0. \end{aligned} \tag{9}$$

Darin bedeuten Z_{11} und Z_{22} die Eigenimpedanzen von Primär- und Sekundärwicklung; $M \cdot f(t)$ ist die veränderliche Gegeninduktivität, $E(t)$ ist die aufgedrückte EMK und p ist der Differentialoperator $\frac{d}{dt}$. Mittels der Grundgleichungen können diese Gleichungen als simultane Integralgleichungen geschrieben werden:

$$\begin{aligned} I_1(t) &= \frac{d}{dt}\int_0^t dy\, A_{11}(t-y)\left(E(y) + M\frac{d}{dt}[f(y)\, I_2(y)]\right), \\ I_2(t) &= M\frac{d}{dy}\int_0^t dy\, A_{22}(t-y)\frac{d}{dt}[f(y)\, I_1(y)]. \end{aligned} \tag{9a}$$

Hierin hat man unter A_{11} und A_{22} die Eigen-Übergangsfunktionen des Primär- und Sekundärkreises zu verstehen (also für völlige Entkopplung $M = 0$). Wir sehen sie hier, nach der üblichen Methode bestimmt, als bekannt an. Die Lösung des Gleichungssystems setzen wir in Form unendlicher Reihen an

$$\begin{aligned} I_0(t) &= X_0(t) + X_2(t) + X_4(t) + \cdots + X_{2n}(t) + \cdots, \\ I_2(t) &= Y_1(t) + Y_3(t) + Y_5(t) + \cdots. \end{aligned} \tag{10}$$

Die aufeinanderfolgenden Glieder der Reihen sind dabei definiert durch

$$\left.\begin{aligned} X_0(t) &= \frac{d}{dt}\int_0^t dy\, A_{11}(t-y)\, E(y) = I_0(t), \\ Y_1(t) &= M\frac{d}{dt}\int_0^t dy\, A_{22}(t-y)\frac{d}{dy}[f(y)\, X_0(y)], \\ X_2(t) &= M\frac{d}{dt}\int_0^t dy\, A_{11}(t-y)\frac{d}{dy}[f(y)\, Y_1(y)], \\ Y_3(t) &= M\frac{d}{dt}\int_0^t dy\, A_{22}(t-y)\frac{d}{dy}[f(y)\, X_2(y)]. \end{aligned}\right\} \tag{11}$$

An Hand der Beziehung

$$I(t) = \frac{d}{dt}\int_0^t f(y)\,A(t-y)\,dy$$

läßt sich die Reihenentwicklung physikalisch erläutern. Denn zunächst ist $X_0(t)$ gleich dem Strom des frei gedachten Primärkreises unter der Wirkung der EMK $E(t)$; die erste Stromkomponente $Y_1(t)$ im Sekundärkreis gleicht dem Strom des frei gedachten Sekundärkreises, welchen die EMK $M\frac{d}{dt}f(t)X_0(t)$ erzeugt; $X_2(t)$, die zweite Stromkomponente des Primärstromes, verdankt ihre Entstehung der EMK $\frac{d}{dt}f(t)Y_1(t)$ im frei gedachten Primärkreis usw. Die Gesamtströme erscheinen also zusammengesetzt aus einer Folge abwechselnd an Ständer und Läufer gespiegelter Wirkungen. In dem wichtigen Sonderfall einer rein harmonischen Variation sowohl der aufgedrückten EMK als auch der Gegeninduktivität mit den Frequenzen F und f erkennt man leicht, daß im eingeschwungenen Zustande jede Komponente aus einem Satz von Kombinationsschwingungen besteht. Insbesondere enthält X_0 nur die Frequenz F; Y_1 wird schließlich zweifach periodisch mit den Frequenzen $F+f$ und $F-f$; X_2 ist dreifach periodisch mit den Schwingungszahlen $F+2f$, F und $F-2f$; Y_3 enthält vier Perioden mit den Frequenzen $F+3f$, $F+f$, $F-3f$ usw.

83. Wechselströme veränderlicher Stromkreise. Für den wichtigen Fall harmonisch schwingender EMKe und periodisch veränderlicher Elemente kann man sich meist auf den eingeschwungenen Zustand beschränken, während die Anlaufvorgänge außer Betracht bleiben dürfen. Wenn dann die Änderungen der Leitungselemente hinreichend klein sind, erhält man für den eingeschwungenen Zustand eine Reihendarstellung, in welcher jedes Glied als eingeschwungen betrachtet wird. Diese Rechnungsart besitzt, wie oben gezeigt, eine besonders einfache physikalische Bedeutung. Wir wollen ein geeignetes derartiges Verfahren an Hand eines Systems mit veränderlichem Widerstand erläutern. Beachtet man, daß wir lediglich den eingeschwungenen Zustand kennenlernen wollen, so können wir die Lösung auf die symbolische Gleichung gründen:

$$I = I_0 - \frac{r(t)}{Z} I. \tag{12}$$

Darin bedeutet $r(t)$ das veränderliche Widerstandselement; I_0 ist der Strom bei fortgedachtem veränderlichen Widerstand, und Z ist die innere Impedanz des Systems, vom veränderlichen Netzzweig aus gemessen. Die genaue Bedeutung dieser Größe und ihre analytische Form ist oben gegeben. Nun ist

$$I_0 = I_0 e^{i\Omega t} \text{ (Realteil)} = \frac{1}{2}(I_0 e^{i\Omega t} + \bar{I}_0 e^{-i\Omega t}), \tag{13}$$

wobei $\bar{I}_0$ den konjugiert komplexen Wert zu I_0 andeutet, so daß (13) reell ist. Ähnlich schreiben wir den veränderlichen Widerstand

$$r(t) = \frac{r}{2}(e^{i\omega t} + e^{-i\omega t}) = r e^{i\omega t} \text{ (Realteil)} = r \cos \omega t. \tag{14}$$

Hierbei ist r reell angenommen, womit die Zeitzählung festliegt; dies beschränkt nicht die Allgemeinheit, weil der Beginn der Zeitzählung für den eingeschwungenen Zustand unwesentlich ist.

Die symbolische Impedanz ist aus der Wechselstromtheorie bekannt. Sie ist im allgemeinen eine frequenzabhängige komplexe Zahl. Ihr Sonderwert für die Frequenz $\frac{\Omega}{2\pi}$ sei mit $Z(i\Omega) = Z_0$ bezeichnet, während für die Frequenz $\frac{(\Omega + n\omega)}{2\pi}$ gesetzt wird $Z(i(\Omega + n\omega)) = Z_n$. Zur Lösung von (12) machen wir den Ansatz

$$I = I_0 + I_1 + I_2 + \cdots \tag{15}$$

und bestimmen die einzelnen Glieder der Entwicklung mittels

$$\begin{aligned} I_1 &= -\frac{r(t)}{Z} I_0, \\ &\vdots \\ I_{h+1} &= -\frac{r(t)}{Z} I_n. \end{aligned} \tag{16}$$

Man verifiziert diese Lösung leicht durch Einsetzen in die Ausgangsgleichung (12). Indem wir mit der ersten Gleichung (16) beginnen, erhalten wir bei Beachtung von (13), (14)

$$\begin{aligned} I_1 &= -\frac{r}{4Z}(e^{i\omega t} + e^{-i\omega t})(I_0 e^{i\Omega t} + \bar{I}_0 e^{-i\Omega t}) \\ &= -\frac{r}{4Z}(I_0 e^{i(\Omega+\omega)t} + \bar{I}_0 e^{-i(\Omega+\omega)t} + I_0 e^{i(\Omega-\omega)t} + \bar{I}_0 e^{-i(\Omega-\omega)t}) \end{aligned}$$

oder

$$I_1 = \frac{r}{2} I_0 \left(\frac{e^{i(\Omega+\omega)t}}{Z_1} + \frac{e^{i(\Omega-\omega)t}}{Z_{-1}} \right), \tag{17}$$

wenn man hier nur den Realteil beibehält. Durch Fortsetzung dieses Verfahrens findet man aus

$$I_2 = -\frac{r(t)}{Z} I_1$$

in analoger Weise

$$I_2 = \left(\frac{r}{2}\right)^2 I_0 \left(\frac{e^{i(\Omega+2\omega)t}}{Z_1 Z_2} + \frac{e^{i(\Omega-2\omega)t}}{Z_{-1} Z_{-2}} + \frac{e^{i\Omega t}}{Z_0}\left(\frac{1}{Z_1} + \frac{1}{Z_{-1}}\right)\right). \tag{17a}$$

Hiernach erhält man also den eingeschwungenen Zustand in Form einer Reihe, deren Glieder Kombinationsfrequenzen gemäß der Tafel auf S. 157 enthalten.

Für hinreichend kleine Widerstandsänderungen ist diese Lösung sehr brauchbar, weil die Reihe rasch konvergiert. Dennoch kann die Reihe gelegentlich divergent sein, sogar wenn die vollständige Lösung der Aufgabe absolut konvergiert. Das Paradoxon erklärt sich daraus, daß man die Reihe für den eingeschwungenen Zustand als Summe von Grenzwerten (für $\lim_{t\to\infty}$) erhält, während man aus der allgemeinen Reihenlösung den eingeschwungenen Zustand als Grenzwert der Reihensumme abzuleiten hat. Diese beiden Größen sind im allgemeinen nicht gleich, wenn diese Operationen nicht vertauschbar sind.

Aus diesem Grunde ist es von Interesse, eine andere Methode zur Berechnung des eingeschwungenen Zustandes zu entwickeln, welche die genannten Schwierigkeiten umgeht. Allerdings müssen wir uns eine ausführliche Konvergenzuntersuchung der neuen Methode versagen, weil sie einerseits beträchtliche mathematische Schwierigkeiten zu bieten scheint, andererseits aber für die meisten physikalischen Fragen die Konvergenz von vornherein außer Frage steht.

Wir beginnen wieder mit der oben behandelten Aufgabe und machen den Ansatz

$$\begin{aligned} I &= \frac{1}{2}\sum_{-n}^{+n}\left[A_m e^{i(\Omega+m\omega)t} + \bar{A}_m e^{-i(\Omega+m\omega)t}\right] \\ &= \sum_{-n}^{+n} A_m e^{i(\Omega+m\omega)t} \quad \text{(Realteil)}. \end{aligned} \tag{18}$$

Hier wurde vorausgesetzt, daß die Summation von $+n$ zu $-n$ erstreckt wird, wobei schließlich der Grenzübergang $n \to \infty$ vorgenommen werden soll. Wie früher bedeutet $\bar{A}_m$ den zu A_m konjugiert komplexen Wert, so daß (18) rein reell ist.

Setzt man jetzt (18) in die symbolische Gleichung (12) ein, so erhalten wir mittels (13) und (14)

$$\begin{aligned} \frac{1}{2}\sum\left\{A_m e^{i(\Omega+m\omega)t} + \bar{A}_m e^{-i(\Omega-m\omega)t}\right\} &= \frac{1}{2} I_0 e^{i\Omega t} + \frac{1}{2}\bar{I}_0 e^{-i\Omega t} \\ - \frac{r}{2Z}\left(e^{i\omega t} + e^{-i\omega t}\right)\sum\left\{A_m e^{i(\Omega+m\omega)t} + \bar{A}_m e^{-i(\Omega+m\omega)t}\right\}&. \end{aligned} \tag{19}$$

Nach naheliegender Vereinfachung und Streichen der konjugiert komplexen Größen wird hieraus

$$\begin{aligned} \sum A_m e^{i(\Omega+m\omega)t} = I_0 e^{i\Omega t} &- \frac{r}{Z}\sum A_m e^{i(\Omega+(m+1)\omega)t} \\ &- \frac{r}{Z}\sum A_m e^{i(\Omega+(m-1)\omega)t}. \end{aligned} \tag{19a}$$

Schreibt man

$$Z(i(\Omega + m\omega)) = Z_m; \qquad \frac{r}{Z_m} = h_m \tag{20}$$

und vergleicht die gleichfrequenten Glieder in (19a), so entsteht

$$\begin{aligned} A_n &= -h_n A_{n-1} \\ A_m &= -h_m (A_{m-1} + A_{m+1}) \qquad 0 < |m| < n. \\ A_0 &= I_0 - h_0 (A_{-1} + A_1) \end{aligned} \tag{21}$$

Man erkennt, daß mit Rücksicht auf (21) nunmehr von A_n beginnend, jeder Koeffizient durch den vorangehenden ausgedrückt werden kann.

$$\left.\begin{aligned} A_n &= -h_n A_{n-1} \\ A_{n-1} &= -h_{n-1}(A_{n-2} + A_n) \\ &= -\frac{h_{n-1} A_{n-2}}{1 - h_{n-1} h_n}. \end{aligned}\right\} \tag{21a}$$

Ähnlich wird

$$A_{n-2} = -\frac{h_{n-2} A_{n-3}}{1 - h_{n-2} h_{n-1} \dfrac{1}{1 - h_{n-1} h_n}}.$$

Man erkennt hieraus, daß man für $m > 0$ setzen kann

$$A_m = -h_m C_m A_{m-1}, \tag{21b}$$

wobei C_m den Kettenbruch bedeutet

$$\frac{1}{1 - h_m h_{m+1} \cdot \dfrac{1}{1 - h_{m+1} h_{m+2} \cdot \,.\,.\,. \dfrac{1}{1 - h_{n-1} h_n}}}. \tag{22}$$

Ganz analog verläuft die Ermittelung von A_{-m}. Setzen wir zur Vereinfachung

$$A_{-m} = A'_m, \quad Z_{-m} = Z'_m \quad \text{und} \quad \frac{r}{Z_{-m}} = h'_m,$$

so entsteht auf dem gleichen Wege die Rekursionsformel

$$A'_m = -h'_m C'_m A'_{m-1},$$

worin C'_m als Kettenbruch gewonnen wird

$$\frac{1}{1 - h'_m h'_{m+1} \cdot \dfrac{1}{1 - h'_{m+1} h'_{m+2} \cdot \,.\,.\,. \dfrac{1}{1 - h'_{n-1} h'_n}}}. \tag{22a}$$

Gehen wir jetzt zur Grenze $n \to \infty$ über, so erhält man für die C_m und C'_m an Stelle der endlichen unendliche Kettenbrüche, während die Formeln im übrigen unverändert gültig bleiben. Zusammenfassend hat man also

$$\begin{aligned} A_m &= -h_m \cdot C_m \cdot A_{m-1}, \\ A'_m &= -h'_m \cdot C'_m \cdot A'_{m-1} \end{aligned}$$

und

$$A_0 = I_0 - (h_0 A_1 + h_0' A_1'),$$

so daß

$$A_0 = \frac{I_0}{1 - h_0 h_1 C_1 - h_0' h_1' C_1'}.$$

Damit sind sämtliche Koeffizienten als Funktionen von I_0 gewonnen.

Praktisch ist der Wert dieses Verfahrens natürlich abhängig von dem Konvergenzgrad der Kettenbrüche. Obwohl wir keinen strengen Beweis hierfür geliefert haben, können wir damit rechnen, daß die Lösung für alle physikalisch möglichen Systeme absolut konvergiert; indes müßte man diese Frage genauer untersuchen. Trotz dieser Unsicherheit kann man das Verfahren zweifellos dann anwenden, wenn physikalische Überlegungen das Ergebnis zu kontrollieren gestatten. Z. B. kommt man auf diesem Wege zu der in der Technik üblichen Theorie der Induktionsmaschine, die oben entwickelt worden ist, wobei man als Nebenresultat Erscheinungen findet, welche die übliche Behandlungsart entweder überhaupt nicht enthält oder verfälscht.

84. Nichtlineare Stromkreise. In den oben behandelten Beispielen wurde vorausgesetzt, daß die veränderlichen Leitungselemente explizite Zeitfunktionen sind. Dies läuft auf die Forderung hinaus, daß diese Änderungen durch unbekannte äußere Kräfte verursacht werden, welche in die Systemgleichungen nicht explizit eingehen. Demgegenüber hat man gelegentlich einen andern Typ variabler Leitungselemente zu untersuchen, bei welchem nämlich die Änderung nicht explizit von der Zeit abhängt, sondern eine Funktion beispielsweise des durch dies Element fließenden Stromes (einschließlich seiner Ableitungen) ist. Z. B. hängt die Induktanz einer Eisendrossel nach Maßgabe der Sättigung von der Stromstärke ab. Die Gleichung eines derartigen Stromkreises kann, wenn wir den Zusammenhang zwischen Induktanz und Strom als eindeutig voraussetzen, in der symbolischen Form geschrieben werden.

$$ZI + \Phi(I) = E(t)$$

oder

$$ZI = E(t) - \Phi\big(I(t)\big). \tag{23}$$

Dabei ist unter Z natürlich die Impedanz des unveränderlich gedachten Netzes zu verstehen, dessen Übergangsfunktion mit $A(t)$ bezeichnet sei.

Die Beziehung (23) läßt sich deuten als Gleichung des Stromes $I(t)$ in einem Stromkreis der unveränderlichen Impedanz Z unter der Einwirkung der EMK $E(t) - \Phi\big(I(t)\big)$. Demnach kann man mittels der früher angegebenen Beziehung für den Strom die Integralgleichung herleiten:

$$I(t) = \frac{d}{dt}\int_0^t A(t-y)\,E(y)\,dy - \frac{d}{dt}\int_0^t A(t-y)\,\Phi[I(y)]\,dy. \tag{24}$$

Das erste Integral gibt den Strom $I_0(t)$ des fest gedachten Netzes unter der Wirkung der Spannung $E(t)$ an; hiermit wird

$$I(t) = I_0(t) - \frac{d}{dt}\int_0^t A(t-y)\,\Phi[I(y)]\,dy\,.$$

Diese Integralgleichung kann durch sukzessive Approximation gelöst werden. Z.B. kann man, falls das Verfahren konvergiert, I als Grenzwert einer unendlichen Folge darstellen

$$I_0(t)\,,\quad I_1(t)\,,\quad I_2(t)\,,\quad \ldots,\quad I_n(t)\,,\quad \ldots, \tag{25}$$

wobei

$$\left.\begin{aligned} I_1(t) &= I_0(t) - \frac{d}{dt}\int_0^t A(t-y)\,\Phi[I_0(y)]\,dy \\ &\ldots\ldots\ldots\ldots\ldots\ldots \\ &\ldots\ldots\ldots\ldots\ldots\ldots \\ I_{n+1}(t) &= I_0(t) - \frac{d}{dt}\int_0^t A(t-y)\,\Phi[I_n(y)]\,dy\,. \end{aligned}\right\} \tag{26}$$

Wir wollen die Diskussion der nichtlinearen Stromkreise hier nicht fortführen, weil sie mathematisch kompliziert ist und nur begrenztes technisches Interesse besitzt. Wir verweisen für weitergehende Studien auf einen Sonderaufsatz[1] über diesen Gegenstand.

XII. Anwendung des Fourierschen Integralsatzes auf die Theorie der Ausgleichsvorgänge.

85. Fouriersche Reihe und Fourierisches Integral. Man benutzt bei der Behandlung elektrotechnischer Aufgaben häufig mit Vorteil die Fouriersche harmonische Analyse. Demgegenüber hat man sich vor dem Gebrauch des Fourierschen Integralsatzes bisher meist gescheut, weil er zu große mathematische Kenntnisse voraussetze. Mittels der harmonischen Analyse kann man nur eine periodische Funktion darstellen; ihr ist das Fouriersche Doppelintegral methodisch überlegen, indem es eine im ganzen Existenzbereich willkürliche Funktion beschreiben kann; einige aus mathematischen Gründen notwendige Konvergenzbedingungen der Funktion sind in physikalischen Aufgaben stets erfüllt.

Bevor wir den Fourierschen Integralsatz auf die Theorie der Ausgleichsvorgänge anwenden, seien in Kürze die mathematischen Grundlagen des Fourierschen Gedankenganges zusammengestellt. Wir zielen

[1] Phys. Rev., Febr. 1921.

hierbei weniger auf eine mathematisch völlig strenge Behandlung, als vielmehr auf eine physikalisch begründete Betrachtung, indem wir zur mathematischen Ergänzung dieser Überlegungen auf Sonderdarstellungen verweisen; insbesondere vergleiche man das Werk von Byerly über Fouriersche Reihen und Kugelfunktionen.

Eine Funktion $\Phi(t)$ sei im Bereiche $0 < t < T$ endlich und eindeutig erklärt und besitze höchstens endlich viele Maxima, Minima und Unstetigkeiten. In seinem Definitionsbereiche kann $\Phi(t)$ in die Fourierreihe entwickelt werden

$$\Phi(t) = \frac{1}{2} A_0 + \sum_1^\infty \left[A_n \cos\left(\frac{2\pi n}{T} t\right) + B_n \sin\left(\frac{2\pi n}{T} t\right)\right]. \tag{1}$$

Darin sind die Fourierkoeffizienten A_n und B_n bestimmt mittels

$$A_n = \frac{2}{T}\int_0^T \Phi(t) \cos\left(\frac{2\pi n}{T} t\right) dt. \tag{2}$$

$$B_n = \frac{2}{T}\int_0^T \Phi(t) \sin\left(\frac{2\pi n}{T}\right) dt. \tag{3}$$

Durch Zusammenfassung der trigonometrischen Funktionen entsteht die gleichwertige Form

$$\Phi(t) = \frac{1}{2} F_0 + \sum_1^n F_n \cdot \cos\left(\frac{2\pi n}{T} t - \Theta_n\right) \tag{4}$$

wenn man setzt

$$\begin{aligned} F_n &= \sqrt{A_n^2 + B_n^2}, \\ \Theta_n &= \operatorname{arctg} \frac{B_n}{A_n}. \end{aligned} \tag{5}$$

Diese Entwicklung ist innerhalb des Definitionsbereiches von $\Phi(t)$ unabhängig von der besonderen Gestalt dieser Funktion überall gültig; wir können diesen Gültigkeitsbereich erweitern, wenn wir die Funktion über T hinaus periodisch fortsetzen

$$\Phi(t + kT) = \Phi(t); \qquad k = 1, 2, 3, \ldots, N.$$

In der Grenze $N \to \infty$ wird dann Φ eine für alle Zeiten erklärte periodische Funktion; umgekehrt ist die Fourierreihe nur dann ein äquivalenter Ausdruck der dargestellten Funktion, wenn diese periodisch ist, während andernfalls die Reihe nur für ein beschränktes Zeitintervall gültig ist.

Es werde jetzt eine nichtperiodische Funktion $\Phi(t)$ betrachtet, welche folgenden Bedingungen unterworfen ist: Für $t \to \infty$ strebe $\Phi(t)$ gegen Null, und das Integral $\int_0^\infty \Phi(t)\,dt$ sei absolut konvergent.

Natürlich kann man eine solche Funktion nicht in eine Fourierreihe entwickeln; sie kann aber durch die Grenzform der Reihe für unendlich anwachsende Grundperiode T dargestellt werden. In diesem Sinne wird die Funktion als periodisch mit einer unendlich großen Periodendauer betrachtet, so daß die Entwicklung alle endlichen (positiven und negativen) Zeitwerte einschließt. Indem wir diesen Grenzübergang formal ausführen, entsteht aus der Reihe durch immer engeres Aneinanderrücken der Glieder ein Integral

$$\Phi(t) = \frac{1}{\pi} \int_0^\infty F(\omega) \cos(\omega t - \Theta(\omega))\, d\omega\,. \tag{6}$$

Die Koeffizientenfunktion $F(\omega)$ wird jetzt ebenfalls durch ein Integral gegeben

$$F(\omega) = \left\{ \left[\int_0^\infty \Phi(t) \cos \omega t\, dt \right]^2 + \left[\int_0^\infty \Phi(t) \sin \omega t\, dt \right]^2 \right\}^{\frac{1}{2}} \tag{7}$$

und es ist

$$\operatorname{tg} \Theta(\omega) = \frac{\int_0^\infty \Phi(t) \sin \omega t\, dt}{\int_0^\infty \Phi(t) \cos \omega t\, dt}\,. \tag{8}$$

Die drei Formeln (6), (7), (8) bilden den Inhalt des Fourierschen Integralsatzes.

Für die physikalischen Anwendungen ist es zweckmäßig, an Stelle der reellen trigonometrischen Funktionen die komplexen Exponentialfunktionen einzuführen. Dies geschieht mittels der Identität

$$e^{i\Theta} = \cos\Theta + i \sin\Theta; \qquad i = \sqrt{-1}\,.$$

Mit der Abkürzung $\frac{2\pi}{T} = \omega_0$ läßt sich die Fourierreihe (1) umformen in

$$\Phi(t) = \sum_{-\infty}^{+\infty} F(i n \omega_0)\, e^{i n \omega_0 t}\,, \tag{9}$$

wobei nun einheitlich für alle n

$$F(i n \omega_0) = \frac{1}{T} \int_0^T \Phi(\tau) \cdot e^{-i n \omega_0 \tau} dt\,. \tag{10}$$

In ähnlicher Weise nimmt das Fourierintegral die Gestalt an

$$\Phi(t) = \int_{-\infty}^{+\infty} F(i\omega)\, e^{i\omega t} d\omega \tag{11}$$

$$= \frac{1}{2\pi} \int_0^\infty \Phi(\tau)\, d\tau \int_{-\infty}^{+\infty} e^{i\omega(t-\tau)} d\omega\,. \tag{12}$$

86. Wechselstrom-Schaltvorgänge. Wir untersuchen die Wirkung einer periodischen EMK $E(t)$ mit der Schwingungsdauer T, welche zur Zeit $t = -NT$ auf einen Stromkreis der komplexen Impedanz $Z(i\omega)$ geschaltet wird. Für alle $t > -NT$ kann die EMK nach Gleichung (9) als Fourierreihe geschrieben werden

$$E(t) = \sum_{-\infty}^{+\infty} F(i n \omega_0)\, e^{i n \omega_0 t}; \quad \omega_0 = \frac{2\pi}{T},$$

wobei

$$F(i n \omega_0) = \frac{1}{T}\int_0^T E(\tau)\, e^{-i n \omega_0 \tau}\, d\tau.$$

Für $t > -NT$ resultiert also der Strom

$$I = \sum_{-\infty}^{+\infty} \frac{F(i n \omega_0)}{Z(i n \omega_0)}\, e^{i n \omega_0 t} + I'.$$

I' ist der zur Zeit $-NT$ entstandene Ausgleichsstrom. Wenn nur nach dem Stromverlauf für positive Zeiten $t > 0$ gefragt wird, so ist bei hinreichend großem $|NT|$ der Ausgleichsstrom merklich verklungen, und man erhält einfach

$$I = \sum_{-\infty}^{+\infty} \frac{F(i n \omega_0)}{Z(i n \omega_0)}\, e^{i n \omega_0 t}. \tag{13}$$

Diese Formel beruht, ihrer Herleitung nach, wesentlich auf der Annahme eines periodischen Verlaufes von $E(t)$ schon für hinreichend große negative Zeiten. Verschwindet dagegen $E(t)$ für negative Zeiten, so hat man das Fouriersche Integral zu benutzen und findet dann schließlich das für beliebige Zeiten gültige Stromgesetz

$$I = \int_{-\infty}^{+\infty} \frac{F(i\omega)}{Z(i\omega)}\, e^{i\omega t}\, d\omega \tag{14}$$

$$= \frac{1}{2\pi}\int_0^{\infty} E(\tau)\, d\tau \int_{-\infty}^{+\infty} \frac{e^{i\omega(t-\tau)}}{Z(i\omega)}\, d\omega. \tag{15}$$

Diese Integrale lehren den Verlauf des Stromes für einen plötzlich zur Zeit $t = 0$ an den Kreis angelegten Spannungsstoß $E(t)$. Sie lösen also auf mathematisch-formalem Wege die Grundaufgabe der Theorie der Ausgleichsvorgänge, welche im vorangehenden mittels der Operatorenrechnung behandelt worden ist.

Die explizite Berechnung der Integrale (14) und (15) bietet im allgemeinen beträchtliche mathematische Schwierigkeiten; sie muß sich funktionentheoretischer Verfahren bedienen, insbesondere in einfachen Fällen der Residuenrechnung. Eine solche Schlußweise kann beispielsweise zum Beweise des Heavisideschen Entwicklungssatzes herangezogen werden. Verglichen mit der Operatorenrechnung sind indes solche Verfahren nicht einfacher, sondern sie verschleiern gerade die Einfachheit der Heavisideschen Rechnung.

Obwohl also bei der unmittelbaren Behandlung von Ausgleichsvorgängen der Fouriersche Integralsatz keine nennenswerten Vorteile bringt, zeigt er sich doch für die Untersuchung einiger weiterer Aufgaben als brauchbarer Rechenbehelf, wie an einigen Beispielen nachgewiesen werden soll.

87. Integraldarstellung der Übergangsfunktion. Man kann die Übergangsfunktion $A(t)$ eines Stromkreises leicht als Fourierintegral gewinnen, ohne auf die allgemeinen Formeln (14), (15) zurückgreifen zu müssen. Denn ein Einheitsstoß kann mittels der Identität ausgedrückt werden

$$\frac{1}{2}\left(1+\frac{2}{\pi}\int_0^\infty \frac{\sin\omega t}{\omega}\,d\omega\right)=\begin{cases}0, & t<0,\\ 1, & t>0.\end{cases} \tag{16}$$

Es wirke nun ein Einheitsstoß der Spannung auf eine Impedanz $Z(i\omega)$, welche wir mittels

$$\frac{1}{Z(i\omega)}=\frac{e^{i\Theta(\omega)}}{|Z(i\omega)|}=\alpha(\omega)+i\beta(\omega) \tag{17}$$

in Wirkleitwert α und Blindleitwert β aufspalten, wobei alle Werte sich auf den eingeschwungenen Zustand der Kreisfrequenz ω beziehen.

Der erste Posten der Summe (16) besitzt die Frequenz Null und erzeugt somit einen Strom $\frac{1}{2}\alpha(0)$; dagegen enthält das Integralglied alle Frequenzen. Die Elementarspannung

$$\frac{2}{\pi}\frac{1}{\omega}\sin\omega t\,d\omega$$

erregt den gleichfrequenten Teilstrom

$$\frac{2}{\pi}\cdot\frac{1}{\omega\,|Z(i\omega)|}\sin(\omega t+\Theta(\omega))\,d\omega\,.$$

Der Gesamtstrom gibt die Übergangsfunktion an

$$A(t)=\frac{1}{2}\alpha(0)+\frac{1}{\pi}\int_0^\infty\frac{\sin(\omega t+\Theta(\omega))}{\omega\,|Z(i\omega)|} \tag{18}$$

$$\left.\begin{aligned}&=\frac{1}{2}\alpha(0)+\frac{1}{\pi}\int_0^\infty\frac{\alpha(\omega)}{\omega}\sin\omega t\,d\omega\\ &\quad+\frac{1}{\pi}\int_0^\infty\frac{\beta(\omega)}{\omega}\cos\omega t\,d\omega\,.\end{aligned}\right\} \tag{19}$$

Den gleichen Gedankengang kann man natürlich auf jede andere Systemgröße anwenden; man hat lediglich die Impedanz Z durch die auf jene gesuchte Größe bezogene, verallgemeinerte Impedanz $H(i\omega)$ zu ersetzen und nach

$$\frac{1}{H(i\omega)} = a(\omega) + i\,b(\omega)$$

zu schreiben

$$h(t) = \frac{1}{2}\,a(0) + \frac{1}{\pi}\int_0^\infty \frac{a(\omega)}{\omega}\sin\omega t\,d\omega + \frac{1}{\pi}\int_0^\infty \frac{b(\omega)}{\omega}\cos\omega t\,d\omega\,. \tag{20}$$

Kehrt man hier das Vorzeichen von t um, so entsteht

$$h(-t) = \frac{1}{2}\,a(0) - \frac{1}{\pi}\int_0^\infty \frac{a(\omega)}{\omega}\sin\omega t\,d\omega + \frac{1}{\pi}\int_0^\infty \frac{b(\omega)}{\omega}\cos\omega t\,d\omega\,. \tag{21}$$

Durch Zusammenfassung von (20) und (21) erhält man

$$h(t) - h(-t) = \frac{2}{\pi}\int_0^\infty \frac{a(\omega)}{\omega}\sin\omega t\,d\omega\,, \tag{22}$$

$$h(t) + h(-t) = a(0) + \frac{2}{\pi}\int_0^\infty \frac{b(\omega)}{\omega}\cos\omega t\,d\omega\,. \tag{23}$$

Wenn $h(t)$ für negative Zeiten identisch verschwindet, gilt für alle positiven Zeiten

$$\left.\begin{aligned} h(t) &= \frac{2}{\pi}\int_0^\infty \frac{a(\omega)}{\omega}\sin\omega t\,d\omega && (24)\\ &= a(0) + \frac{2}{\pi}\int_0^\infty \frac{b(\omega)}{\omega}\cos\omega t\,d\omega && (25)\end{aligned}\right\}\quad t > 0\,.$$

Demnach braucht man zur Berechnung von $h(t)$ nur eines der bestimmten Integrale auszuwerten. Das Verhalten des Systems ist also vollständig bestimmt, wenn die Frequenzabhängigkeit entweder des Realteiles oder des Imaginärteiles des komplexen Leitwertes bekannt ist.

Im allgemeinen ist es schwierig, die Ausdrücke (24), (25) tatsächlich zu berechnen, es sei denn, daß sie mit bekannten Integralen identifiziert werden können. Eine numerische Lösung kann indes in manchen Fällen mit geringem Aufwand hergestellt werden; wir erläutern die wahlweise auf (24) oder (25) anzuwendende Methode an Gleichung (24) in der Form

$$h(t) = \frac{2}{\pi}\int_0^\infty \frac{1}{\lambda}\cdot a\left(\frac{\lambda}{t}\right)\sin\lambda\,d\lambda\,. \tag{26}$$

Mit wachsender Zeit nähert sich dieses Integral dem Werte

$$a(0) \cdot \frac{2}{\pi} \int_0^\infty \frac{1}{\lambda} \sin \lambda \, d\lambda = a(0)\,, \tag{27}$$

der natürlich mit dem stationären Zustand übereinstimmt. Wir schreiben nun

$$h(t) = \frac{2}{\pi} \left[\int_0^x \frac{1}{\lambda} a\left(\frac{\lambda}{t}\right) \sin \lambda \, d\lambda + \int_x^\infty \frac{1}{\lambda} a\left(\frac{\lambda}{t}\right) \sin \lambda \, d\lambda \right], \tag{28}$$

wobei x eine reelle, sonst willkürliche Zahl bedeuten möge. Hat man sich für ein bestimmtes x entschieden, so kann der erste Posten der Summe mechanisch oder numerisch bestimmt werden; der zweite Posten dagegen läßt sich durch wiederholte Teilintegration nach dem Schema entwickeln:

$$\begin{aligned} \int_x^\infty \frac{1}{\lambda} a\left(\frac{\lambda}{t}\right) \sin \lambda \, d\lambda &= -\int_x^\infty \frac{1}{\lambda} a\left(\frac{\lambda}{t}\right) d(\cos \lambda) \\ &= -\frac{1}{x} a\left(\frac{x}{t}\right) \cos x + \int_x^\infty \cos \lambda \frac{d}{d\lambda} \frac{1}{\lambda} a\left(\frac{\lambda}{t}\right) d\lambda\,, \\ &\quad\vdots \qquad\qquad\qquad \vdots \end{aligned} \tag{29}$$

Denn für das gesuchte Integral entspringt hierbei die Reihe

$$\begin{aligned} &\frac{2}{\pi} \cos x \left\{ 1 - \frac{d^2}{dx^2} + \frac{d^4}{dx^4} - \cdots \right\} \frac{1}{x} a\left(\frac{x}{t}\right) \\ &- \frac{2}{\pi} \sin x \left\{ \frac{d}{dx} - \frac{d^3}{dx^3} + \cdots \right\} \frac{1}{x} a\left(\frac{x}{t}\right), \end{aligned} \tag{30}$$

welche $h(t)$ für hinreichend große x und t befriedigend wiedergibt.

Obwohl man auch hierbei weitläufige Rechnungen auszuführen hat, kann das Verfahren doch für große t gute Dienste leisten; andererseits gibt die Operatorenrechnung schnell arbeitende Rechenbehelfe für kleine t. Durch Kombination beider Methoden kann man also die gesamte Lösung numerisch rasch gewinnen. Von diesem Gesichtspunkt aus muß das Fouriersche Integral als eine wichtige Ergänzung der Operatorenrechnung betrachtet werden.

88. Abschätzung von Einschwingvorgängen. Das vorstehend beschriebene Verfahren kann auf den Fall harmonisch pulsierender EMKe ausgedehnt werden. Wir gehen von den Integralen aus

$$\cos \omega t \left[\frac{1}{2} + \frac{1}{\pi} \int_0^\infty \frac{\sin \lambda t}{\lambda} d\lambda \right] \tag{31}$$

und

$$\sin \omega t \left[\frac{1}{2} + \frac{1}{\pi} \int_0^\infty \frac{\sin \lambda t}{\lambda} d\lambda\right]. \tag{32}$$

Sie verschwinden für negative t, stellen dagegen für positive Zeiten die Funktionen $\cos \omega t$ und $\sin \omega t$ dar. Demnach gestatten sie die Behandlung von Ausgleichsvorgängen, welche von plötzlich einsetzenden harmonischen Spannungen ausgelöst werden.

Diese Anwendungsmöglichkeit ist praktisch sehr wichtig, weil die strenge Berechnung von Wechselstrom-Ausgleichsvorgängen in langen Fernübertragungssystemen überaus verwickelt ist; anderseits hängt von ihrer Beherrschung die Güte der Signalübertragung ab.

Wir formulieren die Aufgabe an einem Netz, das durch seine auf den eingeschwungenen Zustand bezogene Impedanz

$$Z(i\omega) = |Z(i\omega)|\, e^{-iB(\omega)}$$

definiert ist; auf dieses System wirke die zur Zeit $t = 0$ plötzlich einsetzende EMK der Größe $E \cos \omega t$. Man kann dann den entstehenden Strom stets in der Form schreiben

$$I(t) = \frac{1}{2} \frac{E}{|Z(i\omega)|} \left\{(1+\varrho)\cos(\omega t - B) + \sigma \sin(\omega t - B)\right\} \tag{33}$$

$$= \frac{1}{2} \sqrt{(1+\varrho)^2 + \sigma^2} \cdot \frac{E}{|Z(i\omega)|} \cos(\omega t - B - \Theta); \tag{34}$$

$$\operatorname{tg} \Theta = \frac{\sigma}{1+\varrho}.$$

Hierin sind ϱ, σ und Θ Funktionen der Zeit, die wir jetzt zu bestimmen haben; für negative Zeiten muß $\varrho = -1$, $\sigma = 0$ gelten, während mit wachsender positiver Zeit $\varrho \to 1$, $\sigma \to 0$ streben muß.

Die in Gleichung (34) eingehende Amplitudenfunktion

$$\frac{1}{2} \sqrt{(1+\varrho)^2 + \sigma^2}$$

ist die Einhüllende des Ausgleichsvorganges; die Kenntnis dieser Kurve genügt häufig, während Einzelheiten im Verlauf derMomentanwerte von geringer Bedeutung sind, so daß man sich dann auf die Berechnung der Einhüllenden beschränken kann.

Wir gewinnen ϱ und σ mittels Gleichung (31), indem wir wie im vorigen Abschnitt vorgehen:

$$\begin{aligned} \varrho = {} & \frac{1}{\pi} \int_0^\infty \{P_\omega(\lambda) + P_\omega(-\lambda)\} \sin \lambda t \frac{d\lambda}{\lambda} \\ & - \frac{1}{\pi} \int_0^\infty \{Q_\omega(\lambda) - Q_\omega(-\lambda)\} \cos \lambda t \frac{d\lambda}{\lambda} \end{aligned} \tag{35}$$

$$\begin{aligned}\sigma = \frac{1}{\pi}\int_0^\infty \{Q_\omega(\lambda) + Q_\omega(-\lambda)\}\sin\lambda t\frac{d\lambda}{\lambda}\\ + \frac{1}{\pi}\int_0^\infty \{P_\omega(\lambda) - P_\omega(-\lambda)\}\cos\lambda t\frac{d\lambda}{\lambda}\end{aligned} \tag{36}$$

Darin ist gesetzt

$$P_\omega(\lambda) = \frac{|Z(i\omega)|}{|Z(i\omega + i\lambda)|}\cos[(B\omega + \lambda) - B(\omega)], \tag{37}$$

$$Q_\omega(\lambda) = \frac{|Z(i\omega)|}{|Z(i\omega + i\lambda)|}\sin[(B\omega + \lambda) - B(\omega)]. \tag{38}$$

Man beachte nun, daß für negative t definitionsgemäß $\varrho = -1$ und $\sigma = 0$ ist. Durch Vergleich mit (22) (23) und (20) folgt dann für $t > 0$ die gleichwertige Darstellung

$$1 + \varrho = \frac{2}{\pi}\int_0^\infty \{P_\omega(\lambda) + P_\omega(-\lambda)\}\sin\lambda t\frac{d\lambda}{\lambda} \tag{39a}$$

$$1 - \varrho = \frac{2}{\pi}\int_0^\infty \{Q_\omega(\lambda) - Q_\omega(-\lambda)\}\cos\lambda t\frac{d\lambda}{\lambda} \tag{39b}$$

und

$$\sigma = \frac{2}{\pi}\int_0^\infty \{Q_\omega(\lambda) + Q_\omega(-\lambda)\}\sin\lambda t\frac{d\lambda}{\lambda} \tag{40a}$$

$$= \frac{2}{\pi}\int_0^\infty \{P_\omega(\lambda) - P_\omega(-\lambda)\}\cos\lambda t\frac{d\lambda}{\lambda}. \tag{40b}$$

Diese Formeln haben sich zur Berechnung vieler wichtiger Fernübertragungssysteme, insbesondere von Pupinleitungen, als sehr brauchbar erwiesen. Nähere Einzelheiten einer Theorie der Einschwingvorgänge in Pupinleitungen gemäß der dargelegten Methode sind in einem Aufsatz[1] des Verfassers enthalten.

89. Verzerrung in Übertragungssystemen. Ein ideales Verfahren elektrischer Nachrichtenübertragung fordert, daß die empfangenen Zeichen ein möglichst formgetreues Abbild der ausgesandten Signale werden. Die Abweichung von dieser Forderung heißt die Verzerrung. Das Fouriersche Integral gibt sowohl die hinreichenden und notwendigen Bedingungen der Verzerrungsfreiheit an, als auch in verzerrenden Systemen die hierfür maßgebenden Einflüsse.

Es sei $f(t)$ die EMK des Senders; das Übertragungssystem wird

[1] Bell System Technical Journal, Oktober 1924.

durch die auf den eingeschwungenen Zustand bezogene „Übertragungsimpedanz" beschrieben

$$Z(i\omega) = |Z(i\omega)|\, e^{-iB(\omega)}.$$

Wir schreiben $f(t)$ als Fourierintegral

$$f(t) = \frac{1}{\pi}\int_0^\infty F(\omega)\cos(\omega t - \Theta(\omega))\, d\omega. \tag{41}$$

Der Empfangsstrom ist also

$$I(t) = \frac{1}{\pi}\int_0^\infty \frac{F(\omega)}{|Z(i\omega)|}\cos(\omega t - \Theta(\omega) - B(\omega))\, d\omega. \tag{42}$$

Diese Gleichung lehrt, daß die Sendespannung grundsätzlich Anteile aller Frequenzen zwischen Null und Unendlich enthält, so daß also $F(\omega)$ für alle ω existiert. Praktisch darf man indes immer annehmen, daß $F(\omega)$ mit Ausnahme eines gewissen Frequenzbereiches vernachlässigbar klein ist. Dieser Hauptfrequenzbereich hängt von der Art des Signales ab. Beispielsweise liegen bei langsamer Zeichengebung die Hauptfrequenzen zwischen 0 und 20 Perioden pro Sekunde; in der Telephonie dagegen erstreckt sich das für die Übertragung wesentliche Spektrum bis hinauf zu etwa 4000 Perioden/sec.

Es seien jetzt diese Verhältnisse dahin spezialisiert, daß die Hauptfrequenzen des ausgesandten Signales $f(t)$ zwischen $\frac{\omega_1}{2\pi}$ und $\frac{\omega_2}{2\pi}$ liegen. Die Gleichungen (41), (42) vereinfachen sich dann durch Einschränkung des Integrationsbereiches in

$$f(t) = \frac{1}{\pi}\int_{\omega_1}^{\omega_2} F(\omega)\cos(\omega t - \Theta(\omega))\, d\omega, \tag{43}$$

$$I(t) = \frac{1}{\pi}\int_{\omega_1}^{\omega_2} \frac{F(\omega)}{|Z(i\omega)|}\cos(\omega t - \Theta(\omega) - B(\omega))\, d\omega. \tag{44}$$

Weiterhin möge im Hauptfrequenzbereiche $\omega_1 < \omega < \omega_2$ merklich gelten

$$|Z(i\omega)| = K,$$
$$B(\omega) = \omega\cdot\tau,$$

wobei K und τ konstant sind. Aus (44) findet man dann als Empfangszeichen

$$I(t) = \frac{1}{\pi K}\int_{\omega_1}^{\omega_2} F(\omega)\cos(\omega(t-\tau) - \Theta(\omega))\, d\omega \tag{45}$$

und also mit Rücksicht auf (43)

$$I(t) = \frac{1}{K} \cdot f(t-\tau).$$

Das empfangene Signal stimmt also unter diesen Bedingungen mit der Form des ausgesandten Zeichens überein; es ist lediglich um die „Laufzeit“ τ gegen das Sendersignal verspätet. Demnach erfolgt die Übertragung verzerrungsfrei, und wir folgern:

Für eine verzerrungsfreie Signalübertragung ist notwendig und hinreichend, daß die Übertragungsimpedanz innerhalb des Hauptfrequenzbereiches des Signales konstanten Betrag und linear mit der Frequenz zunehmenden Phasenwinkel besitzt.

Wenn lediglich der Betrag der Übertragungsimpedanz von der Frequenz unabhängig ist, kann man schließen, daß ausgesandtes und empfangenes Signal in der relativen spektralen Energieverteilung innerhalb des Hauptfrequenzbereiches übereinstimmen. Man beachte, daß hierbei die Erhaltung der Zeichenform nicht verbürgt ist; ist gerade diese Forderung wichtig, so muß man nach dem oben genannten Satze sowohl den Betrag als auch die Phasenlaufzeit konstant halten.

90. Energie und Leistung von Ausgleichsspannungen. In vielen Fällen sind die Gesetze der in elektrischen Systemen auftretenden Ausgleichsspannungen nicht genau bekannt, sondern sie können zahlenmäßig nur durch Angabe von Mittelwerten erfaßt werden. Die exakte Lösung der Gleichungen der Ausgleichsvorgänge verliert dann ihren Sinn, und man begnügt sich zweckmäßig mit der Ermittelung der Gesamtenergie und der effektiven Ströme des Ausgleichsfeldes. Für die Berechnung dieser Mittelwerte ist das Fouriersche Integral hervorragend geeignet; seine Anwendung beruht hierbei auf einem wichtigen Satze, den man Lord Rayleigh[1] verdankt.

Die im Bereiche $0 < t < T$ definierte Funktion $\Phi(t)$ sei als Fourierintegral dargestellt:

$$\Phi(t) = \int_0^\infty |f(\omega)| \cos[\omega t - \Theta(\omega)]\, d\omega \tag{46}$$

mit

$$f(\omega) = \left\{\left[\int_0^T \Phi(t) \cos \omega t\, dt\right]^2 + \left[\int_0^T \Phi(t) \sin \omega t\, dt\right]^2\right\}^{\frac{1}{2}}, \tag{47}$$

$$\operatorname{tg} \Theta(\omega) = \frac{\int_0^T \Phi(t) \sin \omega t\, dt}{\int_0^T \Phi(t) \cos \omega t\, dt},$$

[1] Phil. Mag. Bd. 27, S. 466. 1889.

dann gilt

$$\int_0^T [\Phi(t)]^2\,dt = \frac{1}{\pi}\int_0^\infty |f(\omega)|^2\,d\omega\,. \tag{48}$$

Der Rayleighsche Satz transformiert also das Zeitintegral in ein Frequenzintegral. Diese Möglichkeit besteht allgemeiner. Wenn im Bereiche $0 < t < T$ zwei Funktionen $\Phi_1(t)$ und $\Phi_2(t)$ durch Fourierintegrale wiedergegeben werden

$$\Phi_1(t) = \frac{1}{\pi}\int_0^\infty |f_1(\omega)| \cos[\omega t - \Theta_1(\omega)]\,d\omega\,, \tag{49}$$

$$\Phi_2(t) = \frac{1}{\pi}\int_0^\infty |f_2(\omega)| \cos[\omega t - \Theta_2(\omega)]\,d\omega\,, \tag{50}$$

so ist

$$\int_0^T \Phi_1(t)\,\Phi_2(t)\,dt = \frac{1}{\pi}\cdot\int_0^\infty |f_1(\omega)|\cdot|f_2(\omega)| \cos(\Theta_1 - \Theta_2)\,d\omega\,. \tag{51}$$

Diese Sätze folgen aus den Orthogonalitätseigenschaften der trigonometrischen Funktionen. Um an Bekanntes anzuknüpfen, denke man sich periodisch in T variable Wechselströme und -spannungen, welche in ihre Fourierkomponenten zerlegt seien. Man findet dann das Effektivquadrat der Spannung oder des Stromes durch Addition der Quadrate aller Teilharmonischer; dem Grenzwert dieser Summenformel für unbegrenzt anwachsende Periodendauer entspricht die erste der oben genannten Gleichungen. Ähnlich berechnet man die Leistung periodisch schwankender Ströme und Spannungen als Summe der Einzelleistungen, wobei jede Einzelleistung dem Produkt der Beträge gleichgeordneter Harmonischer mit dem Cosinus ihrer Phasendifferenz gleicht; für unendlich zunehmende Periodendauer folgt hieraus die zweite der angegebenen Formeln. Um dies einzusehen, definiere man nur die zu integrierenden Funktionen formal über T hinaus durch $\Phi(t) = \Phi_1(t) = \Phi_2(t) \equiv 0$ für $t > T$.

Diese Ergebnisse sollen jetzt auf die Theorie der Ausgleichsvorgänge angewandt werden: Wir untersuchen die Wirkung einer nur in $0 < t < T$ existierenden Spannung $U(t)$ auf ein System mit der Impedanz

$$Z(i\omega) = |Z(i\omega)|\, e^{i\beta(\omega)}.$$

Spannung und Strom können als Fourierintegrale geschrieben werden

$$U(t) = \frac{1}{\pi}\int_0^\infty |f(\omega)| \cos(\omega t - \Theta(\omega))\,d\omega\,, \tag{52}$$

$$I(t) = \frac{1}{\pi}\int_0^\infty \frac{|f(\omega)|}{|Z(i\omega)|} \cos(\omega t - \Theta(\omega) - \beta(\omega))\,d\omega\,. \tag{53}$$

Nach dem Rayleighschen Satze ist

$$\int_0^\infty I^2\,dt = \frac{1}{\pi}\int_0^\infty \frac{|f(\omega)|^2}{|Z(i\omega)|^2}\,d\omega\,. \tag{54}$$

Sei weiterhin I_n der vom Zweige n mit der Impedanz

$$Z_n(i\omega) = |Z(i\omega)|\,e^{i\alpha(\omega)}$$

verbrauchte Strom, $U_n(t)$ die Spannung dieses Zweiges, so ist sein Energieverbrauch

$$W_n = \int_0^\infty U_n(t)\,I_n(t)\,dt = \frac{1}{\pi}\cdot\int_0^\infty \frac{|f(\omega)|^2}{|Z(i\omega)|^2}\,|Z(i\omega)|\cos\alpha(\omega)\,d\omega\,. \tag{55}$$

Diese Beziehungen für mittleren Strom und Gesamtenergie sind auch für verwickelte Netze leicht auswertbar. Insbesondere ist die Stromgleichung für eine Diskussion sehr geeignet, weil der Integrand stets positiv ist und deshalb das Integral jedenfalls leicht numerisch berechnet werden kann.

91. Selektivität gegen Störungen. Wir wenden die Rayleighschen Sätze auf die Theorie selektiver Stromkreise an, wobei insbesondere die Wirkung unregelmäßiger Störspannungen (Telephongeräusche, Rundfunkstörungen) untersucht werden soll. Der Verlauf der Störspannungen ist in der Regel nicht bekannt. Man muß unter diesen Umständen ihr Frequenzspektrum statistisch zu ermitteln suchen, und auf dieser Grundlage kann dann die Energie und der effektive Strom des Störvorganges berechnet werden.

Wir wollen zuerst die in $0 < t < T$ auftretende Störungsspannung als bekannt annehmen; sie kann als Fourierintegral geschrieben werden

$$f(t) = \frac{1}{\pi}\int_0^\infty F(\omega)\cos(\omega t - \Theta(\omega))\,d\omega\,, \tag{56}$$

wobei Amplitudenfunktion $F(\omega)$ und Phasenfunktion $\Theta(\omega)$ aus $f(t)$ jedenfalls grundsätzlich angegeben werden können. Nach (55) folgt

$$\frac{1}{T}\int_0^T [f(t)]^2\,dt = \frac{1}{\pi T}\int_0^\infty F^2(\omega)\,d\omega\,. \tag{57}$$

Wir lassen jetzt T unbegrenzt wachsen. Für irgendeine unregelmäßig verlaufende Störung nähert sich dann das durch T dividierte Zeitintegral einer definierten Grenze, dem Mittelwert von $f(t)$. Daher kann man schreiben

$$f_m^2 = \frac{1}{\pi}\int_0^\infty R(\omega)\,d\omega; \qquad R(\omega) = \frac{1}{T}F^2(\omega). \tag{58}$$

Die Funktion $R(\omega)$ heißt das statistische Frequenzspektrum der Störung. Wirkt die Störung auf eine Impedanz $Z(i\omega)$, so ruft sie also den durch

$$I_m^2 = \frac{1}{\pi}\int_0^\infty \frac{R(\omega)}{|Z(i\omega)|^2}\,d\omega \tag{59}$$

bestimmten Strom hervor. Diese Gleichung kann umgekehrt dazu benutzt werden, das Frequenzspektrum der Störung zu messen. Man spezialisiere hinzu das selektive System als Siebkette, welche nur im schmalen Bereich $\omega_1 < \omega < \omega_2$ Strom durchläßt. Für hinreichend kleine Durchlaßbreite $\omega_2 - \omega_1$ wird dann

$$I_m^2 = \frac{R(\omega_m)}{\pi}\int_0^\infty \frac{d\omega}{|Z(i\omega)|^2}, \tag{60}$$

wenn man die Mittelfrequenz ω_m definiert mittels

$$\omega_m = \left(\int_0^\infty \frac{\omega\,d\omega}{|Z(i\omega)|^2}\right) : \left(\int_0^\infty \frac{d\omega}{|Z(i\omega)|^2}\right). \tag{61}$$

Kennt man also durch Rechnung oder Messung die Impedanzcharakteristik $|Z(i\omega)|$ der Kette, so liefert die gewonnene Gleichung ein Hilfsmittel, nach Messung des mittleren Stromes das Frequenzspektrum der Störung zu berechnen.

Wenn die Siebkette alle außerhalb des Durchlaßbereiches liegenden Frequnzen vollständig auslöscht, erhält man für das mittlere Stromquadrat

$$I_m^2 = \frac{1}{\pi}\int_{\omega_1}^{\omega_2} \frac{R(\omega}{|Z(i\omega)|^2}\,d\omega, \tag{62}$$

$$= \frac{1}{\pi}R(\omega')\int_{\omega_1}^{\omega_2} \frac{d\omega}{|Z(i\omega)|^2}; \qquad \omega_1 < \omega' < \omega_2. \tag{63}$$

Verlangt man mit Rücksicht auf die regulär zu empfangenden Signale einen festen Durchlaßbereich $\omega_2 - \omega_1$, so lehren die Gleichungen (62), (63) das prinzipiell nicht unterschreitbare Minimum der Störwirkung. Denn die Empfangsanordnung muß notwendig diejenigen Energieanteile der Störung aufnehmen, deren Frequenzen in den Durchlaßbereich fallen. Diese Grenze für die Abschwächung der Störungen ist mit der

Konstruktion des Empfangsapparates einerseits, der Struktur der Störungen andererseits untrennbar verknüpft[1].

Wir haben im vorangehenden die Anwendungen des Fourierintegrales auf die Theorie der Ausgleichsvorgänge nur andeuten können. Denn eine vertiefte Untersuchung aller hiermit zusammenhängenden Fragen ist eine Aufgabe, die der Entwicklung der Operatorenrechnung gleichwertig ist, und die daher den Rahmen dieses Buches überschreitet. Eine Einführung in die Behandlung von Ausgleichsvorgängen mittels des Fourierintegrales, welche sich insbesondere des Verfahrens der Integration im Komplexen bedient, findet man in einem Aufsatz von T. C. Fry[2].

---

[1] Eine eingehende Behandlung dieser wichtigen Aufgaben findet sich in folgenden Arbeiten: Transient Oscillations in Electric Ware Filters, Bell System Technical Journal, Juli 1923. — Selective Circuits and Static Interference, Trans. A. I. E. E. 1924. — An Application of the Periodogramm to Wireless (Burch and Bloesma), Phil. Mag., Feb. 1925. — The Theory of the Schrotteffekt (Fry), Journal Franklin Institute, Februar 1925.

[2] The Solution of Circuit Problems, Phys. Rev., August 1919.

Literaturverzeichnis.

Adams, E. P.: Some Applications of Heaviside's Operational Methods. Proc. Roy. Soc. Bd. 62, Nr. 2. 1923.

Backhaus, H.: Über Ausgleichsvorgänge an kurzen Siebketten. Wiss. Veröffentl. a. d. Siemens-Konzern Bd. IV, 2, S. 209. 1925.

Baker, B. B.: An Extension of Heaviside's Operational Method of Solving Differential Equations. Proc. Edin. Math. Soc. Bd. 42, S. 95. 1924.

Bekku, S.: Sudden Short-circuit of Alternator. Res. of the Electr. Lab. Tokio 1927, Nr. 203.

Berg, E. J.: Heaviside's Operators in Engineering and Physics. J. Frankl. Inst. Bd. 198, S. 647. 1924.

— Heaviside's Operational Calculus as Applied to Engineering and Physics. Gen. El. Rev. 1927, S. 586 und 1928, S. 93ff.

—, Haefner, S. J. und J. J. Smith: Asymptotic Solution of Heaviside's Fractional Operators. J. Frankl. Inst. Bd. 205, S. 229. 1928.

Breisig, F.: Theoretische Telegraphie. 2. Aufl. Braunschweig: Vieweg u. Sohn 1924.

Bromwich, T. J. I'A.: Examples of Operational Methods in Mathematical Physics. Phil. Mag. (6) Bd. 37, S. 407. 1919.

— Normal Coordinates in Dynamical Systems. Proc. London Math. Soc. (2) Bd. 15, S. 401. 1916.

— Symbolical Methods in the Theory of Conduction of Heat. Proc. Cambridge Phil. Soc. Bd. 20, S. 411. 1921.

Bush, V.: Note on Operational Calculus. J. Math. and Phys. Bd. 3, S. 95. 1924.

— Oscillating-current Circuits by the Method of Generalized Angular Velocities. J. Am. Electr. Engs. Bd. 36, S. 207. 1917.

Campbell, G. A.: Cisoidal Oscillations. Trans. Am. Inst. Electr. Engs. Bd. 30, S. 873. 1911.

— The Practical Application of the Fourier Integral Prepared for the Intern. Congress of Telegraphy and Telephony in Com. of Volta, Como 1927.

Carson, J. R.: On a General Expansion Theorem for the Transient Oscillations of a Connected System. Phys. Rev. Bd. 10, S. 217. 1917.

— Theory of the Transient Oscillations of Electrical Networks and Transmission Systems. J. Am. Electr. Engs. Bd. 38, S. 345. 1919.

— Theory and Calculation of Variable Electric Systems. Phys. Rev. Bd. 17, S. 116. 1921.

— The Heaviside Operational Calculus. Bell System T. J. 1922.

— The Heaviside Operational Calculus. Bull. Am. Math. Soc. Bd. 31. 1926.

— Building Up of Sinusoidal Currents in Long Periodically Loaded Lines. Bell System T. J. Bd. 3. 1924.

— Selective Circuits and Static Interference. Bell System T. J. Bd. 4, S. 265. 1925.

— Die Behandlung der Telegraphengleichung (auch unter Berücksichtigung der Stromverdrängung) nach der Operatorenmethode. El. Nachrichtentechn. Bd. 2, S. 359. 1925.

Casper, L.: Zur Formel von Heaviside für Einschaltvorgänge. Arch. Elektrot. Bd. 15, S. 95. 1925.

— Die Lösung des Einschaltproblems für homogene Leitungen mittels der Heavisideschen Operatorenrechnung. Arch. Elektrot. Bd. 17, S. 510. 1926.

Cohen, L.: Heaviside's Electrical Circuit Theory. Mac Graw Hill Book Co. 1928.

— Electrical Oscillations in Lines. J. Frankl. Inst. Bd. 195, S. 45. 1923.

— Alternating Current Cable Telegraphy. J. Frankl. Inst. Bd. 195, S. 165. 1923.

— Applications of Heaviside's Expansion Theorem. J. Frankl. Inst. Bd. 195, S. 319. 1923.

Deutsch, W.: Allgemeine Theorie der Vorgänge in Stromkreisen. Arch. Elektrot. Bd. 6, S. 225. 1918.

Fry, T. C.: The Solution of Circuit Problems. Phys. Rev. Bd. 4, S. 115.

— The Application of Modern Theories of Integration to the Solution of Differential Equations. Ann. Math. Bd. 22. 1921.

Giorgi, G.: Sul Calcolo delle Soluzioni Funzionali Originate dai Problemi di Elettrodinamica. Ass. Elettrot. Italiana, Estratto daglio Atti Bd. 9, S. 651. 1905.

— Il Metodo Simbolico nello Studio delle Correnti Variabili. Ass. Elettrot. Italiana, Estratto daglio Atti.

Heaviside, O.: Electromagnetic Theory. Electr. 1893, S. 466; 1899, S. 542; 1912, S. 519. Als Buch erschienen in 3 Bänden bei Benn, London 1922.

— On Operators in Physical Mathematics. Proc. Roy. Soc. A 52 S. 504, 1893; A 54 1894, S. 105.

Herlitz, I.: Erzeugung von stationären Magnetfeldern in einem elektrisch leitenden Material. Arkiv Math., Astr. Fysik Bd. 14. 1919.

Hund, A.: Hochfrequenzmeßtechnik. 2. Aufl. Berlin: Julius Springer 1928.

Jacottet, P.: Einfluß der Stromverdrängung auf die Stirnform von Sprungwellen. Wiss. Veröffentl. a. d. Siemens-Konzern, erscheint 1929.

Jeffreys, H.: Operational Methods in Mathematical Physics. Cambridge Tracts in Mathematics and Mathematical Physics. Nr. 23. 1927. Camb. Univ. Press.

— Wave Propagation in Strings with Continuous and Concentrated Loads. Proc. Cambridge Phil. Soc. Juli 1927.

Koerts, A.: Atmosphärische Störungen in der drahtlosen Telegraphie. Berlin: W. Krayn 1924.

Korn, A.: Wellengleichung und Telegraphengleichung. El. Nachrichtentechn. Bd. 4, S. 90. 1927.

Krause, H. und A. Clausing: Einschaltvorgänge bei ein- und zweigliedrigen Siebketten beim Anlegen einer sinusförmigen EMK. Wiss. Veröffentl. a. d. Siemens-Konzern Bd. I, 3, S. 8. 1925.

Küpfmüller, K.: Über Einschwingvorgänge in Wellenfiltern. El. Nachrichtentechn. Bd. 3, H. 3. 1926.

— Über Beziehungen zwischen Frequenzcharakteristiken und Ausgleichsvorgängen in linearen Systemen. El. Nachrichtentechn. Bd. 5, S. 18. 1928.

— und H. F. Mayer: Über Einschwingvorgänge in Pupinleitungen und ihre Verminderung. Wiss. Veröffentl. a. d. Siemens-Konzern Bd. V, 1, S. 51. 1926.

Kunert, A.: Berechnungen über den Stromverlauf in Telegraphenkabeln. Telegraphen- und Fernsprechtechnik Bd. 4, S. 73. 1915.

Lüschen, F. und K. Küpfmüller: Die Ausbildung von dauernden Sinusschwingungen in einem langen homogenen Kabel. Wiss. Veröffentl. a. d. Siemens-Konzern Bd. III, 1, S. 109. 1923.

Malcolm, H. W.: The Theory of the Submarine Telegraph Cable. Electr. Bd. 68, S. 876, 1912 und später.

March, H. W.: The Heaviside Operational Calculus. Bull. Am. Math. Soc. Bd. 33, S. 311. 1927.

Nichols, H. W.: Theory of Variable Dynamical Electrical Systems. Phys. Rev. Bd. 10. 1917.

Ollendorff, F.: Die Grundlagen der Hochfrequenztechnik. Berlin: Julius Springer 1926.

— Erdströme. Berlin: Julius Springer 1928.

— Elektrische Schaltströme in der Erde. El. Nachrichtentechn. Bd. 5, S. 111. 1928.

Peters, W.: Über die Belastungsfähigkeit von Hochstromerdungen und verwandte starkstromtechnische Erwärmungsprobleme. Wiss. Veröffentl. a. d. Siemens-Konzern Bd. VII, 1, S. 77. 1928.

Pleijel, H.: Allmänna egenskaper hos ett System Parallella Ledningar med Variabla Konstanter. Skrifter Utgivna med Anledning av Inflytningen i de Ar, 1917 Fardiga Nybyggnaderna.

— Om Beräkning af Öfverspanningar. Tekn. Tidskr. 1914, S. 50.

— Ström och Spänning hos ett System Parallella Ledningar. Tekn. Tidskr. 1919, S. 105.

— Vandringsvagor och deras Formförändringar under Fortplantningen Utefter Ledningan. Tekn. Tidskr. 1918, S. 129.

— und R. Liljeblad: Operatorkalkylens Samband med den Symboliska Metoden. Tekn. Tidskr. 1919, S. 25.

Pollaczek, F.: Das Einschaltproblem für homogene Kabel bei beliebiger Endschaltung. El. Nachrichtentechn. Bd. 1, S. 80. 1922.

— Theorie der Einschaltvorgänge des vielgliedrigen künstlichen Kabels. El. Nachrichtentechn. Bd. 2, S. 197. 1925.

— Ermittlung der Sendespannung eines homogenen Telegraphenkabels bei vorgeschriebener Endstromkurve. El. Nachrichtentechn. Bd. 3, S. 256. 1926.

Pomey, J. B.: Le Calcul Symbolique d'Heaviside. Rev. gén. electr. Bd. 13, S. 813, 860. 1923.

— Analogies Mecaniques de l'Electricité. Bibliothèque des Ann. des Postes, Télégraphes et Théléphones 1921.

— A propos du Theorème de O. Heaviside dit: Expansion Theorem. Rev. gén. électr. Bd. 24, S. 699. 1928.

Pupin, M. I.: Propagation of Long Electric Waves. Trans. Am. Inst. Electr. Engs. 1890, S. 93.

— Wave Propagation Over Non-uniform Cables. Trans. Am. Inst. Electr. Engs. 1900, S. 93.

Salinger, H.: Die Heavisidesche Operatorenrechnung. El. Nachrichtentechn. Bd. 2, S. 365. 1925.

Smith, J. J.: The Solution of Differential Equations by a Method Similar to Heaviside's. J. Frankl. Inst. Bd. 195, S. 815. 1923.

— An Analogy between Pure Mathematics and Operational Mathematics of Heaviside by Means of the Theory of H-Functions. J. Frankl. Inst. Bd. 200, S. 519, 635, 775. 1925.

Steinmetz, C. P.: Theory and Calculation of Transient Electric Phenomena and Oscillations. New York Mc Grav Hill. book Comp. 1909.

— Theory and Calculation of Electric Circuits. Proc. Am. Inst. Electr. Engs. März 1919.

Vallarta, M. S.: Heaviside's Proof of his Expansion Theorem. Proc. Am. Inst. Electr. Engs. Bd. 65, S. 383. 1926.

Wagner, K. W.: Über eine Formel von Heaviside zur Berechnung von Einschaltvorgängen. Arch. Elektrot. Bd. 4, S. 159. 1916.
— Der Satz von der wechselseitigen Energie. El. Nachrichtentechn. Bd. 2, S. 376. 1925.
— Oliver Heaviside. El. Nachrichtentechn. Bd. 2, S. 345. 1925.
— Einschaltvorgänge bei Siebketten mit beliebiger Gliederzahl. Wiss. Veröffentl. a. d. Siemens-Konzern Bd. 2, S. 187. 1922.
Wiener, N.: The Operational Calculus. Math. Annalen Bd. 95, S. 557. 1925.

Ergänzende Literatur zur Physik der Ausgleichsvorgänge ohne Bezugnahme auf Operatorenrechnung, nebst weiteren Hinweisen, vergleiche:

Biermanns, J.: Überströme in Hochspannungsanlagen. Berlin: Julius Springer 1926.
Rüdenberg, R.: Elektrische Ausgleichsvorgänge, 2. Aufl. Berlin: Julius Springer 1926.

Namen- und Sachverzeichnis.

Additional material from *Elektrische Ausgleichsvorgänge und Operatorenrechung,*
ISBN 978-3-642-89251-6, is available at http://extras.springer.com

EXTRA MATERIALS extras.springer.com